现代生物技术方法与原理

程玉鹏 高 宁 付 新 著

中国轻工业出版社

图书在版编目（CIP）数据

现代生物技术方法与原理 / 程玉鹏，高宁，付新著. --
北京：中国轻工业出版社，2024.10. -- ISBN 978-7
-5184-5032-9
  I．Q81
中国国家版本馆 CIP 数据核字第 2024UU7932 号

责任编辑：江　娟　　责任终审：许春英
文字编辑：杨　璐　　责任校对：朱　慧　朱燕春　　封面设计：锋尚设计
策划编辑：江　娟　　版式设计：砚祥志远　　　　　　责任监印：张京华

出版发行：中国轻工业出版社（北京鲁谷东街 5 号，邮编：100040）
印　　刷：北京君升印刷有限公司
经　　销：各地新华书店
版　　次：2024 年 10 月第 1 版第 1 次印刷
开　　本：787×1092　1/16　印张：15.75
字　　数：330 千字
书　　号：ISBN 978-7-5184-5032-9　定价：78.00 元
邮购电话：010-85119873
发行电话：010-85119832　010-85119912
网　　址：http://www.chlip.com.cn
Email：club@chlip.com.cn
版权所有　侵权必究
如发现图书残缺请与我社邮购联系调换
231844K7X101ZBW

前 言

现代生物技术是20世纪70年代末80年代初以现代生物学研究成果为基础，以基因工程为核心发展起来的一门新兴学科，现已成为解决人类面临的人口、资源、能源、食物和环境五大危机的主要工具之一。现代生物技术被世界各国视为高新技术，成为21世纪技术革命的核心内容。当前，生命科学发展迅速，应用广泛，知识更新快，新成果、新专利急剧涌现，图书作为新知识、新技术的载体，应与时俱进、及时更新。为此，作者撰写了本书。

本书在内容上共划分为三个部分：现代生物技术的基本概念和应用领域；各类生物技术组成，包括核酸技术、基因编辑、蛋白质技术、组织与细胞技术、生物信息学、抗体药物技术；生物技术与人类健康关系的发展应用。

本书力求突出实用性、简约性、先进性，注重内容与实际相联系，覆盖生物技术各个应用领域，每个领域都有应用举例。

本书由程玉鹏、高宁、付新撰写，具体分工如下：程玉鹏（黑龙江中医药大学）负责第一章至第三章及第七章内容的撰写；高宁（黑龙江中医药大学）负责第四章内容的撰写；付新（丽水学院医学院）负责第五章、第六章内容的撰写。全书由程坦（中山大学附属孙逸仙纪念医院）、刘博（黑龙江农垦职业学院）、刘维丽（黑龙江中医药大学）、李旭阳（黑龙江省森工总医院）统稿。

本书由国家自然科学基金项目"狭叶柴胡与内生真菌代谢交流对柴胡皂苷合成的影响"（81573539）、黑龙江省自然科学基金项目"狭叶柴胡内生真菌有效部位抗肝癌活性研究"（H2015042）、黑龙江省21世纪教育改革课题"药学分子生物学双语教学的探索与实践"（2158）、黑龙江中医药大学特色教材基金支持。

本书在编写过程中得到了黑龙江中医药大学师生的大力帮助，在此表示感谢。笔者对应用内容来源的公开出版书籍作者表示感谢！由于笔者水平有限，书中不足之处在所难免，欢迎读者批评指正。

程玉鹏 高宁 付新
2023年10月28日

目 录

绪论 ·· 1

第一章　核酸技术 ·· 5
　第一节　重组 DNA 技术 ··· 5
　第二节　分子杂交技术 ··· 20
　第三节　PCR 技术 ·· 27
　第四节　DNA 指纹图谱技术 ·· 35

第二章　基因编辑 ·· 38
　第一节　转基因技术 ·· 38
　第二节　基因编辑 ·· 51

第三章　蛋白质技术 ·· 64
　第一节　蛋白质的表达 ·· 64
　第二节　蛋白质的分离纯化 ·· 81
　第三节　蛋白质电泳 ·· 88
　第四节　蛋白质检测技术 ·· 91
　第五节　蛋白质相互作用 ·· 95
　第六节　酶工程 ·· 97

第四章　组织与细胞技术 ·· 106
　第一节　动物细胞培养 ·· 106
　第二节　植物组织培养 ·· 123
　第三节　微生物的培养与发酵 ··· 137
　第四节　流式细胞术 ·· 151
　第五节　克隆 ·· 161

第五章　生物信息学 · 167
- 第一节　概述 · 167
- 第二节　常用生物信息数据库 · 167
- 第三节　序列比对 · 171
- 第四节　基因组学 · 172
- 第五节　转录组学 · 182
- 第六节　蛋白质组学 · 188

第六章　抗体药物技术 · 196
- 第一节　抗体药物概述 · 196
- 第二节　单克隆抗体的制备 · 198
- 第三节　基因工程抗体 · 205
- 第四节　噬菌体抗体库技术 · 214
- 第五节　转基因动物表达抗体 · 215

第七章　生物技术与人类健康 · 219
- 第一节　基因工程药物 · 219
- 第二节　疫苗 · 221
- 第三节　基因诊断 · 226
- 第四节　基因治疗 · 228
- 第五节　干细胞技术 · 232

参考文献 · 237

绪论

随着生命科学研究的不断深入以及相关科学技术的发展,生物技术在世界范围内受到广泛关注,在基础研究与应用开发方面都取得了令人瞩目的成就。生物技术已经渗透并广泛应用到生物医药、农林、食品、环境等领域,展现出巨大的应用前景。现代生物技术的研究与开发已经成为世界性潮流,无论是发达国家还是发展中国家,都对现代生物技术寄予厚望。现代生物技术将成为 21 世纪最具发展前景的高科技领域与国民经济体系的支柱产业之一。

一、什么是生物技术

生物技术的英文"biotechnology"是生物学(biology)和技术(technology)的合成词,字面的理解即为利用生物材料进行生产的技术。随着科学与技术的发展,现代生物技术的内涵逐渐丰富。1986 年,国家科学技术委员会制定《中国生物技术政策纲要》时,曾将生物技术定义为:以现代生命科学为基础,结合先进的工程技术手段和其他基础学科的科学原理,按照预先的设计改造生物体或加工生物原料,为人类生产出所需新产品或达到某种目的。在该定义中,所谓"先进的工程技术手段",指基因工程、酶工程、细胞工程、发酵工程等新技术;所谓"生物体",包括动物、植物、微生物;所谓"生物原料",包括生物体的一部分或生物生活过程中所能利用的物质,诸如各种有机物;所谓"为人类生产出所需新产品",则包括粮食、医药、食品、能源、化工原料、金属及其他材料等;而所谓"某种目的",则包括疾病预防、诊断与治疗,以及环境污染物监测、环境污染治理与控制、环境修复等。该定义基本反映了现代生物技术的学科内涵。

总体来看,生物技术是一门新兴的综合性学科,同时也是所有自然科学领域中涵盖范围最广的学科。它融汇了分子生物学、微生物学、生物化学、细胞生物学、生理学、免疫学、营养学、伦理学、信息学、化学及化学工程学、生物物理学及育种技术等多学科知识和技术,并形成了以基因工程为核心的高新技术体系;又结合了诸如化学、化学工程学、数学、微电子技术、计算机科学、信息学等生物学领域之外的尖端基础学科,从而形成了一门多学科互相渗透的综合性学科，其中又以生命科学领域的重大理论和技术突破为基础。生物技术的应用涉及社会经济的许多领域，有农业、医药、食品、化工、环保、能源、采矿、冶金、饲料等。因此，可以将生物技术的定义总结为，以生命科学为基础，利用生物的特性或功能，设计构建具有预期性状的新物种或新品系，以及与工程原理和技术相结合进行社会生产或为社会服务的综合性技术领域。

二、生物技术的研究内容

生物技术的研究内容依据研究对象及操作技术可分为核酸技术、蛋白质技术、转基因技术、组织与细胞技术、生物信息学以及由此衍生的基因诊断、基因治疗、干细胞技术等。

1. 核酸技术

核酸技术是指基于核酸的性质，利用工具酶对核酸进行提取、分离、纯化、拼接等一系列的操作，是生物技术的基础，其中以DNA重组技术最为关键。DNA重组技术是以分子遗传学为理论基础，以分子生物学和微生物学的现代方法为手段，将不同来源的基因按预先设计的蓝图，在体外构建杂种DNA分子，然后导入活细胞，以改变生物原有的遗传特性，获得新品种，生产新产品。基因工程技术为基因的结构和功能的研究提供了有力的手段。DNA重组是当前生物技术中影响最大、发展最为迅速、最具突破性的研究领域；它突出的优点之一是打破了传统技术难以突破的物种之间的界限，可以使原核生物与真核生物之间、动物与植物之间，甚至人与其他生物之间的遗传信息进行转移和重组。人的基因可以转移到大肠杆菌中表达，细菌的基因可以转移到植物中表达。

2. 蛋白质技术

蛋白质技术涉及蛋白质的分离、纯化、检测、蛋白质结构改造与应用等。蛋白质技术能够通过对蛋白质化学、蛋白质晶体学和蛋白质动力学的研究，获得有关蛋白质理化特性和分子特性的信息，在此基础上对编码蛋白质的基因进行有目的的设计和改造，利用基因工程技术获得可以表达蛋白质的转基因生物系统。其研究的内容主要有两个方面：根据需要合成具有特定氨基酸序列和空间结构的蛋白质，确定蛋白质化学组成、空间结构与生物功能之间的关系。在此基础之上，实现由氨基酸序列预测蛋白质的空间结构和生物功能，设计合成具有特定生物功能的全新的蛋白质。

3. 转基因技术

转基因技术是利用现代生物技术，将人们期望的目标基因，经过人工分离、重组后，导入并整合到生物体的基因组中，从而改善生物原有的性状或赋予其新的优良性状。除了转入新的外源基因外，还可以通过转基因技术对生物体基因的加工、敲除、屏蔽等方法改变生物体的遗传特性，获得人们希望得到的性状。转基因技术与传统育种技术有两点不同：第一，传统技术一般只能在生物种内个体上实现基因转移，而转基因技术不受生物体间亲缘关系的限制，可打破不同物种间天然杂交的屏障，扩大可利用基因的范围；第二，传统的杂交和选择技术一般是在生物个体水平上进行，操作对象是整个基因组，不可能准确地对某个基因进行操作和选择，对后代的表现预见性较差。因此，将转基因技术与常规育种技术紧密结合，能培育多抗、优质、高产、高效新品种，大大提高品种改良效率，并可降低农药、肥料投入，在缓解资源约束、保障食物安全、保护生态环境、拓展农业功能等方面潜力巨大。

4. 组织与细胞技术

组织与细胞技术涉及范围非常广泛，主要指应用现代细胞生物学、发育生物学、遗传学和分子生物学的理论与方法，按照人们的需要，在细胞水平上进行遗传操作，重组细胞结构和内含物，以改变生物的结构和功能，即通过细胞融合、核质移植、染色体或基因移植以及组织和细胞培养等方法，快速繁殖和培养出人们所需要的新物种的生物工程技术。

5. 生物信息学

生物信息学是随着人类基因组计划的启动而兴起的一门新兴的交叉学科，体现了生物学、计算机科学、数学、物理学等学科间的渗透与融合。它通过对生物学实验数据的获取、加工、存储、检索和分析，达到揭示数据所蕴含的生物学意义，从而解读生命活动规律的目的。生物信息学的应用范围非常广泛，包括基因和蛋白质的序列分析、建立分子进化树、基于大数据筛选疾病治疗靶标及分子标志物、多组学联合构建疾病发病机理模型等。生物信息学的发展将对分子生物学、临床医学、药物设计和医疗成像等领域产生巨大的影响。

三、生物技术在医药领域的应用

经过几十年的发展，我国生物技术产业得到了快速发展，为经济建设和社会发展做出了重要贡献，总体水平已经在发展中国家处于领先地位。特别是生物技术在医药领域的蓬勃发展，对加快新药开发、优化临床治疗手段、提高人类健康水平发挥着越来越重要的作用。

1. 基因工程药物

人体的基因缺失、重复或突变、基因异常表达等都会造成遗传性疾病。向靶细胞或组织引入外源基因 DNA 或 RNA 片段来纠正或补偿基因缺陷、关闭或抑制异常表达的基因，可以达到治疗遗传性疾病的目的。20 世纪 80 年代初，美国科学家 Willian French Anderson 首先阐明了基因治疗的前景和发展方向。1990 年，美国国立卫生研究院和重组 DNA 调研委员会批准了世界上第一例临床基因治疗的申请，1990 年 10 月 1 日，由美国 Genetic Therapy 公司和美国国立卫生研究院（NIH）进行的第一例临床试验正式开始，结果取得成功。1991 年 7 月，中国科研人员从一批自愿接受基因治疗的凝血因子 IX 基因缺陷性血友病 B 患者中选择了两兄弟进行基因治疗临床研究。目前已经进行过基因治疗动物试验和临床试验的遗传性疾病包括获得性免疫缺陷综合征（AIDS）、癌症、囊性纤维化、高胆固醇血症、血友病、进行性肌营养不良、地中海贫血、镰状细胞贫血、岩藻糖苷贮积症等。

2. 疫苗

疫苗接种到人体后可以在接受者体内建立对入侵物质的免疫力，保护疫苗接受者免受疾病侵染。典型的疫苗包括细菌疫苗和病毒疫苗两大类，主要组分是灭活或减毒的致病物质，制备的前提是致病物质不能丧失引起免疫反应的能力。基因工程技术的引入使科学家能够开发出多种途径来生产疫苗，从而使当代疫苗的发展和应用扩展到许多非传染病领域，如抗肿瘤、防止免疫病理损伤等。疫苗不再是单纯的预防性制剂，而是通过调节体内免疫已经成为富有前景的治疗性制剂。

3. 疾病治疗发生重大变化

基因治疗方面，我国已经对血友病进行了临床试验并取得满意效果，达到国际先进水平。针对恶性肿瘤的基因治疗方面，已经构建了胸苷激酶基因（tk）、人睾丸特异表达基因（td）两种基因及其相关的病毒载体，并已进入临床试验。已经成功研制了一种新型的具有高效导入功能的靶向型非病毒型载体系统，并已申报国内和国际专利。

干细胞研究方面，我国科学家也取得了良好的成绩，在国际上首次从流产儿分离克隆出人类胚胎干细胞，并分化获得了上皮样细胞、神经元细胞、神经胶质细胞和脂肪细胞；在国际上首次获得人类心脏跳动样细胞，探索出人类、牛胚胎干细胞分离克隆的适当条件；通过药物诱导在体外将胚胎干细胞定向分化为心肌细胞；成功分离出山羊胚胎早期的类胚胎干细胞和类生殖细胞；建立了3个中国人胚胎干细胞系，并成功地诱导分化。

4. 生物技术制药

人们利用哺乳动物细胞作为生物反应器来生产医用药物蛋白，并且一直在努力研究开发可用于工业化生产的、稳定有效的哺乳动物细胞表达系统。用动物乳腺生产医用蛋白和其他高附加值产品已形成了一种风险投资产业。第一批用于制作动物乳腺生物反应器的目标基因几乎都是血源性医用产品。第二代产品包括抗体、激素、受体、细胞因子、疫苗、组织修复物、营养药物、食品等，几乎覆盖了单位价值较高的所有蛋白质产品。现代生物技术对传统制药工业的改造主要是通过基因工程和细胞工程技术来进行的。利用基因工程技术改变生物代谢途径一般采取两种办法，即导入一种新的基因或对已经存在的基因进行改造；细胞工程技术中应用较多的是原生质体融合方法。利用现代生物技术可以改良抗生素、氨基酸、维生素发酵生产菌种，改变抗生素组分，改进现有药物生产工艺并提高产量，改进新药筛选方法，产生新的化合物等。

第一章
核酸技术

第一节 重组 DNA 技术

一、重组 DNA 技术的原理

重组 DNA 技术（recombinant DNA technology），是将不同来源的 DNA 片段共价整合到有复制功能的 DNA 中的技术，又称分子克隆。该重组的 DNA 分子可在寄主细胞中复制、扩增，并转录表达出与该外源性 DNA 相应的信使 RNA 或蛋白质。1972 年，Paul Berg 利用限制性内切酶和 DNA 连接酶，将猿猴空泡病毒 40（SV40）和 λ 噬菌体的 DNA 结合，创建了第一个重组 DNA 分子。1973 年 Stanley Cohen 等成功地使重组 DNA 分子在寄主细胞内获得表达，他们从大肠杆菌里取出两种不同的质粒，把这两种质粒中含有的分别对抗不同的药物的抗药基因剪切下来，再把这两个抗药基因组合拼接成一个新的质粒，将重组杂合质粒导入大肠杆菌。这种大肠杆菌能抵抗两种药物，且这种大肠杆菌的后代都具有双重抗药性，这表示重组杂合质粒在大肠杆菌的细胞分裂时也能自我复制了，这标志着重组 DNA 技术的首次胜利。这为今后体外大规模生产某特种蛋白质的基因工程的发展奠定了基础，使不少人体中含量极微而十分重要的蛋白质（如某些激素和因子）的生物合成，能体外实现，这对医学和生物学的发展具有划时代的意义。

重组 DNA 技术作为必不可少的基础技术，在基因工程中发挥着重要的作用。其主要流程如图 1-1 所示。

重组 DNA 技术的不断进步拓宽了生物技术行业的视野。从最初利用大肠杆菌生产胰岛素，从细菌中合成各类蛋白质扩展到动植物育种及基因治疗，包括医药行业的活性多肽、蛋白质和疫苗的生产，疾病发生机理研究、诊断和治疗、新基因的分离以及发酵工业中提高微生物本身所产生的酶的产量等，为发明和生产更多有益产品创造了更好的条件。因此，随着时间的推移，重组 DNA 技术在能源、农业、食品生产、工业化学和药品医疗制造等方面承担越来越重的责任，与人们的生活息息相关。

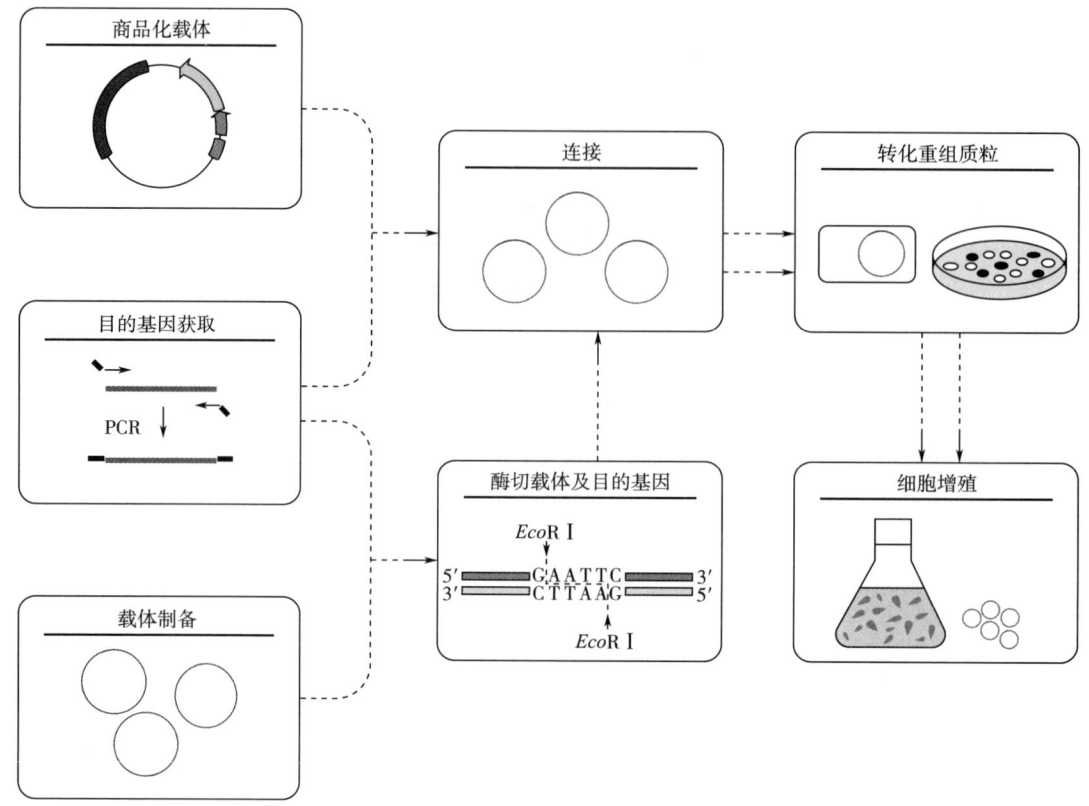

图 1-1 重组 DNA 技术主要流程

二、工具酶

DNA 的重组和构建是由一系列相互关联的酶促反应所完成的，其中涉及多种工具酶包括限制性核酸内切酶、DNA 聚合酶、DNA 连接酶、修饰酶及核酸酶等。

（一）限制性核酸内切酶

1. 概述

限制性核酸内切酶（restriction endonuclease，RE，以下简称限制酶）是一类识别和切割特定核苷酸序列并能产生二重对称特异序列回文序列结构的水解酶，已成为分子生物学的基本工具。双链 DNA 中有一段倒置重复序列，当该序列的双链被打开后，可形成发夹结构（hairpin structure）。这段序列被称为回文序列（palindromic sequence），其特点是在该段的碱基序列的互补链之间正读反读都相同。回文结构序列是一种旋转对称结构，在轴的两侧序列相同而反向。

限制酶的发现始于 20 世纪 60 年代，并在 20 世纪 70 年代早期进入商业应用。人们关注的焦点是它们对正确识别序列的精确特异性，以及识别相同 DNA 序列的酶之间缺乏同源性。限制酶主要存在于微生物中，如细菌、古细菌、病毒和真核生物等。

2. 限制性核酸内切酶的命名与类型

限制性核酸内切酶的命名根据 Smith H. O. 和 Nathane 1973 年提出，1980 年 Robers 进行系统划分归类，最终确定属名与种名结合的原则：限制酶第一个字母（大写，斜体）代表该酶的宿主菌属名（genus）；第二、三个字母（小写，斜体）代表宿主菌种名（species）；第四个字母代表宿主菌的株或型（strain）即不带斜体的字母可以用来表示一个特定的品系。若从一种菌株中发现了几种限制酶，即根据发现和分离的先后顺序用罗马字母表示。生物学中属以下（含属）的拉丁学名应该用斜体字母表示，因此，前 3 个字母都应该用斜体。如大肠杆菌（*Escherichia coli*）用 *Eco* 表示，流感嗜血杆菌（*Haemophilus influenzae*）株分离的三种酶用 *Hin*Ⅰ、*Hin*Ⅱ、*Hin*Ⅲ表示。

据限制酶的识别切割特性、催化条件及是否具有修饰酶活性，可分为Ⅰ、Ⅱ、Ⅲ型三类，根据其限制修饰、蛋白结构、辅助因子、切割和识别位点等进行分类，这些标准的集合用于定义不同的类型（见表 1-1）。Ⅱ型酶由于具有核酸内切酶的甲基化酶活性，所以在重组 DNA 中使用比较广泛。

表 1-1　　限制性核酸内切酶的分类与特点

主要特性	Ⅰ型	Ⅱ型	Ⅲ型
限制修饰	多功能酶	单功能酶	双功能酶
蛋白结构	异源三聚体（三种不同的亚基）	同源三聚体（单一的蛋白）	异源二聚体（两种不同的亚基）
辅助因子	ATP、Mg^{2+}、SAM（S-腺苷甲硫氨酸）	Mg^{2+}	ATP、Mg^{2+}、SAM（S-腺苷甲硫氨酸）
切割位点	距识别序列 1kb 处（二分非对称序列）	4~6bp 短序列多为回文序列	距识别序列下游 24~26bp 处
甲基化作用的位点	寄主特异性位点	寄主特异性位点	寄主特异性位点
序列特异性切割	不是	是	不是
基因工程中的用途	无用	十分有用	用处不大

3. Ⅱ型限制性核酸内切酶的基本特性

识别序列的碱基数一般为 4~6bp，少数识别序列更长，多数识别位点在切割位点以内，少数在切割位点之外，均具有旋转对称性（回文结构）。Ⅱ型限制性酶切割双链 DNA，水解磷酸二酯键中 3′位酯键产生两个末端，末端结构是 5′-P 和 3′-OH，产生 3 种不同的切口。黏性末端（cohesive ends）包括 3′黏性末端和 5′黏性末端两种，因酶切位点是在两条 DNA 单链上经不同（对称）酶切后形成，具有互补碱基的单链末端结构，酶切产生的两个黏性末端很容易通过互补碱基的配对重新连接起来。平末端（blunt end）指因酶切位点在两条 DNA 单链上相同，酶切后形成的平齐的末端结构，这种末端不易重新连接起来。

只有找到合适的酶切位点才能进行引物设计等后续步骤。选择酶切位点时需要注意的是，通常我们会使用双酶切，因为单酶切后载体容易自连，且不能保证目的基因插入的方向。同时双酶切需要注意同尾酶（isocaudamers）的自连。比如虽然两个限制酶识别的序列不同，但是酶切后的末端是相同的，这种情况在选择酶切位点时应避免。同尾酶是指切割不同的 DNA 片段但产生相同的黏性末端的一类限制酶。这一类的限制酶来源各异，识别的靶序列也不相同，但产生相同的黏性末端，如 BamHⅠ和 BglⅡ，SalⅠ和 XhoⅠ就是常见的同尾酶。同裂酶（isoschizomers）是指来源不同但识别和切割同样的核苷酸序列的限制酶，如 HpaⅡ和 MspⅠ切割位点相同，但 MspⅠ可以切割甲基化的 C^*。有些识别顺序相同，切割位点不同，如 SmaⅠ和 XmaⅠ，前者产生平头末端，后者则产生黏性末端。

4. 影响限制性核酸内切酶活性的因素

1 个限制酶活力单位定义：在规定使用缓冲液及温度条件下，在 20μL 反应液反应 1h，使 1μg DNA 完全消化所需的酶量。

（1）DNA 的纯度　限制酶消化水解 DNA 底物的反应效率首先取决于 DNA 本身纯度。DNA 中的杂质如蛋白质、多糖、苯酚、氯仿、乙醇、十二烷基硫酸钠（SDS）、乙二胺四乙酸（EDTA）、NaCl 等都会影响酶的活性。一般通过纯化 DNA、加大酶的用量、延长保温时间、扩大反应体积使潜在的抑制因素被稀释，加入亚精胺提高消化作用等方式来提高 DNA 的纯度。

（2）DNA 甲基化程度　大肠杆菌中一般有两种甲基化酶修饰质粒，分别是 dam 甲基化酶（修饰 GATC 中的 A）和 dcm 甲基化酶（修饰 CCA/TGG 中的 C）。基因工程中使用失去了甲基化酶的大肠杆菌来制备质粒。

（3）底物 DNA 的分子构型　底物 DNA 不同构型对限制酶活性有较大的影响。

（4）反应温度　不同限制酶的最适反应温度不同，大多数为 37℃。

（5）反应系统组成　限制酶的活性由缓冲液种类、pH、离子强度（氯化镁、氯化钠、氯化钾）和 β-巯基乙醇或二硫苏糖醇（DTT）、牛血清白蛋白（BSA）、二甲基亚砜（DMSO）和甘油的添加量等多种因素所决定，这些是影响酶活性的重要因素。高浓度的酶、高浓度的甘油、低离子强度、极端 pH 等，会使一些限制酶的识别和切割序列特异性降低，即所谓的"星活性"（star activity）现象。如 EcoRⅠ* 代表 EcoRⅠ的星活性，星活性的特点是限制酶识别序列特异性降低。

（6）酶量、反应体积、酶切时间　设置合理的用酶量、反应体积和酶切时间。

5. 限制酶的应用

（1）DNA 重组与构建新基因文库（genomic library）　将某种生物的全部基因组的遗传信息贮存在可以长期保存的稳定的重组体中，以备需要时能够随时从中分离出目的基因，这种保存基因遗传信息的材料，就称为基因文库，又称 DNA 文库。

（2）构建物理图谱并局部消化　构建 DNA 物理图谱，使用限制酶局部消化。消化作用是指以同型二聚体形式与靶 DNA 序列发生作用识别靶序列的大小决定产生特定的 DNA 片段大小。

（3）DNA 分子杂交　限制酶在分子生物学领域已广泛地用于克隆基因的筛选、酶切图谱的制作、基因组中特定基因序列的定性、定量检测和疾病的诊断等方面，而且在临床诊断上的应用也日趋增多。

（4）制备 DNA 放射性探针　DNA 探针是一段带有标记的 DNA 片段，可以检测与其相同的 DNA 片段或者与其碱基互补配对的 RNA 片段。这个标记可以是放射性标记，也可以是荧光标记。其中被广泛使用的地高辛标记探针就是一种荧光标记探针。DNA 探针的主要应用是检测核酸，其中双链是 DNA 探针的保存状态，单链是 DNA 探针的工作状态。

（5）DNA 序列分析　基因组测序分析已成为生物信息学的一大热门，极大地推动了生物学和医学的研究和发现。

（6）快速高效检测 miRNA　基于限制酶放大技术的 miRNA 检测生物传感器已被使用，miRNA 已经成为一种用于癌症诊断与预后的生物标志物。基于限制酶和聚合酶联合而开发出的多种等温扩增技术已广泛地用于 miRNA 检测。

（二）DNA 聚合酶

1956 年，Arthur Kornberg 在大肠杆菌的裂解物中首次鉴定出 DNA 聚合酶（DNA polymerase），并在 DNA 聚合酶与 DNA 复制机制的研究方面做出杰出贡献，其被称为 DNA 酶学之父。该酶被发现并用于原核细胞和真核细胞的 DNA 复制，是细胞复制 DNA 的重要作用酶，目前已经发现了几种类型的 DNA 聚合酶。这些类型中的每一种 DNA 聚合酶都在 DNA 复制和修复机制中发挥重要作用。然而，DNA 聚合酶不用于启动新链的合成，而是用于延伸与模板链配对的已经存在的 DNA 或 RNA 链。DNA 聚合酶的主要活性是催化 DNA 的合成（在具备模板、引物、dNTP 等的情况下）及其相辅的活性。

1. 大肠杆菌 DNA 聚合酶 I

大肠杆菌 DNA 聚合酶 I（*E. coli* pol I）是单链球状蛋白，有聚合酶活性和外切酶活性，其中 3′→5′外切酶活性起校正作用，5′→3′活性起修复和切除引物作用。*E. coli* pol I 每秒钟只能聚合 10 个碱基，主要起损伤修复作用。此酶主要用于制备 DNA 探针，使用 *E. coli* pol I 中 5′→3′外切酶活性和聚合酶活性，可为基因工程制备核酸分子杂交用的带放射性标记探针，同时也应用于分子克隆和 DNA 顺序分析。

2. *Taq* DNA 聚合酶

Taq DNA 聚合酶是一种热稳定类型的 DNA 聚合酶 I，最初是从一种称为水生栖热菌的嗜热真细菌（*Thermus aquaticus*）中分离出来的。它缩写为 *Taq* 或 *Taq* pol。它通常用于聚合酶链反应以扩增短链 DNA。由于其嗜热性质，它能够承受 PCR 过程中所需的变性条件，因此它取代了来自大肠杆菌的 DNA 聚合酶。*Taq* DNA 聚合酶是 Mg^{2+} 依赖性酶，原因是 Mg^{2+} 可与负离子磷酸根相结合，反应体系中 Mg^{2+} 量受到 dNTP 浓度的制约。

3. T4 DNA 聚合酶

T4 DNA 聚合酶是从噬菌体 T4 感染的 *E. coli* 中分离得到的，它和大肠杆菌 DNA 聚合酶 I 大片段相似，也是一条多肽链，且分子质量相近，但氨基酸组成不同。它至少含有 15 个半胱氨酸残基。但是，其外切酶活性比 *E. coli* pol I 高 200 倍。T4 DNA 聚合酶又名 T4 gp43，在 T4 噬菌体 DNA 复制过程中引导先导链和滞后链沿 5′→3′方向延伸。通过对第 219 个氨基酸进行点突变修饰 D219A，使得该酶失去 3′→5′外切核酸酶的活性，但保留了聚合酶活性，且该酶的聚合酶活性强于 DNA 聚合酶 I。与 DNA 聚合酶 I 不同，T4 DNA 聚合酶不具有 5′→3′核酸外切酶活性。T4 DNA 聚合酶在基因工程中的应用包括：

（1）以聚合反应标记带有 5′末端的 dsDNA，以取代反应标记黏端或平端的 dsDNA，即聚合补平或标记限制酶消化的 DNA 产生平端或 3′凹端，在高浓度 dNTP 中，聚合反应能力超过 3′→5′外切核酸酶的活性。

（2）借其 3′→5′外切酶活性，以部分消化 dsDNA 的方法产生 3′凹端，可用 32P 标记 DNA 片段作为杂交探针。

4. T7 DNA 聚合酶

T7 噬菌体感染大肠杆菌诱导产生的 DNA 聚合酶是由两种紧密结合蛋白复合体构成的，包括 T7 噬菌体基因 5 蛋白，分子质量为 8000u；另一个是宿主大肠杆菌编码的硫氧还原蛋白，分子质量为 12000u。T7 DNA 聚合酶是一种模板依赖性 DNA 聚合酶，在 5′→3′方向催化 DNA 合成。该 DNA 聚合酶具有高持续合成能力，可持续合成长片段 DNA。该酶还针对单链和双链 DNA 显示出高 3′→5′核酸外切酶活性。通过去除残留的基因组 DNA 对共价闭环的 DNA 进行纯化，还应用于长模板上的引物延伸反应、DNA 3′端标记、cDNA 第二条链的合成等，同时还用于与细胞凋亡相关的 DNA 片段的原位检测。

（三）DNA 连接酶（DNA ligase）

基因工程中用到的连接酶主要是大肠杆菌 DNA 连接酶以及 T4 DNA 连接酶，目前后者的应用更为广泛。DNA 连接酶最初是在大肠杆菌细胞中发现的。它是一种封闭 DNA 链上缺口的酶，借助 ATP 或 NAD 水解提供的能量催化 DNA 链的 5-磷酸基与另一条 DNA 链的 3-羟基生成磷酸二酯键。但这两条链必须是与同一条互补链配对结合的（T4 DNA 连接酶除外），而且必须是两条紧邻 DNA 链才能被 DNA 连接酶催化成磷酸二酯键。

T4 DNA 连接酶催化双螺旋 DNA 或 RNA 中并排的 5-磷酸基和 3-羟基端之间磷酸二酯键的形成。该酶以 ATP 为能量物质可以修复双螺旋 DNA、RNA 或 DNA/RNA 杂合体中的单链缺口，还可以将 DNA 片段与黏性末端或平末端结合，但对单链核酸无活性。T4 DNA 连接酶可以修补双链 DNA、双链 RNA 或 DNA/RNA 杂合链上的单链切口，使两个相邻的核苷酸连接起来，在 DNA 修复和重组中起着重要的作用。

在传统的酶切酶连法载体构建过程中，T4 DNA 连接酶可以搭配限制性内切酶一起完成酶切酶连实验。它可以催化双链 DNA 的 5′-P 末端和 3′-OH 末端之间形成磷酸二酯键，并且对黏性末端连接和平末端连接都有不错的连接效率，灵敏度高、适用性广，使用者也比较多。DNA 连接酶主要用于克隆限制性内切酶生成的 DNA 片段和 PCR 产物，将双链寡核苷酸连接子或接头与 DNA 相连，用于定点突变介导 RNA 的检测，修复双螺旋 DNA、RNA 或 DNA/RNA 杂交体中的缺口，放大片段长度多态性等。

（四）修饰酶

修饰酶（prosessing enzyme）是能催化稀有碱基参入 RNA 或 DNA，或对原有碱基进行修饰，以防止限制性内切酶的破坏的酶。DNA 修饰酶能进行化学修饰，修饰的位点可以在碱基，也可以在脱氧核糖。修饰的方法可以是甲基化、乙基化等。最常见的比如大肠埃希菌中的 DNA 甲基化酶，它修饰大肠埃希菌自己的 DNA，相当于给自己的 DNA 打上标志，而外源 DNA（如侵入的噬菌体）没有这样的标志，就会被大肠埃希菌的核酸酶降解掉，通过这样的系统，它能识别自我和非我物质。修饰酶包括很多种，例如碱性磷酸酶（alkaline phosphatase）和多核苷酸激酶等。碱性磷酸酶可催化 DNA、RNA 和核苷酸释放 5′和 3′磷酸基团从而将 DNA 片段的 5′磷酸基团转化为 5′羟基团，即核酸分子脱磷作用，该酶用于克隆载体 DNA 的去磷酸化以防止连接期间的重新环化，还用于蛋白质、DNA、RNA 和寡核苷酸的去磷酸化。多核苷酸激酶是由 T 偶数噬菌体所感染的大肠杆菌分离出来的酶，能催化 ATP 的 γ-磷酸转移到 DNA 或 RNA 的 5′-磷酸末端生成 ADP 的反应，主要应用于 PCR 引物和寡核苷酸的磷酸化、测序引物的标记等。

（五）核酸酶

核酸酶（nuclease）是能够将聚核苷酸链的磷酸二酯键切断的酶，核酸酶属于水解酶，作用于磷酸二酯键的 P—O 位置，核酸酶是在核酸分解的第一步中，作用于水解核苷酸之间的磷酸二酯键的一种核酸。在高等动植物中都有作用于磷酸二酯键的酶，依据其底物的不同可以将其分为 DNA 酶和 RNA 酶两类。

三、载体

凡来源于质粒或噬菌体的 DNA 分子，可以供插入或克隆目的基因 DNA 并具有传递运载外源 DNA 导入宿主细胞（即受体细胞）能力的片段统称为载体（vector），其可复制扩增大量目的 DNA 分子或者转录及表达为相应产物。

一般来说，理想的基因工程载体须具备以下功能：①具有一定的复制起始位点，能使插入的外源目的基因或 DNA 片段在宿主细胞内进行独立并且稳定的自我复制。②在 DNA 复制的非必需区具有多种限制酶的单一识别位点，即酶切位点，最好含有多种限制酶的单一位点，多个酶切位点也称为多克隆位点（multiple cloning site，MCS），能被各种限制酶识别并插入外源 DNA 片段。③具有用来筛选重组体 DNA 的选择标记基因，利用这些标记筛选克隆的重组子。④序列较短即分子质量小，但仍可以容纳较长的外源

DNA 片段运载至宿主细胞，在宿主细胞内有较多拷贝数并容易从细胞中分离纯化。⑤具有较高的遗传稳定性。

为了满足以上要求，通常选择生物体天然存在的质粒和噬菌体或病毒 DNA 作为载体，对其进行必要的修饰和改造，构建出具有多种作用的载体 DNA 分子。载体按功能可分成克隆载体和表达载体。

（一）克隆载体

克隆载体（cloning vector）大多是高拷贝的载体，其宿主一般是原核细菌。将需要克隆的基因与克隆载体的质粒相连接，再导入原核细菌内，质粒会在原核细菌内大量复制，形成大量的基因克隆，被克隆的基因不一定会表达，但一定被大量复制。克隆载体只是为了保存基因片段，这样细胞内不会有很多表达的蛋白质而影响别的工作。常用的克隆载体见表 1-2。

表 1-2　　　　　　　　　　常用的克隆载体

分类		基本性质	基本特征或载体的构建	原理机制	常用的载体
质粒载体		质粒能利用寄主细胞的 DNA 复制系统进行自主复制；具不相容性；具可转移性（基因工程中采用非接合性质粒）	(1) 具有合适的复制起始位；(2) 具有合适的选择性标记基因；(3) 有若干限制性内切酶的单一位点；(4) 具有较小的分子质量和较高的拷贝数	当带有抗生素抗性基因的载体进入受体菌后，受体菌才能生长。不带有抗生素抗性基因的受体菌不能在含有抗生素的培养基（选择培养基）中生长	pSC101、ColE1、pBR322、pUC18、pUC19、TA 载体
噬菌体载体	λ噬菌体载体	其 DNA 两端的 5′末端各带有 12 个碱基的互补单链，即 cos 位点。有可替代区，即非必需区。用外源 DNA 片段替代这个区域，不会影响噬菌体颗粒的形成	(1) 去除非必需区，建立外源 DNA 片段的克隆或替换位点；(2) 在 DNA 的非必需区插入遗传标记；如筛选性标记 *lacZ* 基因（与 *lacZ* 表型的大肠杆菌配合使用用于蓝白筛选实验）；选择性标记基因（与 hfl 表型的大肠杆菌配合使用提高筛选效率）；Spi 表型相关的 red 和 gam（与 P2 原噬菌体溶原性大肠杆菌配合使用筛选重组子）	(1) 通过裂解过程增殖载体；(2) 载体与外源 DNA 的酶切；(3) 外源 DNA 与载体的连接；(4) 重组噬菌体的体外包装；(5) 包装噬菌体颗粒的感染；(6) 筛选	插入式载体、置换型载体

续表

分类		基本性质	基本特征或载体的构建	原理机制	常用的载体
噬菌体载体	M13噬菌体载体	M13噬菌体的基因组为单链DNA。噬菌体颗粒的大小受其DNA端点制约，不存在包装限制。只感染雄性大肠杆菌	基因Ⅱ与基因Ⅳ之间存在一段507bp的基因间隔区（intergenic region, IG区），内含有复制起始位点，是实施改造、构建人工载体的重点区域。通过向IG区加入不同种类和数目的限制酶切位点，实现不同M13噬菌体载体的构建，M13重组分子筛选简便，被M13噬菌体感染的受体细胞生长缓慢，形成浑浊斑，易于辨认挑选。而且重组分子越大，浑浊斑的浑浊度也越大。但M13载体的最大缺陷是装载量小，只有1.5kb	（1）以（+）链DNA为模板，合成互补（-）链，该双链称为复制型DNA（RFDNA）；（2）RFDNA在受体细胞内能快速增殖，可增加到每个细胞约200个拷贝；（3）单链特异的DNA结合蛋白结合在（+）链上，从而阻断了其互补链，即（-）链的合成，这样，细胞就会不断地合成（+）链，DNA游离出来的（+）链DNA先与V基因的编码产物形成特异的DNA-蛋白质复合物，然后转移到寄主细胞膜，同时基因V的蛋白质从（+）DNA链上脱落下来，余下的M13（+）链DNA则是从其感染的寄主细胞的细胞膜溢出的过程中，被外壳蛋白包装成病毒颗粒的	M13mp
噬菌体-质粒杂合载体	黏粒载体	柯斯质粒是一类人工构建的含有λ-DNA cos序列和质粒复制子的特殊类型载体，也称黏粒（cosmid）。黏粒能像λ-DNA那样进行体外包装，并高效转染受体细胞；能像质粒那样在受体细胞中自主复制。此外黏粒还具有与同源性序列的质粒进行重组的能力	黏粒是带有cos序列的质粒。cos序列是噬菌体DNA中将DNA包装到噬菌体颗粒中所需的所有顺式作用元件。黏粒的组成主要包括大肠杆菌素E1（ColE1）质粒复制起始序列（ori）、抗性标记（amp^r）、cos位点，因而能像质粒一样转化和增殖。克隆的最大DNA片段可达45kb。有的黏粒载体含有两个cos位点，在某种程度上可提高使用效率	设计构建的柯斯质粒一般长4~6kb。其上的cos位点的一个重要作用是识别噬菌体的外壳蛋白。凡具有cos位点的任何DNA分子只要在长度相当于噬菌体基因组，就可以同外壳蛋白结合而被包装成类似噬菌体λ的颗粒。因此，插入柯斯质粒的外源DNA可大于40kb。重组的柯斯质粒可像噬菌体λ一样感染大肠杆菌，并在细菌细胞中复制	Supercos-1、PHC 79

续表

分类	基本性质	基本特征或载体的构建	原理机制	常用的载体
噬菌体-质粒杂合载体 噬菌粒载体	能像质粒那样在受体细胞中自主复制,能像M13-DNA那样体外包装并高效转染。受体细胞装载量比常规的M13mp系列要大很多(10kb通过克隆双链DNA能获得同等长度的单一单链DNA,重组操作简便,筛选容易)	噬菌粒载体综合了质粒载体和M13噬菌体载体的优点,含有ColEl复制起始位点、抗生素抗性选择标记和丝状体噬菌体DNA间隔区(含有噬菌体DNA复制起始、终止以及噬菌体颗粒形态发生所必需的全部顺式作用元件)。它具有质粒的复制起点、选择性标记、多克隆位点等,方便DNA的操作,可在细胞内稳定存在;又具有单链噬菌体的复制起点,在辅助噬菌体的存在下,可进行噬菌体的繁殖,产生单链的子代噬菌体	(1)具有较小分子质量基因组DNA,可克隆10kb的外源DNA片段,并易于进行分离与操作;(2)编码一个 amp^r 基因作为选择记号,便于转化子的选择;(3)拷贝数含量高;(4)存在着一个多克隆位点区,因此多种不同类型的外源DNA片段,不经修饰便可直接插入载体分子上;(5)多克隆位点区阻断了大肠杆菌 $lacZ$ 基因的5′-端编码区,可按照IPTG(异丙基-β-D-硫代半乳糖苷)显色反应试验筛选;(6)$lacZ$ 基因置于lac启动子的控制之下,插入的外源基因便会以融合蛋白质的形式表达;(7)含有质粒的复制起点,可复制形成大量的双链DNA分子;(8)带有一个M13噬菌体的复制起点,在有辅助噬菌体感染的寄主细胞中,可以合成单DNA拷贝,并包装成噬菌体颗粒分泌到培养基中;在pUC118和pUC119这两个载体中,多克隆位点区的核苷酸序列取向是彼此相反的,于是它们当中的一个可转录出克隆基因的正链DNA,另一个则可转录出负链DNA	PAAL30、PCAVTA135E

（二）表达载体

表达载体（expression vector），是在克隆载体基本骨架的基础上增加表达元件（如启动子、RBS、终止子等），使目的基因能够表达的载体。表达载体根据受体细胞类型分类有：原核、真核、穿梭、*E. coli*、哺乳类细胞等表达载体，如表达载体 pKK223-3 是一个具有典型表达结构的大肠杆菌表达载体，其基本骨架包括一个来自 pBR322 的复制起点（ori）、氨苄青霉素抗性基因（*amp*^{r}）以及表达元件。在表达元件中，有一个杂合 tac 强启动子和终止子，在启动子下游有核糖体结合位点（ribosome-binding site，RBS），其后的多克隆位点可装载目标基因。选择原核表达载体时应该注意：选择合适的启动子及相应的受体菌，用于表达真核蛋白质时注意克服 4 个困难和阅读框错位；表达天然蛋白质或融合蛋白作为相应载体的参考。表达载体按结构特点和来源可分为质粒表达载体和病毒表达载体。

1. 质粒表达载体

常用的质粒表达载体有原核表达载体、酵母表达载体和 Ti 质粒表达载体。

（1）原核表达载体　原核表达载体是由启动子、转录终止子（防止克隆的外源基因表达干扰载体的稳定性）、核糖体结合位点组成，表达方式有组成型表达、诱导型表达、融合型表达和分泌型表达。其中启动子类型也根据作用方式及功能分类分成组成型启动子、组织特异启动子和诱导型启动子。

（2）酵母表达载体　酵母表达载体来自 pBR322 基本骨架，含有该质粒复制起始位点（ori），*lacZ*、*bla*、*amp*^{r} 和 *tet*^{r} 等基因。酵母表达载体所用筛选标记可采用营养缺陷型筛选标记，如 URA3、HIS3、LEU2、TRP1、LYS2 等，或者采用抗性基因筛选标记，如博来霉素（zeocin）、杀稻瘟菌素（basticidin）等。启动子有 GAP、AOX1、AUG1 和 GAL1 等，其中 GAP 是组成型启动子，其余是诱导型启动子。

酵母表达载体多为穿梭载体：既可以在大肠杆菌中繁殖，获得足够的载体 DNA 进行体外操作，又可以在酵母中复制、表达和选择。融合蛋白表达载体是于外源基因插入位点的 C 端或 N 端插入了 1 个 6×His 标签，或在 5′端插入了 α-因子作为分泌信号。由于原核生物和真核生物存在糖基化、酰基化等翻译后修饰反应机制的差异，真核基因的原核表达难以获得有活性的蛋白。酵母表达载体现在已经成为真核表达的首选系统。

（3）Ti 质粒表达载体　Ti 质粒表达载体包括一元载体和二元载体。Ti 质粒是根癌农杆菌中发现的可引发植物产生冠瘿瘤的质粒。根据冠瘿瘤合成的冠瘿碱种类，Ti 质粒可分为章鱼碱、农杆碱、农杆菌素和琥珀碱 4 种不同类型 Ti 质粒，可分为 T-DNA、Vir、Con 和 Ori 4 个功能区。T-DNA 区：是 Ti 质粒中能转移到植物细胞内的区域。Vir 区：位于 T-DNA 区的上游，其表达产物可激活 T-DNA 向植物细胞的转移，这一个区域也称为致病区。Con 区：该区含有与农杆菌之间接合转移有关的基因（*tra*），这些基因受宿主细胞合成的冠瘿碱激活，使 Ti 质粒在细菌之间转移。Ori 区：调控 Ti 质粒的自我复制，为复制起始区。一元载体就是含目的基因的中间表达载体与改造后的受体（Ti

质粒）通过同源重组所产生的一种复合型载体，也称为共整合载体。由于该载体的 T-DNA 区与 Vir 区紧密连锁，也称为顺式载体（cis-vector）。双元表达载体系统主要包括两个部分：一部分为卸甲 Ti 质粒，这类 Ti 质粒由于缺失了 T-DNA 区域，完全丧失了致瘤作用，主要是提供 Vir 基因功能，激活处于反式位置上的 T-DNA 的转移。另一部分是微型 Ti 质粒，它在 T-DNA 左右边界序列之间提供植株选择标记，如 *NPT* II 基因以及 *lacZ* 基因等。

2. 病毒表达载体

常用的病毒表达载体包括杆状病毒表达载体、腺病毒载体、反转录病毒载体（慢病毒载体）和 SV40 病毒型转化载体等。

（1）杆状病毒表达载体　杆状病毒表达系统的基本元件：①启动子：多个启动子同时表达多个外源基因。②poly(A) 加尾信号。③同源重组序列。④穿梭载体必需元件。除带有病毒自身的复制起始位点外，还带有 pUC 质粒的复制子及 amp^r，可以在细菌内进行扩增。⑤筛选标记。

杆状病毒表达系统的特点：①重组蛋白具有完整的生物学功能，接近天然蛋白。②能进行翻译后的加工修饰，是研究糖基化对蛋白质结构与功能影响的理想模型。③表达水平高，最高可使目的蛋白的表达量达到细胞总蛋白的 50%。④能容纳大分子的插入片段，上限未知。⑤能在同一细胞内同时表达多个基因。⑥能表达基因组 DNA，昆虫杆状病毒表达系统具有剪切的功能。

（2）腺病毒载体　腺病毒载体是目前应用最为广泛的基因载体，也是唯一可用于基因药物的载体，双链 DNA 的分子大小约为 36kb，可应用于基因治疗、表达真核基因、研制腺病毒载体疫苗。DNA 末端结构突出特点：带有 100bp 反向的末端重复序列（ITR），而且在每一条单链的 5′-末端还共价地连接着末端结合蛋白，对病毒的复制有重要作用。当它从病毒颗粒中分离出来时，便会自发地环化起来，之后许多环形分子又聚合成多聚体。作为基因治疗的前沿领域，重组腺相关病毒载体（AAV）研究在过去十年中得到迅速发展。通过分离出几种自然存在的 AAV 血清型和来自不同动物物种的 100 多种 AAV 变体，以 AAV 为基础的载体的指数级进展成为可能。由于这些分离株具有不同的组织取向，并且有可能避免先前存在的针对常见的人类 AAV 血清型 2 的中和抗体，因此非常适合开发成人类基因治疗载体。

（3）慢病毒载体　慢病毒（lentivirus）是一组潜伏期较长的逆转录病毒。根据感染的脊椎动物宿主，可将其分为 5 个血清组：牛、马、猫、绵羊/山羊和灵长类。慢病毒的一些例子是人类免疫缺陷病毒（HIV）、猴免疫缺陷病毒（SIV）和猫科动物免疫缺陷病毒（FIV）。慢病毒可以将大量遗传信息传递到宿主细胞的 DNA 中，并且可以整合到分裂和非分裂细胞中。慢病毒基因信息能够在宿主细胞分裂过程中传递给子细胞，使得慢病毒成为最有效的基因递送载体之一。在大多数情况下，反转录病毒的肿瘤基因都能够在正常的细胞中转录。反转录病毒的寄主范围相当广，包括无脊椎动物和脊椎动物。反转录病毒具有强启动子，外源基因可得到有效表达。反转录病毒不但感染效率高，而且不会导致寄主细胞死亡。慢病毒载体的特点如表1-3所示。

表1-3　　　　　　　　　　　慢病毒载体特点

优点	缺点
可以携带较大的转基因片段（最高可达8kb）	有产生重组慢病毒的潜力
高效的基因转移 感染分裂和非分裂细胞 不产生免疫原性蛋白 能稳定整合到宿主基因组并稳定表达转基因	有插入突变的可能性；即使是具有人类嗜性的复制能力不强的慢病毒也能够感染人类细胞，并将其基因组整合到宿主细胞中，这在意外暴露的情况下是有风险的

（4）SV40病毒型转化载体　猿猴空泡病毒40（simian vacuolating virus 40，SV40）基因组是一种环形双链DNA，其大小仅有5243bp，很适于基因操作。其导致人体癌变的可能性极低，对人体是安全的。一些质粒型表达载体带有来自SV40 DNA的个别调控区，位于病毒的早期与晚期转录单位之间，包括DNA复制起始位点1、DNA复制起始位点2、早期与晚期mRNA转录的起始位点3、能激活复制起始位点并可自动调节早期转录的T抗原结合位点4、可被细胞转录因子识别的一般由3个G/C丰富的21bp同向复制区组成的序列5、组成SV40早期增强子的2段72bp同向重复序列。根据SV40 DNA进入敏感动物细胞的转录方向，分为早期转录区和晚期转录区。早期转录区包括与病毒感染相关的t抗原基因（small t-antigen）和T抗原基因（large T-antigen）等；含有 *Bam*H I 等限制性核酸内切酶识别位点；晚期转录区包括与病毒壳蛋白合成相关的基因，含有 *Eco*R I 等限制性核酸内切酶识别位点。

SV40病毒型转化载体的特点是：①含有能够被真核细胞识别的有效的启动子。②有许多种动物病毒，在其感染周期中都能够持续地复制，使其基因组拷贝数达到相当高的水平。③有些动物病毒具有控制自己复制的顺式元件和反式作用因子。④有些动物病毒，在它们的复制过程中能高效稳定地整合到寄主核基因组上。⑤病毒的外壳蛋白质能够识别细胞接受器。用病毒外壳蛋白质包装重组质粒DNA形成的假病毒颗粒，构成了一种高效的转化体系。

四、受体细胞

（一）受体细胞的定义、分类及性能

受体细胞是指在转化和转导（感染）中接受外源基因的细胞。受体细胞有原核受体细胞（主要有大肠杆菌、枯草芽孢杆菌、链霉菌）、真核受体细胞（主要有酵母菌）、动物细胞和昆虫细胞。作为重组DNA技术的受体细胞必须具备以下性能：具有接受外源DNA的能力；一般应为限制酶缺陷型（或限制与修饰系统均缺陷）或DNA重组缺陷

型；DNA不易转移且不适于在人体内或在非培养条件下生存。作为受体细胞的原则：便于重组DNA分子导入和稳定存在于细胞中，便于重组子的筛选；遗传稳定性高，易于扩大培养与发酵；安全性高，无致病性；最好是内源蛋白水解酶缺失或含量低，具有较好的翻译后加工机制，便于真核基因的表达；密码子无明显偏好性。

（二）重组子导入受体细胞

以大肠埃希菌为受体细胞的外源重组子导入方法，主要有转化、转导、电转化等。

1. 转化

转化是指感受态的细胞接纳外源DNA分子的过程，并使其在受体细胞内实现复制、扩增、转录与翻译（统称表达）。感受态细胞是经人工处理而使细胞的通透性上调，处于容易接纳外源DNA分子的敏感状态细胞。经典的转化流程是：将重组子与经过二价金属离子（如Ca^{2+}、Mn^{2+}等）处理的大肠埃希菌感受态细胞混合，置于冰浴一定时间后，转置于42℃水浴进行短暂的热刺激，使重组子进入大肠埃希菌细胞内，将转化的受体细胞置于培养液中保温培养一段时间，以使接纳了重组子的受体细胞获得新表型并得到充分表达，继而将该菌液涂布在选择培养基上，以便筛选含有重组子的大肠埃希菌。

2. 转导

转导是指噬菌体颗粒感染受体细胞，通过特定的途径，将噬菌体核酸注入受体细胞内的过程，并使噬菌体核酸在受体细胞内实现复制、转录、翻译或子代噬菌体的繁殖。转导的核心是依据噬菌体颗粒的属性建立一种噬菌体DNA体外包装技术系统。转导的基本过程是：重组了外源基因的噬菌体载体或黏性载体，在体外包装成具有感染能力的噬菌体颗粒，然后经由受体细胞表面上接收器位点使重组的噬菌体载体或重组的黏性载体DNA进入受体细胞，从而实现目的基因的转录、翻译以及子代的繁殖。经过良好的体外包装体系制得的噬菌体颗粒，每微克野生型λDNA经转导，可形成10^8以上噬菌斑形成单位（plaque forming unit，pfu），但对于重组了外源基因的噬菌体载体或黏性载体，包装的转导率要比野生型下降了$\frac{1}{10^4} \sim \frac{1}{10^2}$。

3. 电转化

电转化是利用电穿孔法，将外源DNA或载体DNA导入受体细胞，并使载体DNA在受体细胞内实现复制、转录和翻译等，该方法也称电穿孔转化法。高压电穿孔是指在高压电脉冲的作用下，使细胞膜上出现微小的孔洞——电穿孔，从而导致不同细胞之间的原生质膜发生融合作用。电穿孔也可以促使细胞吸收接纳外界的DNA分子。目前的实验表明，几乎所有类型的细胞，包括植物的原生质体、动物的初生细胞等，都可以使用电穿孔技术进行基因转移或导入。因此，在基因工程和细胞工程研究工作中，电转化技术受到了人们普遍的重视。

（三）常用的受体细胞及优缺点

大肠杆菌质粒是最常用的载体，有易培养、繁殖迅速的特点，其基因组、遗传背景清晰且大肠杆菌质粒上有诸如抗青霉素基因等易于检测的标记基因，容易使目的基因在受体细胞中复制和表达，而最适合大肠杆菌质粒完成使命的场所就是它的天然来源——大肠杆菌。

枯草芽孢杆菌具有芽孢形成能力，易于保存和培养；具有胞外酶分泌调节基因，能使基因表达产物分泌出来，从而可以简化表达产物的提取和加工处理。枯草芽孢杆菌是不产生内毒素的极为安全的细菌，现在已成功地在枯草芽孢杆菌中表达人的β干扰素、人的胰岛原C肽、乙型肝炎病毒核心抗原和动物口蹄疫病毒VP1抗原等。

CHO细胞即中国仓鼠卵巢细胞（chinese hamster ovary cells），是最具代表性的动物细胞表达系统，被广泛应用于生物制药领域。CHO在悬浮培养中具有相对较快的生长速度和较高的蛋白质表达量，且有较高的耐受剪切力和渗透压能力，外源蛋白表达水平较高，因此它被用作生物制品行业的主要生产用细胞系，是生产蛋白类生物制品最重要的表达系统。

五、重组 DNA 技术流程

重组 DNA 技术是遗传工程的核心技术，也是人类在基因和 DNA 分子水平进行操作的技术。它包括以下几个步骤：目的基因的获取，重组 DNA 分子的构建，目的基因与载体的连接结合，重组体的筛选，产物的收获。

1. 目的基因的获取

目的基因的获取主要方法包括：①利用化学合成法，人工合成碱基序列或氨基酸序列已知的目的基因；②利用 RT-PCR 扩增技术，从含有目的基因的生物材料的总 RNA 或 mRNA 样本中扩增目的基因；③利用 PCR 扩增技术，从含有目的基因的生物材料的 cDNA 或染色体 DNA 样本以及 cDNA 文库或基因组文库（genomic library）中扩增目的基因；④利用各种杂交技术，从含有目的基因的生物材料的 cDNA 文库或基因组文库中筛选目的基因；⑤利用适宜的筛淘技术，从诸如噬菌体展示文库等各种类型分子文库，如噬菌体表面展示文库、细胞表面展示文库抗体文库、合成抗体文库核糖体展示文库等中筛淘符合人们预期要求的目的基因。

2. 重组 DNA 分子的构建

将目的基因（DNA 或 cDNA 片段）与载体 DNA 重组，应用 TA 克隆方法，将 PCR 扩增产物快速克隆至质粒载体中。该方法利用了 PCR 过程中使用的热稳定聚合酶（*Taq* 酶），在所复制的双链分子末端加上单一脱氧腺苷酸（A），从而产生一个 A-黏性末端的性质，设计一种线性载体，使之含有一个 T-黏性末端，可直接插入 PCR 产物，在 DNA 连接酶作用下，目的 DNA 和载体 DNA 连接形成重组 DNA 分子。

3. 目的基因与载体的连接结合

将目的基因导入受体细胞即将重组 DNA 分子导入宿主细胞。导入宿主细胞的途径有很多，包括转化、转导、转染、显微注射、电穿孔等。

4. 重组体的筛选

将转化后的液体涂布于琼脂培养基表面，培养基中含有宿主菌敏感的抗生素，重组 DNA 含有相应抗生素的抗性基因，转化的细菌能在培养基上生长形成集落。挑取菌落，置液体培养基中培养，得到大量含重组 DNA 的细菌。筛选方法主要包括生物学法（表型筛选法、噬菌斑形成筛选法、遗传互补法）和核酸分子杂交法（菌落原位杂交、DNA 印迹（southern blot）、RNA 印迹（northern blot）、免疫分析筛选、PCR 法、双脱氧测序法（sanger sequencing），筛选出目的重组 DNA 分子，以确认含有外源基因的表达载体被导入宿主细胞后通过宿主细胞的转录翻译及翻译后修饰实现外源基因的表达。

5. 产物的收获

收获扩增后的培养细胞，提取重组 DNA 分子（质粒），并纯化，获得某一基因或 DNA 片段的大量拷贝。

六、重组 DNA 技术的应用

重组 DNA 技术已经彻底改变了生物医学研究和合成生物学。其以几乎无限的创造力设计、修改和组装 DNA 片段的能力，使得分子和细胞生理学的研究得到空前发展，也使得创造合成生命成为可能。DNA 组装也可以在体内进行，绕过了体外治疗的要求。细菌体内重组比体外组装方法更简单。这些技术包括将外源 DNA 片段转化为大肠杆菌，通过重组酶的作用将其在体内连接成所需的序列。重组酶通过不同 DNA 分子之间的同源序列融合片段，形成新的 DNA 序列。重组 DNA 技术广泛用于农业生产转基因生物；基因疗法方面它被用来尝试纠正导致遗传疾病的基因缺陷；在医药领域，重组 DNA 技术也用于生产小分子药物维生素 C、蛋白类药物胰岛素等成分，通过重组 DNA 技术制备基因工程疫苗。重组 DNA 技术现已广泛用于基因工程、环境检测、环境净化、农业、畜牧业、制药等领域，创新的重组 DNA 技术加速了生物技术的发展，给我们带来了新的机遇和挑战，为人类的生活带来了便利，使无限可能变为现实。

第二节 分子杂交技术

一、基本原理

分子杂交（molecular hybridization）是指具有一定同源序列的两条核酸单链（DNA 或 RNA），在一定条件下按碱基互补配对原则经过退火处理，形成异质双链的过程。利用这一原理，就可以使用已知序列的单链核酸片段作为探针，去查找各种不同来源的基因组 DNA 分子中的同源基因或同源序列。核酸分子杂交技术（nucleic hybridization）首先设计并制备具有特定识别标记的（放射性标记或非放射性标记）、碱基序列高度特异性的探针，随后杂交，利用 DNA 变性与复性的原理，在某种理化因素作用下 DNA 双链分子解链变性后，在 DNA 复性重新形成双螺旋结构时，把探针分子与 DNA 单链分子或者 DNA 与 RNA 的混合物放在同一溶液中，只要探针分子与 DNA 单链分子之间存在一定的碱基互补配对关系，就可以在探针分子与 DNA 之间形成杂化的双链。最后，通过识别标记对探针进行检测就可以有效分析感兴趣的核酸序列了。如今已制备的几种探针有 DNA 探针、cDNA 探针、RNA 探针和寡核苷酸探针等多种类型核酸探针。

由于固相化学技术和核酸自动合成仪的诞生，现在可常规制备 18~100 个碱基的寡核苷酸探针。应用限制酶和 DNA 印迹，用数微克 DNA 就可分析特异基因。特异 DNA 或 RNA 序列的量和大小均可用 DNA 印迹和 RNA 印迹来测定，与以前的技术相比，大大提高了杂交水平和可信度。尽管取得了上述重大进展，但分子杂交技术在临床实用中仍存在不少问题，必须提高检测单拷贝基因的敏感性，用非放射性物质代替放射性同位素标记探针以及简化实验操作和缩短杂交时间。这样，就需要在以下三方面着手研究：第一，完善非放射性标记探针；第二，靶序列和探针的扩增以及信号的放大；第三，发展简单的杂交方式。只有这样，才能使分子杂交技术做到简便、快速、低廉和安全。

二、核酸探针分类及标记方法

探针（test probe）是一小段用于检测与其互补的核酸序列的单链 DNA 或 RNA 片段。基因探针用于各种印迹和原位杂交（ISH）技术，用于检测环境、医疗和兽医应用中的核酸序列，以提高分析的特异性。核酸探针检测更快、更灵敏，因此许多涉及生物培养的病毒和细菌的常规诊断测试正在被分子探针检测快速取代。

（一）核酸探针分类

常见的核酸探针主要包括 DNA 探针、cDNA 探针、RNA 探针和寡核苷酸探针。几种核酸探针技术的优缺点各不相同，DNA 探针的检测精确度高、检测效率高、操作工艺简单，但存在有放射性危害、污染物处理难度大、对使用设备仪器要求高等问题；cDNA 探针的灵活性比较强、检测效率高，但操作难度大、获取不易、容易受到污染；RNA 探针在检测 RNA 样品时形成的杂交体更为稳定，可用 RNA 酶进行纯化处理，杂交饱和水平高，但单链的 RNA 探针本身结构稳定性差，易降解，使其应用受到一定限制；寡核苷酸探针的杂交速度快、特异性强、能够大量制备、可用于单碱基对检测、灵活性高，但操作难度大、现有技术不够完善、敏感性低、稳定性不足。

核酸探针的制备要点主要包括标记物选取和核酸片段选取两方面。在选择适合的标记物时需要确保选择的同位素符合实际检验要求。目前常用的同位素主要包括 ^{32}P、^{35}S、地高辛和光生物素等；在选择核酸片段时确保其具有良好的特异性，同时不能存在交叉反应现象。

根据杂交原理，作为探针的核酸序列至少必须具备以下两个条件：①应是单链，若为双链，必须先进行变性处理。②应带有容易被检测的标记。它可以包括整个基因，也可以仅仅是基因的一部分；可以是DNA本身，也可以是由之转录的RNA。

（二）核酸探针的标记方法

核酸探针标记的方法主要包括切口平移法（nick translation）、随机引物法（random primer）、末端标记法（end-labelling）等。

1. 切口平移法

切口平移法是最常用的探针标记法，主要利用的是DNA聚合酶Ⅰ能修复DNA链的功能。反应体系的主要成分有DNA酶Ⅰ（DNaseⅠ）、大肠杆菌DNA聚合酶Ⅰ（DNA polymeraseⅠ）、三种三磷酸脱氧核糖核苷酸、一种同位素标记的核苷酸（如dATP、dTTP、dCTP、P-dGTP）。首先用适当浓度的DNA酶Ⅰ在探针DNA双链分子上随机切开若干个缺口（不是切断DNA或将其降解），即在Mg^{2+}存在的情况下，首次用DNaseⅠ消化模板DNA，然后再借助DNA聚合酶Ⅰ的5′→3′的外切酶活性，切去5′末端的核苷酸；同时又利用该酶的5′→3′聚合酶活性，使^{32}P标记的互补核苷酸补入缺口。DNA聚合酶Ⅰ的这两种活性的交替作用，使缺口不断向3′的方向移动，DNA链上的核苷酸不断为^{32}P标记的核苷酸所取代。由于反应体系中含有同位素标记的单核苷酸，使新合成的链带有同位素标记，所以缺口平移实际上是同位素标记的核苷酸取代了原DNA链中不带同位素的同种核苷酸。该法的优点是快速、简便、成本相对较低、比活性相对较高、标记均匀，多用于大分子DNA（>1000bp最好）标记，但单链DNA、RNA不能用该法标记。

2. 随机引物法

随机引物法是长度为6个核苷酸的寡核苷酸片段与单链DNA或变性的双链DNA随机互补结合，以提供3′羟基端，在无5′→3′外切酶活性的DNA聚合酶大片段作用下，在引物的3′羟基末端逐个加上核苷酸直至下一个引物。当反应液中含有标记的核苷酸时，即形成标记的DNA探针。当以RNA为模板时，必须采用反转录酶，得到的产物是标记的单链cDNA探针。随机引物法标记的探针比活性高，但标记探针的产量比缺口平移法低。随机引物法标记探针一般长400~600bp，可代替缺口平移法，大小、单双DNA均可标记，还可以在低熔点琼脂糖中直接进行，具有反应稳定、标记均匀、标记率高、探针的活性高等优点，但不能标记环状DNA，产量相对较低。

3. 末端标记法

末端标记法不是将DNA进行全长标记，只在其5′端或3′端导入标记物进行部分标记或将放射性或非放射性化学基团连接到多聚体末端以供示踪检测，可用于标记较短的探针。常用于末端标记的酶有T4多核苷酸激酶、Klenow片段、T4 DNA聚合酶。该标记方法可得到全长 DNA 探针，因为携带的标记分子较少，所以标记比活性不高。

核酸杂交要求探针与所有或部分感兴趣的 mRNA 序列互补。它取决于 C（胞嘧啶）和 G（鸟嘌呤）之间以及 A（腺嘌呤）和 T（胸腺嘧啶）之间的严格碱基配对。一般来说，确保特异性的探针的最小尺寸约为 25 个碱基，前提是探针序列与目标 mRNA 序列完全匹配；然而，这可以通过严格条件来调节。用大约 30 个碱基长度的探针，在哺乳动物基因组中偶然出现相同序列的概率为十亿分之一。杂交探针有两种主要形式，常用的方法是使用互补 DNA（cDNA）。或者，反义寡核苷酸（通常长度为 30~40 个碱基）可以根据序列数据设计并合成。

人们对非放射性显影的兴趣越来越大，这反映了放射性同位素的缺点不被人接受。这些缺点包括安全性、探针的不稳定性（反映了所使用的同位素半衰期短）以及越来越难以处理的废物。彩色染料可用于非放射性检测，尽管这些染料通常灵敏度较低。目前，主要的非放射性方法是基于化学发光，检测也可以基于荧光。

三、几种常见的杂交技术

核酸杂交是分子生物学的基本技术，也是遗传学研究和基因诊断的常用方法。核酸杂交的形式有多种，其中最常用的是 DNA 印迹、RNA 印迹、原位杂交等。虽然形式多样，但都是基于核酸分子的碱基互补原理。

（一）DNA 印迹

DNA 印迹是一种重要的分子生物学技术，用于识别收集的 DNA 样本中的特定 DNA 序列。在这种方法中，DNA 分子从凝胶电泳转移到硝化纤维素或尼龙膜上，并在通过杂交探测检测特定分子之前进行。探针的大小和比活性决定了这种方法所需要的 DNA 数量，短探针得到的结果可能更精细。在这种方法中，DNA 分子通常从凝胶电泳转移到硝化纤维素或尼龙膜上，以产生凝胶中存在的膜上的 DNA 带状图案。这种方法用于识别和定量特定的 DNA 序列，用于基因组表达分析、遗传疾病研究、DNA 指纹识别和 PCR 产品分析。在杂交过程中，DNA 首先用限制酶切割，并通过琼脂糖凝胶电泳根据大小分离片段。然后将凝胶放入碱性盐溶液中，使双链 DNA 变性。然后，由此产生的单链 DNA 通过毛细管吸附或电吸附转移到硝化纤维素或尼龙膜上。转移后，膜表面的链条通过烘焙或紫外线辐射固定，然后用针对相关基因的适当放射性标记探针（放射性标记的 ssDNA 或放射性标记 RNA）孵化膜。该探针与具有相关基因的膜上的固定化 ssDNA 杂交。包含这些杂交片段的带子的位置由放射自显影或任何其他方法决定，具体取决于使用的探针类型。DNA 片段的大小可以通过将其相对大小与已知长度的 DNA 带进行比较来确定。

DNA 印迹简要步骤：

（1）通过限制酶解离或消化 DNA　使用适当的限制酶将具有相关基因的 DNA 分子

消化成碎片。PCR 可以放大获得的碎片。

（2）琼脂糖凝胶电泳　含有足够 DNA 片段的样本被装入琼脂糖凝胶的上样口中进行电泳，然后根据分子质量在凝胶上分离 DNA 片段。

（3）dsDNA 片段的变性　电泳后的琼脂糖凝胶被放置在碱性盐溶液中（1.5mol/L NaCl 和 0.5mol/L NaOH）。这会导致 dsDNA 片段的变性，因为它加强了 DNA 链的分离。

（4）毛细管吸附或电吸附　在琼脂糖凝胶上形成的 ssDNA 通过毛细管吸附转移到带正电荷的硝化纤维素或尼龙膜上。对于聚丙烯酰胺凝胶，毛细管吸附太慢，可能无法转移足够的 DNA。因此，在这种情况下，电吸附是首选。

（5）烘焙和固定　一旦 ssDNA 转移，膜在高压灭菌器中轻轻加热以固定，这个过程称为烘焙。烘焙后，酪蛋白或牛血清白蛋白（BSA）被添加到膜中，从而掩盖了膜的所有结合部位。

（6）使用带标签的探针进行杂交　用一个有标签的探针孵化膜，该探针包含与膜上感兴趣的基因的互补序列。该探针可以贴上任何放射性物质或具有荧光或致色性能的染料的标签。探针和膜上的 ssDNA 之间的碱基配对通过称为杂交的过程形成一个杂交 DNA 分子。

（7）通过放射自显影进行检测和可视化　通过自体放射学可以检测到膜上的杂交片段。如果使用荧光染料或致色染料，杂交区域可以显示为彩色斑点。

DNA 印迹主要应用于检测给定样本中的 DNA，用于 DNA 指纹识别及亲子鉴定、犯罪识别和受害者识别等，还用于分离和识别感兴趣的理想基因和限制碎片长度多态性；同时 DNA 序列中的突变或基因重新排列可以通过使用 DNA 印迹来识别。DNA 印迹在遗传病诊断、DNA 图谱分析、检测样品中的 DNA 及其含量及 PCR 产物分析等方面也有重要价值。

（二）RNA 印迹

RNA 印迹由斯坦福大学的 James Alwin、David Kemp 和 George Stark 于 1977 年开发。RNA 印迹用于在 RNA 混合物中识别特定的 RNA 分子，可以分析来自特定组织或细胞的 RNA 样本，以确定特定基因的 RNA 表达，是评估 RNA 或核酸混合物中选择性 RNA 的分子大小和丰度的第一个程序，是核酸探针和 RNA 中的互补序列之间的核酸杂交过程。RNA 印迹的基本原理是将 RNA 按大小分离，并使用与目标 mRNA 的全部或部分序列互补的碱基序列的杂交探针在膜上进行检测。在 RNA 印迹中，将总 RNA 或 mRNA 从感兴趣的生物体中分离出来，然后在变性琼脂糖凝胶上电泳，琼脂糖凝胶根据大小分离碎片。下一步是将凝胶中的碎片转移到硝化纤维素膜或尼龙膜上。这可以通过简单的毛细管法来实现。转移或随后的处理会导致 RNA 片段的固定化，因此造成了膜携带凝胶带状图案的半永久复制。RNA 通过高温（80℃）烘烤或紫外线交联与膜不可逆转地结合。为了检测特定的 RNA 序列，使用杂交探针。杂交探针是一种短的（100~500bp）单链核酸 DNA 或 RNA 探针，其将与互补的 RNA 结合。杂交探针带有标记

（放射性或非放射性），以便在杂交后检测到它们。在非放射性检测中，探针上标有生物素或地高辛。清洗膜以去除非特异性结合探针，并通过用共轭酶处理膜，然后用致色底物溶液孵化来检测杂交探针。因此，在探针与 RNA 样本绑定的膜上可以看到可见条带。

RNA 印迹简要步骤：

（1）RNA 分离　分离 RNA 的多种方法，有一些共同的属性，如细胞溶解和膜破坏、核糖核酸酶活性的抑制和完整 RNA 的恢复。

（2）凝胶电泳分离 RNA 的方法　RNA 由于分子内碱基配对，形成局部二结构，从而使得其电泳时的移动速度与其分子质量不相关。变性剂（甲醛或乙二醛/DMSO）可破坏二级结构使 RNA 恢复单链状态，使 RNA 在电泳时的移动速度与其分子质量呈正相关，从而可以通过比较待测 RNA 与已知分子质量的标记片段的移动距离来估算 RNA 的大小。RNA 在乙二醛/DMSO 系统中分离效果更好，电泳条带更清晰。通过迁移距离将 RNA 片段的大小与分子质量标记进行比较。凝胶在电泳后用溴化乙烷染色，以检测分子标记和 rRNA。

（3）RNA 转移到膜上　硝化纤维素和尼龙是常用的膜（尼龙膜更耐用）。RNA 通过毛细管或真空转移。真空转移效率更高，但需要特殊的转移设备。由于结合 RNA 所需的盐浓度低，电泳转移方法仅适用于尼龙膜。然后，转移的 RNA 在 80℃下烘烤或在使用尼龙膜的情况下通过紫外线交联固定到膜上。

（4）杂交和洗涤　杂交使用放射性或荧光标记探针进行，以识别特定的 RNA 固定。预杂交能够阻止单链探针在膜上发生非特异性结合。杂交溶液常采用甲酰胺缓冲液杂交用溶液（含 50%甲酰胺），甲酰胺能够降低 RNA 样本与探针的退火温度，从而减少高温环境对 RNA 的降解。膜在含有较低浓度盐的缓冲器中清洗，以去除多余的探针。

（5）可视化　通过自体放射学检测特定转录。膜放在 X 射线胶片上，当碎片与放射性探针相对应时，X 射线薄膜会变暗。

RNA 印迹的操作相对简单，其优点为由于其斑点膜可以剥离探针，所以可以重复杂交；由于其敏感性，所以可以检测到最轻微的基因表达变化；但 RNA 印迹同样存在一些缺点，耗时长（一次只能分析一个基因）；由于工作环境中的 RNases 污染，RNA 有降解风险；由于需要大量的 RNA 和试剂，大规模分析相对昂贵。RNA 印迹主要应用于研究和检查组织、器官、发育阶段、病原体感染。研究癌细胞中肿瘤基因的过度表达和肿瘤抑制基因的向下调节；用于 RNA 降解和剪接的研究；可以检测样本中的特定 mRNA 分子质量、含量和识别转基因产生的 mRNA 以保护重组剂。

（三）原位杂交

原位杂交（in situ hybridization，ISH）是一种在细胞学制剂中检测特定 RNA 或 DNA 分子的技术，已经成为一种常用的实验室技术，用于基因表达分析和细胞中特定 DNA 和 RNA 分子的定位。其原理是利用核酸分子单链之间有互补的碱基序列，将有放射性或非放射性的外源核酸（即探针）与组织、细胞或染色体上待测 DNA 或 RNA 互补配对，结合成专一的核酸杂交分子，经一定的检测手段将待测核酸在组织、细胞或染色体上的位置显示出来。原位杂交的目的是确定感兴趣的 DNA 或 RNA 序列的存在，以及将这些序列定位到特定的细胞或染色体位点。

原位杂交依赖于将标记的核酸探针特异性退火到固定细胞或组织中的互补序列，并通过显色、荧光或电子显微镜方法可视化杂交探针进行检测。这些方案的关键变量包括杂交温度、盐浓度、pH、所使用的探针类型等。许多不同类型的探针用于 ISH，包括合成寡核苷酸探针，互补 DNA（cDNA）和互补 RNA（cRNA）探针。寡核苷酸探针的大小为 20~50 个碱基不等。cRNA 探针或核糖体探针在技术上更难以制造，因为它通常需要从合适的质粒转录克隆的 DNA。cDNA 与 RNA 之间形成的杂交体要比 cRNA-RNA 杂交体稳定，且 cDNA-RNA 杂交体不受 RNA 酶的影响。cRNA 探针的一个缺点是它们在短时间存储后不稳定和退化。

生物素化探针可以用亲和素或链霉亲和素耦联碱性磷酸酶或辣根过氧化物酶利用光学显微镜进行检查。荧光标记探针可用于荧光显微镜，胶体金标记探针可用于透射电镜的超微结构 ISH。地高辛标记探针比生物素标记探针具有更高的灵敏度和更低的背景染色。理想的 ISH 固定应同时保存组织形态和核酸。

原位杂交的一个主要优点是它能够最大限度地利用难以获得的组织（例如胚胎和临床活检），在同一个组织上可以进行数百种不同的杂交。组织库可以形成并储存在冰箱中以备将来使用，研究人员可以利用免疫组化技术确定特异性核酸的分布与靶基因蛋白产物的关系以及它们与细胞结构的关系。原位杂交技术的一个缺点是难以识别具有低 DNA 和 RNA 拷贝的目标。目前通过在原位杂交前放大目标核酸序列或在杂交完成后检测信号来提高原位杂交的灵敏度的方法不断被开发出来。

1. 荧光原位杂交

荧光原位杂交（fluorescence in situ hybridization，FISH）是一种有效的分子细胞遗传学技术，能够直接可视化细胞中的遗传改变。这项技术应用范围广泛，而且原位研究的实施相对容易。尽管 FISH 的基本原理保持不变，但高灵敏度检测、多个物种的同时测定以及自动化数据收集和分析使该领域取得了显著进展。

荧光原位杂交的 DNA 探针通常来自克隆，例如质粒、黏粒、P-1 人工染色体（PAC）、酵母人工染色体（YAC）或细菌人工染色体（BAC）。然后可以使用半抗原间接标记和检测纯化的 DNA，或者使用荧光染料或染料耦联核苷酸直接标记。FISH 探针由荧光素、生物素或地高辛标记，然后检测与荧光色素偶合的第二个信号。FISH 探针主要分为两类：位点特异性探针和全染色体涂色探针。位点特异性探针用于检测特定的基因或染色体区域，通常用于评估 DNA 序列的缺失或扩增。全染色体涂色探针是由完整的染色体衍生而来的，这对于检测结构异常染色体的起源和识别涉及不同（即非同源）染色体的重排很有帮助。多色 FISH 技术是一种寻找染色体异常的有效策略，在多色 FISH 中，两个或两个以上的探针分别被特别标记、组合，然后用不同的荧光颜色进行识别。使用这种方法,科学家可以评估多个染色体位点。多重 FISH 和光谱核型这两种系统获取和处理染色体图像的方式不同,但它们都提供相同的信息。多重 FISH 系统和光谱核型分析可以准确检测染色体异常。比较基因组杂交是研究两个不同来源的细胞遗传组成的方法。这种方法用于研究 DNA 拷贝数的变化(例如,增益和损失)。比较基因组杂交可以通过 FISH 和计算机图像分析在一次实验中揭示基因组所有区域的遗传改变。

FISH 已被广泛应用于医学和生物学领域。FISH 在细胞遗传学分析中的常用用途是染色体基因作图,表征遗传异常,识别与遗传疾病或肿瘤疾病相关的遗传异常,以及对病毒感染的检测分析。在许多情况下,FISH 分析提供了更高的灵敏度。细胞遗传学、FISH 和分子分析的结合为诊断恶性疾病并将其细分为临床和生物学相关的亚组、选择合适的治疗和监测治疗方案的疗效提供了一种强大的方法。

2. 显色原位杂交

显色原位杂交(CISH)能够检测基因扩增、基因缺失、染色体易位和染色体数量。该方法使用传统的过氧化物酶或碱性磷酸酶反应,使用明场显微镜对用福尔马林固定并包埋在石蜡中的组织进行观察。这些过氧化物酶或碱性磷酸酶标记的报告抗体与杂交 DNA 探针相互作用,然后用酶促反应观察。CISH 可同时观察组织形态和遗传异常。CISH 的优点是信号不会随着时间的推移而减弱,它的成本低,能够使用光学显微镜和永久染色。CISH 是一种合适的替代方法,被病理学家广泛使用,因为它使用明场显微镜。最近的一项研究报告了一种利用 FISH 和 CISH 优点的组合方法。

3. 菌落原位杂交

菌落原位杂交(colony in situ hybridization)是一种在单个(单细胞衍生)集落中确定 DNA 序列存在的方法,无论是用于确定染色体还是质粒位置,大多数实验室使用的菌落原位杂交方法基于格伦斯坦-霍格尼斯杂交(Grunstein-Hogness)。菌落原位杂交技术主要是将细菌或酵母菌等从平板转移到硝酸纤维素滤膜上,然后将滤膜上的菌落裂解以释放出 DNA,将 DNA 烘干从而固定于膜上,随后利用 ^{32}P 标记的探针与膜上的 DNA 杂交,通过放射自显影检测菌落杂交信号,并与原平板上的菌落对比,筛选包含探针序列的菌落。

第三节　PCR 技术

一、基本原理

PCR 技术即聚合酶链反应技术,是一种用于扩增特定的 DNA 片段的分子生物学技术,它可看作生物体外的特殊 DNA 复制。PCR 的最大特点是能将微量的 DNA 大幅增加。PCR是几乎所有现代分子克隆技术的基础。利用PCR在高复杂性和大尺寸的DNA（例如整个哺乳动物基因组）中出现一次的确定目标序列，可以在准指数链式反应中快速和有选择地扩增，产生数百万份拷贝。此外，PCR还具有稳健、快速、灵活和敏感的特点。但其也存在一些缺陷和问题：如多种引物之间的相互抑制的问题，引物与非靶序列的结合产生非特异性扩增的问题。PCR已成为目前生物科学、诊断学和法医学中最有价值的技术之一。

DNA在高温时可以发生变性解链，当温度降低后又可以复性成为双链。因此，通过温度变化控制DNA的变性和复性，加入设计引物、DNA聚合酶、dNTP就可以完成特定基因的体外复制。PCR利用DNA在体外95℃高温时变性会变成单链，低温（一般为50~65℃）时引物与单链按碱基互补配对的原则结合，再调温度至DNA聚合酶最适反应温度（72℃左右），DNA聚合酶沿着磷酸到五碳糖（5′→3′）的方向合成互补链。基于聚合酶制造的PCR仪实际就是一个温控设备，能在变性温度、复性温度、延伸温度之间很好地进行控制。PCR技术的基本原理类似于DNA的天然复制过程，其特异性依赖于与靶序列两端互补的寡核苷酸引物。

二、PCR基本反应步骤

PCR由变性-退火-延伸三个基本反应步骤构成：①模板DNA的变性：模板DNA经加热至95℃左右一定时间后，使模板DNA双链或经PCR扩增形成的双链DNA解离，使之成为单链，以便它与引物结合，为下轮反应做准备；②模板DNA与引物的退火（复性）：模板DNA经加热变性成单链后，温度降至55℃左右，引物与模板DNA单链的互补序列配对结合；③引物的延伸：DNA模板-引物结合物在72℃、DNA聚合酶（如 Taq DNA聚合酶）的作用下，以dNTP为反应原料，靶序列为模板，按碱基互补配对与半保留复制原理，合成一条新的与模板DNA链互补的半保留复制链，重复循环变性-退火-延伸过程就可获得更多的"半保留复制链"，而且这种新链又可成为下次循环的模板。每完成一个循环需2~4min，2~3h就能将目的基因扩增放大几百万倍。其特异性依赖于序列杂交，敏感性依赖于酶扩增。PCR通常由一系列重复20~40次的温度循环组成。每个周期包括DNA双链的变性，目标序列两侧的两个DNA寡核苷酸（引物）的杂交，以及DNA聚合酶对这些引物的延伸。每个循环导致目标DNA分子的数量翻倍（指数扩增），理论上，n个循环后可以产生2^n-2n个拷贝。PCR基本反应原理见图1-2。

三、PCR组分及应用

（一）模板DNA

常见的模板DNA制备方法有十六烷基三甲基溴化铵（cetyl trimethyl ammonium bro-

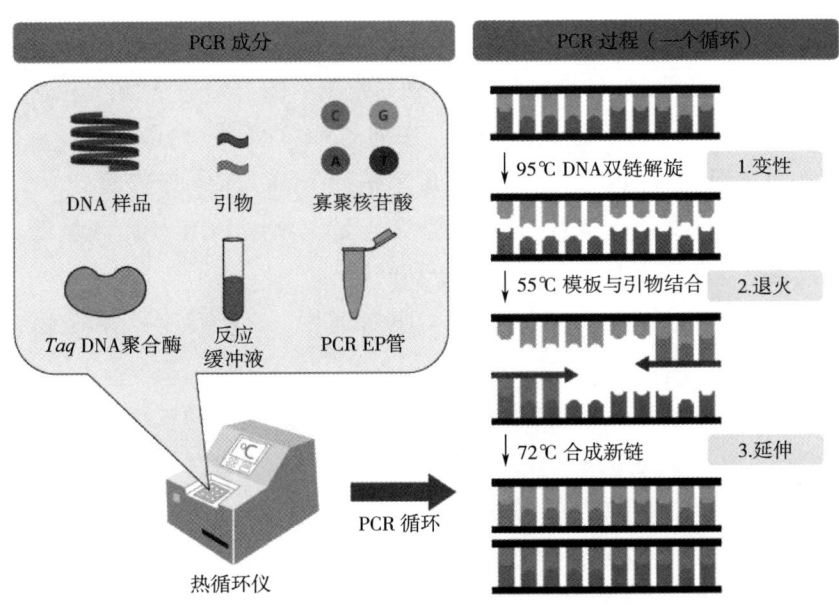

图 1-2 PCR 基本反应原理示意图

mide,CTAB)法、十二烷基苯磺酸钠(sodium dodecyl sulfate, SDS)法、蜗牛酶法、蛋白酶 K 消化裂解法、碱裂解法、煮沸法、微波法等。

(二) DNA 聚合酶

DNA 聚合酶是一种合成与目标序列互补的新 DNA 链的酶。最常用的是 *Taq* DNA 聚合酶,*Pfu* DNA 聚合酶也因其在复制 DNA 时保真度较高而被广泛使用。虽然这些酶略有不同,但它们都有两种适合 PCR 的功能:①它们可以使用 DNA 模板和引物生成新的 DNA 链;②它们具有耐热性。

(三) Mg^{2+} 缓冲液

缓冲溶液为 DNA 聚合酶的最佳活性和稳定性提供合适的化学环境。双价阳离子通常是镁(Mg)或锰(Mn)离子;Mg^{2+} 是最常见的,Mn^{2+} 可用于 PCR 介导的 DNA 突变,因为更高的 Mn^{2+} 浓度会增加 DNA 合成过程中的错误率。

(四) 引物

引物是短链 DNA,通常长约 20 个碱基。为了放大 DNA,我们需要 2 个引物,一个用于 5′,一个用于 3′。这些引物与单链 DNA 结合,形成局部配对,这是聚合酶的起点。引物对反应的特异性很重要,引物设计原则:

(1) 引物长度 人们普遍认为 PCR 引物的最佳长度为 18~22bp。这个长度能够兼顾提高引物特异性与减少引物长度两方面的需求,使得引物在退火温度(T)下易与模板结合。

(2) 引物熔化温度　引物熔化温度（T_m）的定义是一半的 DNA 双链解离成单链的温度，可指示双链稳定性。熔化温度在 52~58℃ 范围内的引物通常会产生最佳效果。熔化温度高于 65℃ 的引物有二次退火的趋势，序列的 GC 含量指示了引物 T_m。

(3) 引物退火温度　引物熔化温度可用来估计 DNA-DNA 杂交稳定性，对确定退火温度至关重要。T 过高会导致引物-模板杂交不足，导致 PCR 产品产量低。T 太低可能会导致大量碱基对不匹配导致的非特定产品产生。

(4) GC 含量　引物的 GC 含量 [DNA 四种碱基中，鸟嘌呤（G）和胞嘧啶所占的比率] 应为 40%~60%。

(5) 引物二级结构　分子间或分子内相互作用产生的引物二级结构的存在可能导致产品产量低或无产量。它们对引物模板退火产生不利影响，从而对扩增产生不利影响。它们大大减少了反应引物的可用性。

(6) 重复　重复是连续多次出现的二核苷酸，应该避免，因为它们可能会引起误判。例如寡核苷酸序列（ATATAT）。

(7) 避免模板辅助结构和交叉同源　单链核酸序列高度不稳定，并折叠成构象（辅助结构）。这些模板辅助结构的稳定性在很大程度上取决于它们的自由能和熔化温度。如果引物设计在甚至高于退火温度的二级结构上，则其无法与模板结合，PCR 产品的产量将受到重大影响。因此，在 PCR 反应期间不形成稳定二次结构的模板区域设计引物很重要。

四、PCR 常见问题及解决方法

由于 PCR 过程中涉及众多组分和影响因素，因此会出现各种各样的问题影响结果。

（一）无扩增条带

(1) 酶失活或在反应体系中未加入酶　*Taq* DNA 聚合酶因保存或运输不当而失活，往往通过更换新酶或用另一来源的酶以获得满意的结果。

(2) 模板含有杂质　甲醛固定及石蜡包埋的组织常含甲酸，造成 DNA 脱嘌呤而影响 PCR 的结果。可利用琼脂糖凝胶电泳技术对目的 DNA 进行纯化以除去杂质。

(3) 变性温度是否准确　请确定 PCR 仪指示温度与实际温度是否相符，温度过高会使含量酶在前几个循环就迅速失活，温度过低则会使模板变性不彻底。

(4) 污染　为防止反应系统中污染蛋白酶及核酸酶，应在未加 *Taq* DNA 聚合酶以前，将反应体系 95℃ 加热 5~10min。

(5) 引物变质失效　使用前请检查人工合成的引物是否正确、是否纯化，或因储存条件不当而失活。

(6) 引物错误　利用 BLAST 软件检查引物特异性或重新设计引物。

（7）在 DNA 凝胶电泳时加入阳性对照，可排除 DNA 凝胶和 PCR 程序的问题。

（二）PCR 产物量过少

（1）退火温度不合适。以 2℃ 为梯度优化 PCR 反应退火温度。
（2）DNA 模板量太少。增加 DNA 模板量。
（3）PCR 循环数不足。增加反应循环数。
（4）引物量不足。增加体系中引物含量。
（5）延伸时间太短。以 1kb/min 的原则设置延伸时间。
（6）变性时间过长。变性时间过长会导致 DNA 聚合酶失活。
（7）DNA 模板中存在抑制剂。确保 DNA 模板干净。

（三）扩增产物在凝胶中涂布或成片状条带弥散

（1）酶量过高。减少酶量；酶的质量差，调换另一来源的酶。
（2）dNTP 浓度过高。减少 dNTP 的浓度。
（3）$MgCl_2$ 浓度过高。可适当降低其用量。
（4）模板量过多。质粒 DNA 的用量应<50ng，而基因组 DNA 则应<200ng。
（5）引物浓度不合适。对引物进行梯度稀释重复 PCR 反应。
（6）循环次数过多；增加模板量减少循环次数至 30，缩短退火时间及延伸时间，或改用两种温度的 PCR 循环。
（7）电泳体系有问题。①凝胶中缓冲液和电泳缓冲液浓度相差太大；②凝胶没有凝固好；③琼脂糖质量差。

（四）扩增产物出现多条带（杂带）

（1）引物用量偏大，引物的特异性不高。应调换引物或降低引物的使用量。
（2）循环的次数过多。应适当增加模板的量，减少循环次数。
（3）酶的用量偏高或酶的质量不好。应降低酶量或调换另一来源的酶。
（4）退火温度偏低，退火及延伸时间偏长。应提高退火温度，减少变性与延伸时间，也可采用两种温度的 PCR 扩增。以 2℃ 为梯度优化 PCR 反应退火温度。
（5）样品处理不当。
（6）Mg^{2+} 浓度偏高。应适当调整 Mg^{2+} 使用浓度。
（7）反应缓冲液未完全融化或未充分混匀。确保反应缓冲液融化完全并彻底混匀。
（8）模板量过多。质粒 DNA 的用量应<50ng，而基因组 DNA 则应<200ng。
（9）外源 DNA 污染。确保操作的洁净。

（五）阴性对照出现条带

试剂、枪头、工作台污染。使用全新的试剂和枪头，对工作台进行清洁。

（六）条带大小与理论不符

（1）污染。使用全新的试剂和枪头，对工作台进行清洁。

（2）模板或引物使用错误。更换引物和模板。

五、反转录 PCR

反转录 PCR（reverse transcription PCR，RT-PCR）是以 RNA 为模板，逆转录得到 cDNA 后再进行扩增。引物与常规 PCR 没有太大不同（序列特异性引物或随机引物），有时候会用 mRNA 的特异性引物 Oligo dT（针对 mRNA 的标志性 poly A 尾）。通常 RT-PCR 为了分析细胞中蛋白质表达情况，会以细胞中自然表达的 β-actin 作为内参分析蛋白质表达情况。mRNA 逆转录合成 cDNA 的过程分为两步：①在特定引物的介导下，通过逆转录酶的催化以 mRNA 为模版合成互补的 cDNA 第一链；②升高温度使 cDNA 第一链与 mRNA 解离，然后降温，使其与另一引物退火结合，并由 DNA 聚合酶催化延伸生成 cDNA 第二链。

RT-PCR 使 RNA 检测的灵敏性提高了几个数量级，使一些极为微量 RNA 样品的分析成为可能，该技术主要用于分析基因的转录产物、获取目的基因、合成 cDNA 探针、构建 RNA 高效转录系统。

六、实时荧光定量 PCR

实时荧光定量 PCR（real-time quantitative PCR，qPCR）即实时荧光定量聚合酶链反应，是使用荧光定量 PCR 仪来检测基因转录水平的表达量，在 PCR 过程中实时监测核酸扩增产物的技术。qPCR 实现了通过循环阈值（cycle threshold，Ct 值）和标准曲线的分析对起始模板进行定量分析。荧光定量 PCR 仪，由 PCR 扩增热循环系统、荧光检测光学系统、计算机及应用软件组成，通过荧光染料或荧光探针，对核酸扩增产物进行实时监测，通过数学函数关系，结合软件进行结果分析，实现待测样品的初始模板量的计算。由此，实时荧光定量 PCR 技术得到广泛的应用。

理想情况下，荧光定量 PCR 仪中的基因经过一定的循环数被指数扩增而积累，扩增循环数和产物量之间的关系是：

$$X_n = X_0 \times (1 + E_n) \times n$$

式中，X_n 为扩增产物量，E_n 为反应扩增效率，n 为循环数。

然而 qPCR 反应并不是一直处于理想情况下，当扩增产物量达到"一定产物量"时，此时循环个数为 Ct 值，处于指数扩增时期。Ct 值指的是每个反应管内的荧光信号到达设定阈值时所经历的循环数。C 表示 cycle，t 代表 threshold。Ct 值与模板的起始拷贝数的对数存在线性关系，起始模板浓度越高，Ct 值越小；起始模板量浓度越低，

Ct 值越大。这就是荧光定量 PCR 的理论基础。理想情况下，Ct 值与模板起始拷贝数的对数存在线性关系，也就是它们的关系构成标准曲线。通过标准曲线，扩增效率为 100% 时，计算出基因单个拷贝数定量的 Ct 值在 35 左右，若大于 35，理论上模板起始拷贝数小于 1，可认为无意义。

PCR 循环数在到达 Ct 值时，刚刚进入真正的指数扩增期（对数期），此时微小误差尚未放大，因此 Ct 值的重现性极好，即同一模板不同时间扩增或同一时间不同管内扩增，得到的 Ct 值是恒定的。由于 Ct 值与起始模板的对数存在线性关系，可利用标准曲线对未知样品进行定量测定。qPCR 扩增产物量是以荧光信号的形式直接呈现，也就是扩增曲线。在 PCR 早期，扩增处于理想情况下，循环数较少，产物积累少，产生荧光的水平不能与荧光本底背景有明显的区别，之后荧光的扩增量进入指数期。可以在 PCR 反应刚处于指数期的某一点上来检测 PCR 产物的量，以此作为"一定产物量"，并且由此来推断模板最初的含量。因此，一定产物量对应的荧光信号强度称为荧光阈值。阈值（threshold）一般是基线的标准偏差的 10 倍。不选择过低倍数就是为了和基线拉开距离，证明 PCR 扩增进入指数扩增期。不选择过高倍数是因为每个 PCR 循环都会放大误差，而此时误差还未被放大。基线（baseline）通常是 3~15 个循环的荧光信号，同一次反应中针对不同的基因需单独设置基线。

qPCR 与常规 PCR 的区别是：qPCR 可以对起始模板进行定量，常规 PCR 只能对扩增反应终产物进行定量分析。qPCR 反应过程与常规 PCR 相似：都需要模板、上下游引物、Taq DNA 聚合酶，都经过高温变性-低温退火-适温延伸过程；不同点是 qPCR 的反应体系中还有荧光基团。

根据荧光基团可将 qPCR 分为两类：①SYBR 染料法，常用的是 SYBR Green I，该染料优先结合 dsDNA，也能结合 ssDNA 及 RNA，但其亲和力较弱，染料只有结合之后才发荧光，游离的染料分子不发光，从而保证荧光信号的增加与 PCR 产物的增加完全同步。②TaqMan 探针法：PCR 扩增时在加入一对引物的同时加入一个特异性的荧光探针，该探针为一寡核苷酸，两端分别标记一个报告荧光基团和一个淬灭荧光基团。探针完整时，报告荧光基团发射的荧光信号被淬灭基团吸收；PCR 扩增时，Taq 酶的 5′→3′外切酶活性将探针酶切降解，使报告荧光基团和淬灭荧光基团分离，从而使荧光监测系统可接收到荧光信号，即每扩增一条 DNA 链，就有一个荧光分子形成，实现了荧光信号的累积与 PCR 产物的完全同步。

如果扩增效率比较高，Ct 值降低；如果遇到扩增效率大于 1，要注意检查引物是否产生二聚体，检查其特异性，观察是否要重新设计，避免非特异性扩增或者存在引物二聚体的情况。扩增效率不高的主要原因有：热启动 Taq DNA 聚合酶活性不足，dNTP 不纯，没有调校好反应缓冲液（Buffer），模板不纯，存在 PCR 扩增抑制等。

七、其他 PCR

（一）微滴数字 PCR

微滴数字 PCR（droplet digital PCR，ddPCR）主要是将两种互不相溶的液体，其中一种作为连续相（油），另一种作为分散相（水），在水/油两相表面张力和剪切力共同作用下分散相以微小体积单元的形式存在于连续相中，从而形成液滴。这种液滴式的反应腔室具有体积小、样品间无扩散等优势。在 ddPCR 中，利用微滴发生器可以一次生成数万乃至数百万个纳升甚至皮升级别的单个油包水微滴，作为数字 PCR 的样品分散载体。这里，液滴中包裹了单拷贝 DNA 模板和 PCR 反应液，然后将液滴收集在 PCR 反应管中进行扩增。在 PCR 反应结束后检测每个微滴的荧光信号。

（二）基于芯片的数字 PCR

基于芯片的数字聚合酶链反应（chip-based digital PCR，cdPCR）是将样品通过微机械加工技术装入硅芯片中，然后进行热循环，用荧光显微镜对芯片进行成像，以确定 PCR 结果为阳性的孔数。多路复用也以与 ddPCR 相同的方式进行。硅基微加工允许将 cdPCR 与每个孔中使用离子敏感场效应晶体管的加热器/传感器相结合，以监测 PCR，从而消除了对单独荧光成像系统的需求。

（三）反向 PCR

反向 PCR（inverse PCR）是常规 PCR 的一种变体。其原理是借助已知 DNA 区域的序列信息，可以使用已知 DNA 序列特异性引物将 DNA 或插入的 DNA 的未知侧翼区域扩增到循环反应中。DNA 合成发生在已知的 DNA 区域之外。限制酶是对基因组 DNA 进行反应的，它只消化未知的侧翼区域，而不消化已知的 DNA 区域。连接未知 DNA 的侧翼区域会产生环状 DNA，使用一组引物可以扩增该环状 DNA。虽然两种 PCR 的 Taq DNA 聚合酶是相同的。在反向 PCR 中不需要特殊的 DNA 聚合酶。反向 PCR 可用于：①基因游走研究；②转位因子研究；③已知序列 DNA 旁侧病毒整合位点分析等研究。

实现反向 PCR 的整个过程一般分为 5 个步骤：①鉴定具有侧翼未知 DNA 序列的已知 DNA 区域；②DNA 的限制性消化；③连接消化的未知 DNA 片段；④连接的环状 DNA 分子的扩增；⑤对未知 DNA 区域的测序。反向 PCR 可用于研究与已知 DNA 区段相连接的未知染色体序列，因此又可称为染色体缓移或染色体步移。这时选择的引物虽然与核心 DNA 区两末端序列互补，但两引物 3′端是相互反向的。扩增前先用限制酶酶切样品 DNA，然后用 DNA 连接酶连接成一个环状 DNA 分子，通过反向 PCR 扩增引物的上游片段和下游片段。现已制备了酵母人工染色体（YAC）大的线状 DNA 片段的杂交探针，这对于转座子插入序列的确定和基因库染色体上 DNA 片段序列的识别十分重要。

（四）重叠延伸 PCR

重叠延伸 PCR 技术（gene splicing by overlap extension PCR，SOEPCR）由于采用具有互补末端的引物，使 PCR 产物形成了重叠链，从而在随后的扩增反应中通过重叠链的延伸，将不同来源的扩增片段重叠拼接起来。此技术利用 PCR 技术能够在体外进行有效的基因重组，而且不需要内切酶消化和连接酶处理，可利用这一技术很快获得其他依靠限制酶消化的方法难以得到的产物。重叠延伸 PCR 技术成功的关键是重叠互补引物的设计。重叠延伸 PCR 在基因的定点突变、融合基因的构建、长片段基因的合成、基因敲除以及目的基因的扩增等方面有其广泛而独特的应用。

（五）巢式 PCR 和 RACE

巢式 PCR 是指利用两套 PCR 引物进行两轮 PCR 扩增，第二轮的扩增产物才是目的基因片段。巢式 PCR 的实验原理为根据 DNA 模板序列设计两对引物，利用第一对引物（称为外引物）对靶 DNA 进行 15~30 个循环的标准扩增；第一轮扩增结束后将一小部分起始扩增产物稀释 100~1000 倍加入第二轮扩增体系中作为模板，利用第二对引物（称为内引物或巢式引物，结合在第一轮 PCR 产物的内部）进行 15~30 个循环的扩增，第二轮 PCR 的扩增片段短于第一轮。

与常规 PCR 技术相比，两套引物的使用提高了扩增的特异性，因为和两套引物都互补的靶序列很少。如果第一次扩增产生了错误片段，内引物与错误片段配对扩增的概率极低，因此提高了 PCR 扩增反应的特异性与灵敏度。由于巢式 PCR 反应有两次 PCR 扩增，增加了检测的敏感性；又有两对 PCR 引物与检测模板配对，增加了检测的可靠性。

cDNA 末端快速扩增技术（rapid amplification of cDNA ends，RACE），是一种基于逆转录 PCR 从样本中快速扩增 cDNA 的 5′端及 3′端的技术。利用 RACE 可以通过已知的部分 cDNA 序列得到完整的 cDNA 的 5′端和 3′端。RACE 的特点是在仅已知单侧序列可供设计特异性引物时，应用 RACE 技术仍能完成扩增，因此 RACE 技术也称为单侧 PCR。RACE 技术相对于其他克隆全长 cDNA 的方法（如转座子标签技术、图谱克隆技术、mRNA 差异显示技术等），具有价廉、简单和快速等特点。用 RACE 获得 cDNA 克隆只需几天的时间，而且对低丰度的起始反应物质也能迅速反馈是否有目的产物生成。

第四节 DNA 指纹图谱技术

DNA 指纹图谱（DNA finger print），又名遗传指纹图谱（genetic finger print），是在 1986 年由英国莱斯特大学的遗传学家 Jefferys 及其合作者开发的基因组分析方法。

Jefferys 首次将分离的人源小卫星 DNA（Minisatellite DNA）用作基因探针，与人的染色体 DNA 酶切片段进行杂交，获得了由多个位点上的等位基因组成的长度不等的杂交带图纹，这种图纹极少有两个人完全相同，故称为"DNA 指纹"，意思是它同人的指纹一样是每个人所特有的。众多的"DNA 指纹"组成"DNA 指纹图谱"。

DNA 指纹是一种显示生物遗传构成的技术。这是一种发现基因组中卫星 DNA 区域差异的方法。卫星 DNA 是 DNA 中通常不编码任何蛋白质的区域，但它们构成了人类基因组的很大一部分。这些序列表现出高度的多态性，并构成了 DNA 指纹识别的基础。卫星 DNA 区域是一段重复的 DNA，不编码任何特定的蛋白质。这些非编码序列构成了人类 DNA 图谱的主要部分，多态性是指突变引起的遗传水平的变化。这些基因在所有组织中表现出高度的多态性，因此它们在法医研究中非常有用。DNA 多态性在进化和物种形成中发挥着非常重要的作用。

单核苷酸多态性（single nucleotide polymorphism，SNP），被称为第 3 代 DNA 分子标记，主要是指在基因组水平上由单个核苷酸的变异所引起的 DNA 序列多态性，包括置换、颠换、缺失和插入。它是人类可遗传的变异中最常见的一种，在基因组中分布相当广泛，占所有已知多态性的 90% 以上。SNP 在人类基因组中广泛存在，平均每 500~1000 个碱基对中就有 1 个，大量存在的 SNP 位点，使人们有机会发现与各种疾病包括肿瘤相关的基因组突变。SNP 同时也是研究人类家族和动植物品系遗传变异的重要依据，因此被广泛用于群体遗传学研究和疾病相关基因的研究，在药物基因组学、诊断学和生物医学研究中起重要作用。

DNA 分子指纹图谱作为主要的品种鉴别手段，近几年得到了快速发展。与传统形态及化学区分相比，DNA 指纹图谱优势明显：①分子标记数量多，在基因组中广泛分布；②多态性高，存在等位基因变异；③在不同的器官组织和发育阶段都能检测到。如植物种间或种内的不同个体，其所含微卫星序列中的重复单元以及拷贝数可能不同，获得相应图谱也不同。所以 DNA 分子指纹图谱是鉴别品种、品系的有力工具，已广泛应用于很多作物的品种资源多样性和纯度鉴定研究方面。相较于传统的分子标记，SNP 在基因组中更丰富，具有数量大、基因组分布广、稳定性和遗传力高、鉴定简单等优点，可用于快速、高通量的基因分型分析。构建基于 SNP 标记技术的 DNA 指纹图谱对于品种特异性和真实性鉴别、种子纯度鉴定具有重要意义。

中药材指纹图谱是指某种中药材或某产地中药材所共有的、具有特征性的某类或数类成分的色谱或光谱的图谱。含挥发性成分的中药，宜采用气相色谱检测技术；含非挥发性成分的中药，宜采用高效液相色谱检测；而对于成分比较复杂的中药材，应采用多种测定方法建立多张对照指纹图谱。近年来，中药指纹图谱技术日趋成熟，且随着 DNA 鉴别技术在中药材鉴别技术上的不断渗透，DNA 指纹图谱与 PCR 指纹图谱技术已成为中药材鉴定的有效手段。目前已有人应用高效毛细管电泳（high performance capillary electrophoresis，HPCE）技术建立了土鳖虫的 HPCE 指纹图谱和乌梢蛇药材的 HPCE 指纹图谱等，可有效评价土鳖虫和乌梢蛇药材的质量。随着分离分析技术的发展，中药质量研究也由过去"四大鉴别"(基源鉴别、性状鉴别、显微鉴别、理化鉴别)发展到反映中药材全貌的指纹体系,即反映中药材的多元化学组成特性的化学指纹图谱和反映生物体特性(矿物、树脂类中药材除外)的基因指纹图谱,从有效成分和遗传物质两方面实现对中药材的质量控制,为中药材以及中成药提供综合的和可量化的质量评价方法。

第二章

基因编辑

第一节 转基因技术

一、概述

转基因技术（transgene technology）将人工分离和修饰过的优质基因，导入到生物体基因组中，从而达到改造生物的目的，由于导入基因的表达，引起生物体的性状发生可遗传的修饰改变。转基因技术就是把一个生物体的基因转移到另一个生物体DNA中的生物技术，常用的方法和工具包括显微注射、基因枪等。转基因技术最初用于研究基因的功能，即把外源基因导入受体生物体基因组内，观察生物体表现出的性状，达到揭示基因功能的目的。目前，转基因技术已广泛应用于医药、工业、农业、环保、能源、新材料等领域。

二、植物转基因技术

（一）发展状况

1983年，利用根癌农杆菌致瘤质粒（又称Ti质粒）载体把细菌的新霉素磷酸转移酶（neomycin phosphotransferase，NPT）基因成功转到烟草中，并获得了卡那霉素抗性的烟草愈伤组织，这标志着人类对转基因植物技术（plant transgenic technology）利用的开端。同年，我国科学家周光宇创立了一种借助花粉管将外源DNA导入植物体内的方法——花粉管通道法，成功地应用于棉花的遗传转化。1987年，科研人员开发出利用高速微粒将外源基因转入植物细胞的基因枪法，并成功地应用于玉米的遗传转化。

我国转基因植物的研究始于20世纪80年代。1992年，我国第1例转基因抗病毒烟草实现商业化种植。2008年，我国启动并实施了转基因生物新品种培育重大专项，植物转基因研究步入了快车道。随着植物转基因技术的飞速发展，一大批转基因植物相继诞生并应用于农业生产。

植物转基因技术已成为现代作物分子育种中最重要的分子工具之一。在过去的十年中，在植物中开发新的和有效的转化方法方面取得了重大进展。尽管有多种可用的 DNA 传递方法，但农杆菌和生物质介导的转化仍然是两种主要采用的方法。与此同时，其他转基因技术也出现了，包括无标记转基因、基因靶向和染色体工程。尽管一些植物物种或优良种质的转化仍然是挑战，但由于调控再生和转化过程的机制现在得到了更好的理解，并被创造性地应用于设计改进的转化方法或开发新的技术，因此转化技术有望进一步发展。

（二）基本原理

植物转基因技术是一种将目的基因导入宿主植物，并使之在植物中表达，以产生在农艺性状、抗性、营养品质等方面满足人类需求的植物的技术。将外源 DNA 传递到植物细胞和进行基因转化的方法一般可分为间接 DNA 传递和直接 DNA 传递两大类。在前一种方法中，基因通过细菌（如根癌农杆菌或发根农杆菌）引入目标细胞。相比之下，后一种方法不使用细菌细胞作为介质将 DNA 转移到植物细胞。农杆菌介导的转化比直接 DNA 传递系统具有内在优势，这些优点包括能够转移大的完整 DNA 片段，简单的转基因插入具有明确的末端和低拷贝数，稳定的整合和遗传，以及世世代代一致的基因表达。

目前已发展出许多用于植物基因转化的方法，这些方法可分为三大类：一类是载体介导的转化方法，即将目的基因插入农杆菌的质粒或病毒的 DNA 等载体分子上，随着载体 DNA 的转移而将目的基因导入植物基因组中。农杆菌介导法和病毒介导法就属于这种方法。第二类为基因直接导入法，是指通过物理或化学的方法直接将外源目的基因导入植物的基因组中。物理方法包括基因枪转化法、电击转化法、超声波法、显微注射法和激光微束法等，化学方法有 PEG 介导转化方法和脂质体法等。第三类为种质系统法，包括花粉管通道法、生殖细胞浸染法、胚囊和子房注射法等。

（三）制备转基因植物的常用方法

1. 农杆菌介导转化法

（1）原理　农杆菌是普遍存在于土壤中的一种革兰氏阴性细菌，它能在自然条件下趋化性地感染大多数双子叶植物的受伤部位，并诱导产生冠瘿瘤或发状根。根癌农杆菌和发根农杆菌细胞中分别含有 Ti 质粒和 Ri 质粒，其上有一段 T-DNA，农杆菌通过侵染植物伤口进入细胞后，可将 T-DNA 插入植物基因组中。因此，农杆菌是一种天然的植物遗传转化体系。人们将目的基因插入经过改造的 T-DNA 区，借助农杆菌的感染实现外源基因向植物细胞的转移与整合，然后通过细胞和组织培养技术，再生出转基因植株。农杆菌介导法起初只被用于双子叶植物中，近年来，农杆菌介导转化在一些单子叶植物（尤其是水稻）中也得到了广泛应用。

（2）转化过程　主要包括 10 个步骤：①农杆菌识别并吸附受体细胞；②农杆菌

VirA 和 VirG 蛋白组成信号转导系统诱导植物产生明确的应答信号；③*vir* 基因区的活化；④VirD1/D2 蛋白复合体复制 T-DNA 产生 T-链；⑤几种 Vir 蛋白共同作用使 VirD2-DNA 复合体（未成熟的 T-DNA 复合体）进入受体细胞细胞质；⑥VirE2 与 T-链结合形成成熟的 T-DNA 复合体并且穿过受体细胞质到达细胞核；⑦T-DNA 复合体通过主动运输由核孔进入受体细胞核；⑧T-DNA 进入细胞核后达到可以整合的程度；⑨T-复合体除去护卫蛋白；⑩T-DNA 整合进入受体基因组。T-DNA 区内的基因表达调控序列与真核生物类似，因而可以在植物细胞中表达。

（3）影响转化效率的因素

①共培养模式：农杆菌转化的共培养介质可以是细菌培养基或植物受体培养基。烟草等对农杆菌侵染较敏感的植物的共培养时间一般较短，液体细菌培养基介质应用较多。

②侵染浓度和时间：农杆菌适宜的侵染浓度和时间因外植体对侵染的敏感性不同而有很大差异。浓度过高、时间过长会引起农杆菌细胞间的竞争性抑制，而且过度增殖会抑制受体细胞的呼吸作用；浓度过低、时间过短则造成受体细胞表面农杆菌附着不足。

③共培养条件：

a. 共培养温度：农杆菌在 20~30℃ 的范围内都可以生长，外植体生长温度也一般在此范围内，所以通常选取外植体的最佳生长温度为共培养温度，通常在 25℃ 左右。

b. 共培养 pH：植物细胞释放的对农杆菌有趋化作用的化学物质（如酚类、糖类）虽然在不同酸碱度下比较稳定，但在 pH 为 5.0~5.8 时对 *vir* 基因的诱导能力最高。

c. 诱导物：酚类是 *vir* 区基因表达的主要信号物质。不同农杆菌类型对酚类物质的敏感性不同，根癌农杆菌的章鱼碱株系比胭脂碱系需要更高的酚类物质诱导，发根农杆菌的农杆碱型比甘露碱型对酚类物质刺激的敏感性更低。

d. 共培养时激素的添加、有无光照：共培养培养基中添加生长素、细胞分裂素对转化更有利。而光照的有无要视植物种类而异。

④其他影响：不同基因型对农杆菌侵染敏感性有差异，分生能力强的植物细胞对农杆菌敏感，活跃的细胞分裂促进了 T-DNA 的整合。

2. 基因枪转化法

（1）发展现状　第一代基因枪是火药式的，通过火药爆炸力推进携带外源基因的金属颗粒进入受体细胞。这种方式早期在植物中大量使用，但其具有速度不易控制、冲力不均匀和易污染等缺点。20 世纪 90 年代以后，Bio-Rad 公司在台式基因枪系统 PDS-1000/He 的基础上发明了第二代基因枪系统 Helios，此种基因枪为手持式的，可以对细胞直接进行原位基因转移。进入 21 世纪以后，第三代基因枪技术开始发展。Wealtec 公司发明了 GDS-80 基因枪，此种基因枪除了手持式的便携以外，也具有低压力、低噪声及高效率的特点。随着技术的进步，基因枪的发展方向更加多元。相信随着其进一步的完善和发展，基因枪技术将涉及基因工程的大部分领域。

（2）原理　基因枪法是利用加速装置将包裹有外源基因的微粒导入受体细胞、组织或器官中。外源基因进入受体以后整合入受体基因组，并得到表达以达到转化目的。

用包裹 DNA 的金属小颗粒轰击受体组织，使 DNA 实现穿壁并被导入众多细胞中，称为"基因枪法"（或微粒轰击技术）。包裹着 DNA 的金属粒加速到一个很高的速度后（通常需要部分真空以减少颗粒的速度损失）穿透受体组织，一般可以穿透 2~3 层细胞。最初是利用爆炸力在枪管里推动一个大的塑料微粒载片，片上放有包裹着 DNA 的微粒悬液，后来用一个中间有洞的板挡住高速运动的载片，载片上的微粒穿过洞进入装有受体组织的真空腔中，并且打入或者穿过运动路径上的目标组织，微粒上携带的外源 DNA 分子就可能进入细胞，并进行表达。

（3）影响转化效率的因素

①基因枪参数的选择：

a. 微弹的种类及大小：一般采用金粉或钨粉作为轰击的金属微粒，微弹的大小形状也对转化的效率有影响，其直径一般在 1μm 左右。

b. 轰击速度和射程：不同的速度对受体组织和细胞的穿透力不同，其伤害程度也不同。射程距离越大，相同轰击压力条件下，终速度越小，穿透力越小。而射程距离越小，反之。

c. DNA 的纯度：纯度越高，转化效率越高；浓度越高，转化效果也越好。但浓度过高会造成微弹凝结，轰击时不易导入细胞并对细胞造成损伤，从而降低转化效率。

②受体类型：一般具有再生能力的细胞或组织若可以接受外源基因均可进行基因枪转化。在植物中，胚性愈伤组织、未成熟胚、子叶、成熟胚、悬浮细胞、幼茎、叶片以及茎尖分生组织，这些具有潜在再生能力的细胞或组织均能作为受体。动物中，受精卵、胚胎细胞或组织、初级分化细胞以及神经元细胞等均可作为受体。

③培养条件：基因枪轰击前后植物受体的生理因素对转化率有一定影响。轰击前对受体进行预培养，可提高受体的生理活性以利于外源基因的接受。轰击后，受体材料不宜直接进行加压筛选，前期需在无抗性培养基上进行无菌培养和暗处理，有助于机械损伤的恢复。恢复期后再进行加压筛选，针对不同的受体材料选择合适的培养条件可极大地提高转化效率。

（4）优点及存在的问题

①优点：

a. 这种直接导入技术无宿主限制，受体类型广泛。各种细胞、组织均可作为受体进行转化，几乎囊括了所有具有再生能力的受体，可适用于不同物种。

b. 基因枪法可以转化植物的细胞器，也可以将目的基因导入特定层次的细胞。相比其他方法，基因枪法可以使外源基因穿透细胞器的双层膜，且转化效率与重复性较高。可根据需求通过调节基因枪参数将外源基因导入特定层次的细胞以提高转化效率。

c. 基因枪法最显著的优点是操作简单、快速，可以将多个质粒或目的片段同时导入基因组，实现共转化，从而简化了载体的构建。在动植物中转化时无需建立其他转化系统，可直接进行轰击，减少周期，使转化更加方便迅速。

②存在的问题：对于基因枪本身来讲，其精确度和可控度有待提高，而包裹 DNA 的微粒在大小、结构、均一性及承载量等方面均需要进一步提高。此外，由于转化过程中基因多发生重排，多拷贝成簇整合到受体基因组中，容易形成嵌合体，造成转基因的失活或沉默。在实际应用中，其转化成本较高，无法进行规模化生产和商业化应用。此外，通过降低轰击压力或减小微粒直径等途径来减少转染过程对细胞或组织的机械损伤也有待进一步研究。

3. 花粉管通道法

（1）发展现状　我国科学家周光宇在 1983 年首次在《酶学方法》（*Methods in Enzymology*）发表了将外源海岛棉 DNA 导入陆地棉，培育出抗枯萎病的栽培品种的研究，创立了花粉管通道法。此后人们对花粉管通道法进行了大量的研究，研究内容包括外源 DNA 的转化机理、转化技术、转化后代的性状鉴定等方面，并把此项技术成功地运用到育种实践中。近年来，花粉管通道法已经成功地运用于棉花、小麦、玉米、水稻、高粱、大豆、番茄、葡萄和泡桐等植物中，并得到抗病、抗虫、抗逆性增强的变异后代，有些甚至已经形成品种品系应用于生产中。

（2）基本原理及分类　花粉管通道法，亦称授粉后外源基因导入植物的技术，是利用植物受粉后所形成的天然花粉管通道（花粉引导组织），经珠心通道将外源 DNA 携带进入胚囊，转化受精卵或其前后的生殖细胞（精子、卵子），由于它们仍处于未形成细胞壁的类似"原生质体"状态，并且正在进行活跃的 DNA 复制、分离和重组，所以很容易将外源 DNA 片段整合进受体基因组中，以达到遗传转化的目的。

花粉管通道法包括微注射法、柱头滴加法、花粉粒携带法、子房注入法、开苞导入法等。微注射法是指利用微量注射器将转基因溶液注射进入受精子房。柱头滴加法是在自花授粉或人工授粉后一定时间内剪去柱头，滴上外源 DNA 溶液。花粉粒携带法是应用外源 DNA 溶液处理受体花粉粒，利用花粉萌发时吸收外源 DNA，通过授粉过程导入外源 DNA，使子代出现 DNA 供体的性状。子房注入法是针对子房较大的受体，在授粉后，使用微量注射器沿子房纵轴插入一定深度注射外源 DNA 溶液，从而使外源 DNA 进入受体植株。开苞导入法于果穗外周用小刀纵向切开并扒开全部苞叶，去掉花丝，在花丝断面处用毛笔尖涂抹供体 DNA 溶液，然后将苞叶复原，用皮套捆紧套袋。

（3）影响因素

①供体 DNA 片段的大小、DNA 的纯度和浓度、DNA 导入时期等都会影响基因的导入。DNA 片段的大小以不小于 107u 为宜。过小将有可能得不到带有完整基因的 DNA 片段，使 DNA 供体的性状无法表达。

②为了提高当代结实率，在操作时应注意掌握剪去柱头的时期，如果过早，花粉未到达子房，受精作用尚未开始，这时候剪去柱头就破坏了受精，影响结实，得不到种子；过晚则受精作用已经完成，细胞已经形成，花粉管通道已经关闭，外源 DNA 不能进入子房。

③不同的处理时间、不同的外源 DNA 浓度对花粉管通道法基因转化有很大的影响，

各种植物自授粉到达受精经历时间不同，处理时间也不一致。花粉管通道法对温度、湿度也有较高的要求，如温度太高及湿度不足都会严重影响转化结果。DNA 载体缓冲液的 pH 也是比较重要的因素，因受体作物而异，一般要求在 6.5~8.5，近中性。

4. 其他方法

（1）聚乙二醇介导法　聚乙二醇（PEG）是植物遗传转化最常用的化学诱导剂。它的原理是高 pH 条件下的 PEG 与原生质体融合，原生质体膜的通透性发生改变，加强了原生质对外源 DNA 的吸收，使目的基因整合到原生质体的基因组上并使之发生特异表达。1982 年，进一步发展了这种通过 PEG 介导转化原生质体的转化体系。1988 年，通过聚乙二醇法将 GUS 基因成功地转入水稻的原生质体中，并获得了第一批转基因水稻。此后，该方法也先后成功转化了小麦、水稻、高粱、油菜和大豆等植物。聚乙二醇法的优点是对细胞的副作用小，转化的稳定性高、重复性好，并能实现一次转化多个原生质体。由于转基因植株来自同一细胞，因而能有效避免嵌合转化体的产生。它的缺点是转化率较低，因为 PEG 对原生质体有毒害作用，所以该方法不能用于原生质体培养，也不能用于再生困难的植物。

（2）电击穿孔法　电击穿孔法的原理是当植物细胞受到外界高压电击时，细胞膜会出现非对称穿孔，但这种开放小孔的出现具有可逆性，解除电击后这些小孔会关闭，所以在此期间要利用这种小孔成为外源基因导入细胞的通道，从而使目的基因导入并整合到受体细胞的基因组上。1985 年首次利用电击穿孔法，在 1400V 的高压条件下处理细胞质膜，将外源基因导入，在培养 2~4d 后的原生质体中检测到外源基因的瞬时表达。此后，电击穿孔法相继成功地应用于烟草、番茄、玉米、水稻、大豆、小麦和马铃薯等植物原生质体的转化。该方法优点是受体材料来源广泛、操作简便，缺点是转化率低。

（四）应用

1. 抗逆性

植物的抗逆性是指植物具有抵抗不利环境的某些性状，如抗虫、抗病、耐寒、耐旱、耐盐等。目前生产上使用最广泛的一类抗虫基因为 Bt 杀虫晶体蛋白基因，经过改造或者重新合成的 Bt 杀虫晶体蛋白基因在植物中的表达量显著提高。

2. 抗除草剂

除草剂的普遍使用是现代农业的一大特点，它对节省劳动力、提高劳动效率、保护土壤结构都起到了显著的作用。但除草剂在消除杂草的同时也不同程度地伤害农作物，将抗除草剂基因引入农作物是一种高效、低成本、无公害的控制杂草的手段，可以有效地使用除草剂防治田间杂草，保护作物免受药害，从而增产增收。抗除草剂转基因植物主要有两种类型：一类具有修饰除草剂作用的靶蛋白，其对除草剂不敏感，或使其过量表达以使植物受到除草剂作用后仍能进行正常代谢；另一类引入酶或酶系统，在除草剂发生作用前将其降解或解毒。

3. 品种改良

将转基因技术用于作物品种改良，可获得口感好、营养成分高、具有某种保健功能或者生育期改变等符合人类所需要的良好品质的转基因植物。如植物贮藏器官的淀粉由直链淀粉和支链淀粉组成。目前用于食品业的支链淀粉多用淀粉后加工法生产，利用基因工程的方法可调节植物贮藏器官的淀粉比例，从而可直接用于各种工业目的。同时还能利用基因工程方法来提高植物中淀粉的含量；针对不同的用途，改变贮藏碳水化合物形式。许多作物，如富含必需氨基酸的马铃薯、高蔗糖含量的玉米、低尼古丁含量的烟草均已育成。我国已获得一批高油、高蛋白、高产的优良大豆品种及株系。

4. 植物生物反应器

随着植物遗传分析和遗传工程技术的不断革新，转基因植物作为生物反应器来表达外源蛋白即所谓的分子农业已成为植物基因工程领域内一个研究的热点，具有极大的市场前景和极高的商业价值。与动物生物反应器和微生物生物反应器相比，植物生物反应器具有其独特的优越性。第一，植物生物反应器是最经济的生物反应器；第二，合成外源蛋白时相对安全；第三，植物转基因技术比较成熟。利用转基因植物可生产抗体、疫苗等药用蛋白，人们已成功地在植物中表达的蛋白有人表皮生长因子、干扰素、脑啡肽、红细胞生成素、白细胞介素、人生长激素、溶菌酶等。

三、动物转基因技术

（一）发展状况

动物转基因技术首次出现于 1974 年，通过向含有病毒 DNA 的囊胚中微量注射产生转基因小鼠，首次实现了使用原核注射法将外源基因引入小鼠。这种方法已被广泛用于研究许多基因的分子和细胞功能。此后，转基因方法如原核显微注射、精子载体、体细胞核移植介导法等已被成功应用于转基因小鼠和其他转基因动物物种，如大鼠、鱼、猪、羊、牛、兔子、犬、鸡和猴子。随着新技术和新工艺的发展，转基因动物技术也将不断改进。

（二）基本原理

动物转基因技术是在经典遗传学、分子遗传学、结构遗传学和 DNA 重组技术的基础上，运用基因工程等实验技术手段，将分离得到的外源目的基因或重组基因导入动物受精卵或早期胚胎细胞中，使之整合到宿主细胞基因组内，随细胞的分裂而增殖，并稳定地遗传给下一代的一种生物技术。转基因技术可以为培育动物新品种提供更好的开发平台，促进医学、畜牧生产等领域的发展。

（三）制备转基因动物的方法

1. 原核显微注射法

原核显微注射法是最早成功获得转基因动物的方法，这种方法目前仍然是制作转基因小鼠最常用的方法。原核显微注射技术的关键步骤有以下几点：首先要获得雌雄原核尚未发生融合的受精卵，然后准备辨认雄原核，利用显微注射仪熟练地将外源 DNA 注入雄原核，接着将其移植到代孕母体动物。在制作转基因小鼠时，原核显微注射法是一种简单可靠的方法，其优点是：①可以把不同长度的重组 DNA 片段注入原核；②外源基因在宿主染色体上的整合效率相对较高；③传代时转基因可以稳定遗传。但这项技术有许多制约因素，最主要的限制是 DNA 只能增加，不能删除或在某个位点修饰，而且外源 DNA 是随机整合的，由于整合位点的影响导致基因表达不稳定，随机整合也可能破坏基本内源基因序列或激活致癌基因，这两种因素都会对动物健康产生有害影响。注射法生产的转基因动物一般是嵌合体，整合基因并非在所有细胞中表达。另外，利用它制作转基因大动物如牛、羊和猪时，不仅成本高，而且转基因效率低下。

2. 逆转录病毒感染法

逆转录病毒感染法是用目的基因替换病毒基因组的反式元件，通过顺式元件的调控序列感染成熟卵母细胞，实现转基因过程。逆转录病毒的核酸是一条单链的 RNA 分子，当进入细胞后，在逆转录酶的作用下，逆转录为双链 DNA，依靠逆转录病毒的整合酶和末端核苷酸序列，DNA 可以整合到宿主的染色体上。由于逆转录病毒的长末端重复序列具有转录启动子的活性，将外源基因连接到 LTR 下部进行基因重组再包装为高滴度的病毒颗粒，直接感染细胞或注射到受精卵周隙中，即可将携带外源基因的逆转录病毒的 DNA 整合到宿主的染色体上。

逆转录病毒感染法优点：①逆转录病毒能感染分裂细胞和静止细胞，不易诱发宿主的免疫反应；②感染率和整合率高，对技术要求不高；③外源基因多属单拷贝整合；④宿主范围广等。

其不足之处在于：①整合位点是随机的且整合率不高。由于病毒感染过程是在多次卵裂之后，外源基因很难整合于所有胚胎细胞中，故多数子代动物是嵌合体。②重组的反转录病毒不够稳定，外源基因易发生重排或丢失。③病毒载体的容量不大。逆转录病毒携带外源基因片段的长度的限制通常小于 10kb。④逆转录病毒 DNA 序列可能会干扰外源基因的表达，转入基因的沉默现象被认为是通过宿主细胞基因抑制机制的恢复完成的，它是由逆转录病毒长末端重复序列的启动子、增强子序列以及病毒再甲基化的启动子序列造成的。⑤与显微注射和 ES 细胞为基础的技术相比，还需要额外制造逆转录病毒的步骤。

3. 精子载体导入法

精子载体法在转基因过程中利用精子作为外源 DNA 导入受体细胞的载体。该方法先将成熟的精子与外源 DNA 进行培养，使精子获得携带外源 DNA 的能力，将外源 DNA

带入卵细胞中，完成受精，外源 DNA 整合到染色体中。

该方法的优点在于简单易行，对大量的精子细胞进行处理，不损伤卵母细胞，可在短时间内生产转基因胚胎。但实验还显示，有的外源 DNA 并未整合到宿主的基因组中，而是以附加体的形式存在于染色体之外。由于在正常的细胞有丝分裂中，附加体丢失的概率很高，因此很多研究者认为精子载体法并不是一种行之有效的转基因的方法。虽然精子可以介导外源基因在宿主基因组中的整合，但其真正的整合阳性率并不见得比其他已经成熟的方法要高。精子载体法还需要进一步研究和改进，以提出更能让人信服的理论支持和实验证据。

4. 胚胎干细胞介导法

胚胎干细胞（embryo stem cells，ES 细胞）是早期胚胎经体外分化抑制培养建立的多能性细胞系，体外培养时保持未分化状态，可以传代增殖。ES 细胞在发育上类似于早期胚胎的内细胞团细胞，具有与早期胚胎细胞相似的分化潜能和正常整倍体核型两大特点，当 ES 细胞被注入囊胚腔后可以参与包括生殖腺在内的各种组织嵌合体的形成。首先将外源基因转化到胚胎干细胞中，随后可通过核移植法将这些阳性细胞注入另一囊胚期胚胎的囊腔中，很快会与受体内细胞团（ICM）聚集在一起共同参与正常胚泡的发育得到转基因动物。

ES 细胞的最大优点是可以进行特定遗传修饰，借助同源重组技术使外源基因整合到靶细胞染色体的特定位点上，实现基因定点整合。运用这项技术可研究控制外源基因表达的调控序列，还可以使动物体内某些正常的基因失活，即进行基因敲除（gene knockout），从而研究特定基因的功能和某些遗传病的机制和治疗方法。此外，利用该法可事先选择阳性供体细胞，能够提高转基因效率，也能克服位置效应对外源基因表达的影响。但遗憾的是截至目前世界范围内只有小鼠干细胞的建系方法比较成熟，而大动物干细胞的建系方法目前还远不够成熟。

5. 体细胞核移植介导法

体细胞核移植介导法是将外源基因导入动物体细胞而作为核供体，将核移植到去核未受精的成熟卵母细胞中，对其进行激活，再将发育得来的胚胎移入代孕雌性动物进行转基因动物制备的方法。其原理是先把目的基因和标记基因的融合基因导入培养的体细胞中，再通过标记基因的表现来筛选转基因的阳性细胞并进行克隆，然后通过显微操作技术将阳性细胞核移植到无细胞核的成熟卵母细胞中。经体外培养，再移植到母体，发育成个体。其最有意义的贡献在于证明了体细胞的分化不是不可逆的，成熟体细胞细胞核亦具有如胚胎干细胞一样的发育成整个生命体的全能性。体细胞核移植技术的发展和成熟为转基因动物的制作开辟了一条潜力巨大的道路。

这种方法的优点是：转基因动物制备效率高；得到的动物个体绝大多数与供核亲本一致，可以保持亲本的优良性状。但这种方法仍存在缺点，体细胞的分化程度高，恢复全能性困难；这一技术的过程复杂，对仪器设备要求高；细胞培养的代数有限；得到的家畜作为食品的安全性存在争议。

6. 生殖干细胞技术

（1）精原干细胞技术　精原干细胞（spermatogonial stem cells，SSCs）是在哺乳动物的睾丸内一群像胚胎干细胞一样具有高度自我更新能力和分化潜能的细胞。精原干细胞移植技术是近年发展起来的一项新的动物繁殖技术，该技术是将体外培养的适龄雄性供体动物的精原干细胞注入适龄受体动物的生精小管中，进而产生精子。将此项技术用在体外培养精原干细胞的过程中可以探索最佳的 DNA 转染条件，还能够对转染外源基因的阳性精原干细胞进行筛选，从而大大提高转基因效率。利用精原干细胞进行转基因已成为目前转基因动物研究领域的热点之一。

随着培养体系的不断完善，筛选、移植方法的不断改进，一定可以获得更高的移植成功率，提高生产转基因动物的效率。

（2）原始生殖细胞法　原始生殖细胞（primordial germ cells，PGCs）是指能够发育成为精子或卵子的祖先细胞，来源于胚胎生殖嵴，与来源于囊胚内细胞团（inner cell mass）的胚胎干细胞同属全胚层多能干细胞（pluripotent stem cells）。原始生殖细胞可以定居在受体性腺，并能够在受体胚胎性腺迁移、增殖。又由于各个时期的原始生殖细胞都可以作为转基因的受体细胞，故以其作为载体进行转基因研究较为简便、高效，并逐渐引起关注。利用原始生殖细胞进行转基因来制备转基因动物有很大的优势，其可操作性强，可以大量制备，是近几年发展起来的一项新的转基因技术。该方法同基因打靶技术相结合，可以同时提高转基因效率和精确度，在转基因动物研究中将会得到广泛的应用。但如何优化其操作以提高转基因效率从而更好地应用于转基因家畜等问题还有待进一步探索。

7. 基因打靶技术

基因打靶技术（gene targeting technology）是指通过同源重组将外源基因定点整合入靶细胞基因组上某一确定的位点，以达到定点修饰改造染色体上某一基因的一项技术。它克服了随机整合的盲目性和危险性，是一种理想的修饰、改造生物遗传物质的方法。

（1）胚胎干细胞基因打靶　该方法利用 ES 细胞能在体外培养并保留发育的全能性，将改造后的外源基因导入 ES 细胞后，再把 ES 细胞注入动物囊胚，ES 细胞能够参与宿主细胞的胚胎构成，形成嵌合体直至达到种系嵌合，从而将带有外源基因的 ES 细胞传给后代，产生转基因动物。

通过基因打靶，不仅可以敲除特定的外源基因，还可以将外源基因转入动物基因组，获得基因敲入的转基因动物。美国犹他大学埃克尔斯人类遗传学研究所科学家 Mario R. Capecchi、美国北卡罗来纳州大学教会山分校医学院教授 Oliver Smithies 与英国卡迪夫大学卡迪夫生命科学学院科学家 Martin J. Evans，因为在利用胚胎干细胞对小鼠进行基因打靶的系列发现分享了 2007 年诺贝尔生理学或医学奖。该方法中，ES 细胞提供了一个研究处理整体细胞群的实验体系，利用 ES 细胞作为载体，体外定向改造 ES 细胞，可使得基因的整合数目、位点、表达程度和插入基因的稳定性及筛选工作等都在细胞水平上进行。目前，在 ES 细胞中进行同源重组已成为一种对小鼠染色体组任意位点进行遗传修饰的常规技术，该技术可以应用在研究基因功能和疾病模型方面。

（2）体细胞基因打靶　在体细胞克隆技术成功之后，科学家们不再将基因打靶技术局限于 ES 细胞，而将基因打靶与体细胞核移植技术结合起来作为制备转基因动物的一种新的选择。首先设计合成一个将要导入体细胞的打靶载体，将此载体导入受体细胞，之后可以在体外培养条件下对整合外源基因的体细胞进行大量增殖和筛选，同时可以进行外源基因的表达分析，然后将整合并能高效表达外源基因的体细胞作为核供体，与核受体（一般是成熟卵母细胞）进行体外融合重构以形成克隆胚胎，再将克隆胚胎进行胚胎移植给代孕的母畜，从而诞生出某一基因发生定向改变的后代。

ES 细胞经过打靶修饰、筛选、扩增后仍保持进入生殖系统的能力。但体细胞不同，用于克隆家畜的体细胞体外存活时间是有限的，尽管有些细胞在经过基因打靶进入核移植时仍具有全能性，但衰老的细胞打靶效率会降低，这也成为体细胞基因打靶的主要限制因素。相信随着新技术的不断出现，靶受体细胞的培养传代、打靶以及核移植等相关技术会被攻破，从而提高体细胞基因打靶效率。由于该方法建立的转基因动物可高效表达体细胞中转入的外源基因，可以加快制备商业化生产水平的生物反应器及生产基因工程药物等的发展。

（3）条件性基因打靶　条件性基因打靶主要是基于 Cre/LoxP 系统从而使打靶产生的变异在时间、空间或时空上都具有特异性，该系统包括 Cre 重组酶和 LoxP 位点两部分，其中 LoxP 由两个 13bp 的反向重复序列和 8bp 的间隔区域构成，Cre 重组酶可识别 LoxP 位点，切除或置换两个 LoxP 位点间的 DNA 片段。因此可以通过给 Cre 重组酶 1 基因选择适当的组织特异性启动子，控制 Cre 重组酶基因在特定组织细胞中表达，保证基因表达的空间特异性。而 Cre/LoxP 系统通过两种方式保证了目的基因表达的时间可控性：一种是在 Cre 重组酶基因的上游置入诱导剂依赖性的启动子，如四环素调控蛋白启动子、干扰素诱导型启动子等，根据需要在不同的时间给予诱导剂，启动转录使 Cre 重组酶表达，从而调控基因表达；另一种是将 Cre 重组酶基因与类固醇受体的配体结合域（ligand binding domain，LBD）基因结合，表达出的融合蛋白的重组酶活性需要在激素类诱导剂作用下才能被激活。

利用 Cre/LoxP 系统可以实现条件性基因敲除，即构建打靶载体时，在目的基因的两侧加上相同方向排列的 LoxP 序列，然后进行基因打靶制备转基因小鼠系。与此同时，再制备一种转入 Cre 重组酶基因的转基因小鼠，这两种小鼠交配后即可产生同时含有以上两套基因的转基因小鼠。将 Cre 重组酶基因与诱导型启动子或类固醇激素受体的 LBD 融合，并为其选择适当的组织特异性启动子，则可以在动物个体出生后根据时间需要激活 Cre 重组酶，切除基因组中两个 LoxP 位点之间的基因，实现目的基因在某个特定组织器官的局部敲除。这一策略特别适用于研究一些胚胎期必需基因的功能和广泛表达的基因在某一特定组织中的功能。相反，利用 Cre/LoxP 系统还可以实现条件性基因修复，如将两个 LoxP 位点插入某个功能基因中，即可根据时间需要通过药物诱导激活 Cre 重组酶，切除两个 LoxP 位点之间的片段使目的基因重新恢复功能。

总之，该系统利用组织专一性启动子对转基因表达保证了空间专一性，同时利用药物诱导系统对转基因表达保证了时间可控性，实现了定时、定位地对外源目的基因进行精确调控，达到了人为控制其表达的目的。可以利用此技术建立时空表达可控的转基因模型调控体系，对基因功能的研究具有十分重要的价值。

8. 锌指核酸酶基因靶向技术

近年来，锌指核酸酶（zink finger nuclease，ZFN）技术的出现标志着基因靶向技术的质的飞跃。ZFN 由一个 DNA 结合域和一个非特异性核酸内切酶域组成。ZFNs（ZFN 的复数形式）在特定位点结合切割 DNA，在特定位置引入双链 DNA 断裂，通过诱导内源性 DNA 修复、同源定向修复或非同源末端连接转移外源性 DNA，进而修饰细胞内源性基因。

基因靶向对于逆向遗传学和疾病动物模型的生成是必不可少的。由于基于胚胎干细胞的靶向技术的成功，小鼠已成为最常用的动物模型系统，而其他哺乳动物物种缺乏方便的基因组修饰工具。在胚胎中微量注射锌指核酸酶，通过在靶位点引入非同源末端连接（non-homologous and joining，NHEJ）介导的缺失或插入，在大鼠和小鼠中产生基因敲除。在 SD 大鼠和 LE 大鼠和 FVB 小鼠中使用 ZFNs 技术在胚胎中通过同源重组引入序列特异性修饰（knock-in），实现了精确的基因组工程生成修改，如点突变、精确插入和删除，以及条件敲除和敲入。锌指核酸酶是高效基因敲除的有力工具。

ZFN 基因靶向技术显著提高了动物基因组的精确修饰能力和基因整合效率，为动物模型的建立和功能基因的研究提供了可能。基于 ZFNs 的策略可能为通过纠正致病遗传缺陷来治疗单基因人类疾病提供了一种新的方法。如果能将修正后的突变插入人类基因组中基因缺陷的精确位置，基因治疗中出现的大部分困难都有可能被克服。然而，由于 ZFN 的发展阶段尚早，目前还存在一些缺陷。例如，为期望的目标位点设计具有高特异性的序列是一项艰巨的工作。ZFN 可在基因修饰过程中脱靶发生，并在细胞中诱导剂量依赖性毒性。因此，需要进一步的研究来确定 ZFN 基因靶向系统的有效性。

9. RNA 干扰介导的基因沉默技术

RNA 干扰（RNA interference，RNAi）是双链 RNA 介导的特异性基因表达沉默现象，可以部分地抑制特定内源基因的表达，或通过 mRNA 的降解使目的基因表达下调沉默，从而实现基因表达调控的时空性和可逆性。双链小分子 RNA（siRNA）可通过互补序列特异地结合目标 mRNA，被结合的 mRNA 将不再翻译而使动物表现出特定的性状改变。

由于并不是所有的 siRNA 都能起到抑制效果，因此 RNAi 应用的重要问题是如何设计有效的 RNAi 序列，并使其在细胞内长时间稳定的表达。虽然 RNAi 现象的机制目前还没有完全弄清楚，涉及很多不明功能的酶和蛋白质，但该技术有望被广泛用于基因功能分析和疾病治疗的研究中，推动分子生物学、医学等的进展。如利用 RNAi 可以降低或抑制某些基因的表达，建立相应的动物模型用于病毒性疾病治疗和预防，将会是一个具有广阔发展前景的领域。也可以将 RNAi 技术与其他转基因方法如体细胞克隆法相结合，定向地生产转基因动物用于研究与生产。

（四）应用

1. 生命科学研究方面的应用

转基因动物技术为生命科学领域的研究提供了合适的研究材料。利用转基因动物技术，对研究对象的基因进行敲除和过量表达等，可以研究相关基因的结构、表达、功能和调控。例如，基因敲除的动物模型对蛋白质生理功能的研究提供了很大的帮助。水通道蛋白家族于 1989 年被发现，麻彤辉和杨宝学等学者利用十几年的时间构建出一系列水通道蛋白基因敲除小鼠，研究水通道蛋白在尿浓缩、消化液、脑脊液代谢等过程中的生理功能。类似的研究还有许多，转基因技术已成为生命科学研究领域内的重要工具。

2. 人类疾病模型方面的应用

利用动物转基因技术来构建相关人类疾病的动物模型可以解决自然突变和人工诱变带来的突变率低以及突变方向难控制的问题。许多研究人员已经成功构建相关人类疾病的动物模型。例如，阿尔茨海默病模型 APP/PS1 转基因小鼠的建立，这种过量表达型转基因小鼠如今是世界范围内广泛使用的评价这一病症相关药物和疫苗的动物模型。贫血病转基因小鼠模型的建立，为研究分析贫血病的发病机制、药物治疗效果提供了重要的动物模型。再如，表达人类原癌基因的转基因兔也已经被广泛应用于人类肿瘤发生机制、有效预防和治疗措施的研究。而糖尿病和心血管疾病转基因猪模型也有较多报道。目前，多种疾病的转基因动物模型已经建立，为这类疾病的研究提供了方便。

3. 异种器官移植方面的应用

如今有许多疾病涉及器官衰竭问题，应用于人体疾病的异种器官移植利用手术的方法将某种动物的器官或组织移植到人体的某一部位。为了克服人体对异种器官的免疫排斥，科学家们选择对动物的器官进行人源化修饰和改造，利用转基因动物技术培育出基本不使人体发生免疫排斥的克隆动物。猪的器官大小、结构和功能与人体器官相近，是人体器官移植的最佳材料。虽然异种器官移植面临着猪内源性病毒对人体产生跨物种感染的风险，但利用动物转基因技术对异种器官移植进行研究对人类仍具有重大意义。

4. 动物品种改良方面的应用

在动物生产方面，传统的动物品种改良只能依靠亲缘关系近的物种间的自然突变，而自然突变在自然界中的发生频率极低。动物转基因技术可以克服传统动物品种改良技术的不足，加快改良进程、创造新的突变、打破物种间基因交流的限制。再经过动物转基因技术，可以对动物进行基因改造，以此来进一步提升品种的优良性状，提高动物的经济和营养价值。这些优良性状包括：抵抗疾病和抵抗病原微生物的能力、动物较高的产奶量、高质量的肉类、较高的繁殖能力以及动物生长周期的缩短等。目前动物转基因技术已在这方面取得一些成功应用。例如，2008 年，中国农业科学院北京畜牧兽医研究所等单位，通过克隆和基因重组技术，成功制备了转基因猪，该转基因猪与普通猪相比，在肌肉和脂肪中不饱和脂肪酸的含量显著提高。

5. 药品生产方面的应用

20世纪20年代,从猪胰腺中提取的胰岛素开始被用作药物。20世纪80年代初,人类用重组细菌制备了胰岛素。人类生长激素也是由细菌合成的,但细菌不能合成复杂的蛋白质,如单克隆抗体或凝血因子,这些蛋白质必须经过翻译后的修饰(主要包括折叠、分裂、亚单位结合、γ-羧基化和糖基化)才能在体内激活或稳定。而这些修饰可以发生在哺乳动物细胞中。如今通过动物转基因技术,对动物进行基因工程方面的改造,可以使动物生产重组蛋白,如单克隆抗体、疫苗、血液因子、激素、生长因子、细胞因子、酶、乳蛋白、胶原蛋白、纤维蛋白原等。运用转基因技术可以将编码药用蛋白的外源基因导入雌性家畜的体内,使其在家畜的乳腺中特异性表达出相应的药用蛋白,实现动物"生物反应器"的功能。

(五)前景和展望

动物转基因技术发展到今天,已经历经了几十年的历史,在这几十年中,动物转基因技术日趋成熟,新的方式方法不断出现。通过这些方法可人为地改造实验动物的基因组,为研究其相关基因的结构与功能提供了新方法以及新思路。这些方法各具特点,各有优点与限制,它们的不断出现、改进具备的重大应用意义,也使得转基因动物以及转基因技术成为生命科学研究的重要领域。目前的发展趋势表明,动物转基因技术和转基因动物的制备在生物科学领域具有较高的研究价值,领域内也已经掀起了相关研究的热潮,这是具有应用价值的研究内容之一。虽然转基因动物技术还在不断完善和革新的过程中,许多方面的应用尚未进入最终的产业化阶段,但随着理论和技术不断向前推进,动物转基因技术和转基因动物的制备必将对人类的疾病治疗、生产生活、社会发展等方面产生巨大的影响。

第二节 基因编辑

一、概述

基因组编辑(genome editing)又称基因编辑(gene editing),能够通过插入、缺失或替换的手段对基因组进行定点改造,能够通过以突变基因代替正常基因来研究基因的功能。

传统的基因组操作技术主要包括 Cre/LoxP、Flp-Frt 技术等,该类技术虽然重组效率高,但实验周期长,并且依赖胚胎干细胞作为操作对象,因此其应用具有很大的局限性。随着人工内切核酸酶技术的出现,基因组编辑技术的应用进入一个新的阶段。与传统的基因编辑技术相比,人工内切核酸酶技术的优势在于,其摆脱了传统基因组操作技术对于胚胎干细胞的依赖，并且能够应用于更多的物种，因此有很大的潜力能够在临床上应用。利用人工内切核酸酶技术进行基因组编辑主要包括两个关键步骤：首先，利用构建好的人工内切核酸酶与目的 DNA 片段相结合并且特异性地切割基因组 DNA，形成双链断裂结构（double strand break，DSB）。其次，利用目的细胞内的非同源末端连接或同源重组（homologous recombination，HR）系统来对形成的双链断裂结构进行修复，从而实现对目的基因组的编辑。

目前，应用最为广泛的人工内切核酸酶技术主要有 3 种：锌指核酸酶技术、转录激活因子样效应物核酸酶（transcription activator-like effector nuclease，TALEN）技术及 CRISPR/Cas 系统（clustered regularly interspaced short palindromic repeat/CRISPR associated system，GRISPR/Cas System）技术。ZFN 技术是最早发现的人工内切核酸酶介导基因组编辑技术，与传统的方法相比其优点是定点整合效率高，但由于其构建难度大、费用高的缺点，应用受到很大的限制。TALEN 技术与 ZFN 技术相比优点在于构建更为简单，细胞毒性较低，但构建成本仍然偏高，并且有其应用的局限性。CRISPR/Cas 技术作为一种构建简单、成本低的人工内切核酸酶技术，因其具有较高切割效率并在多种生物中都有广泛的应用前景，被《科学》（Science）杂志评为 2013 年十大科学突破之一。该技术的出现，为开发高效简便的基因组编辑技术提供了新平台，使该技术在临床上的应用更进一步。随着基因组测序技术的迅猛发展，越来越多物种的全基因组测序完成，面对大量的测序数据，基因组编辑技术成为将数据转化为基因功能和应用信息的最主要手段之一。

二、基因编辑常用方法

（一）人工介导的锌指核酸酶技术

1. 锌指核酸酶技术的结构及其原理

锌指核酸酶技术是近年来发展起来的一种基因修饰技术，可对各种体外培养的细胞和胚胎细胞进行基因操作，已成为一种新型基因打靶技术之一。锌指核酸酶是由锌指蛋白与核酸内切酶 *Fok* I 的 C 端核酸剪切结构域组成的融合蛋白。锌指蛋白是一类具有手指状结构域的转录因子，在细胞分化、胚胎发育等方面起重要作用。锌指通过与靶分子 DNA、RNA、DNA-RNA 的序列特异性结合，以及与自身或其他锌指蛋白的结合，在转录和翻译水平上调控基因的表达，最终使其在细胞分化、胚胎发育等生命过程中发挥重要作用。

根据其保守结构域的不同，可将锌指蛋白主要分为 C2H2 型、C4 型和 C6 型。C2H2 型锌指蛋白最早由诺贝尔奖获得者 Klug 在爪蟾转录因子 ⅢA（TKⅢA）研究中发现，为 TFⅢA 的成分之一，是迄今在真核生物基因组中分布最广且研究最多的一类锌指蛋白。

这种锌指结构主要的模体序列是 $CX_{2-4}CX_3FX_5LX_2HX_{3-5}H$（其中 X 代表任意氨

基酸），由 30 个氨基酸构成并围绕锌离子折叠成"βββα"结构，即 2 个反向 β 折叠和 1 个 α-螺旋，其中 2 个半胱氨酸和 2 个组氨酸残基结合 1 个锌离子形成 1 个稳定而紧密性的球域。单个锌指的 α-螺旋插入 DNA 双螺旋的大沟，特异性识别 DNA 序列上 3 个连续碱基，并与之结合。每个锌指蛋白可特异性识别并结合 DNA 链上的 3 个连续碱基，1 个由 3 个及以上锌指组成的锌指蛋白域可结合 9 个及以上碱基长度的靶位点。

ZFNs 由一个识别特定 DNA 序列的锌指蛋白域和 *Fok* I 组成，其 DNA 结合域与特定 DNA 序列结合，并与非特异性核酸内切酶形成异源二聚体后，在结合位点处发挥剪切作用使 DNA 双链发生断裂。当 ZFNs 进行 DNA 定点切割时，如果存在一段同源序列，则促使基因组实现 DNA 定点置换，当不存在同源序列时，剪切位点以非同源末端连接方式修复，引发基因定点突变或插入碱基序列。

因此，通过基因工程改造锌指结构域、增加锌指数目，使锌指核酸酶对复杂基因组中的更长特定 DNA 序列进行定点切割，并借助内源 DNA 修复机制精确修饰高等生物基因组，不仅具有极高的特异性，还可将基因组靶向修饰效率提高几个数量级。同时，ZFNs 介导基因打靶技术的发展和成熟，为农业育种、基因治疗和人类器官移植等提供了新思路。

ZFNs 基本原理示意图见图 2-1。

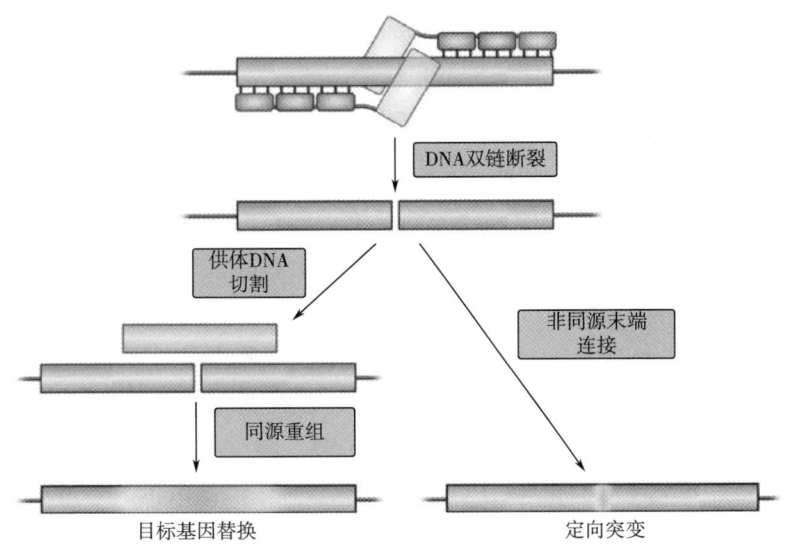

图 2-1　ZFNs 基本原理示意图

2. ZFNs 的特异性

锌指核酸酶对基因组特异位点序列的识别由锌指蛋白决定。锌指蛋白是真核生物中普遍存在的基因转录调控因子，通过结合 Zn^{2+} 可以自我折叠形成"手指"结构的一类蛋白质，通常由一系列的锌指组成。高特异性的锌指蛋白可以识别所有的 GNN 和 ANN

以及部分 CNN 和 TNN 三联体。多个锌指蛋白单元可以串联起来形成一个锌指蛋白组，识别一段特异的碱基序列，并具有很强的可塑性。从已报道的结合 GNN、ANN 锌指蛋白单元看，在 0.5~1.0kb 的范围内即可找到 18bp 的 ZFNs 结合位点。

如此高的频率可以在大多数物种的基因内找到结合位点。根据锌指蛋白单元识别三联体密码子的特异性和可塑性，可以人工设计 6~8 个锌指蛋白单元，其识别的序列出现的概率为 4^{18}~4^{24}bp，基本上可以覆盖所有已知物种的基因组。近年来的研究中，ZFNs 单体含有的锌指单元多达 6 个，可以特异识别更长、更稀有的剪切位点。因此，锌指核酸酶可以在基因组 DNA 指定的位点造成 DNA 双链断裂，刺激细胞启动自身修复机制，通过 HR 或者 NHEJ，对该位点进行修复，从而达到对基因组编辑的目的，包括基因修复、基因敲除和定向的基因突变。

3. ZFNs 的构建

利用开放性技术平台（OPEN）来设计、筛选锌指核酸酶。利用开放性系统，要得到完整的锌指核酸酶需要 4 个步骤：①利用 zinc-finger targeter（ZiFiT）软件对靶基因 DNA 序列进行分析，选择合适的靶位点；②构建含目的 DNA 片段，即含酶切位点的基因组片段的载体；③构建能特异识别目的 DNA 片段的锌指蛋白单体的组合体；④用细菌双杂交系统（bacterial two-hybrid，B2H）对 ZFNs 单体与靶位点的结合进行验证。在开放性体系中，每个锌指单元能够特异结合 3bp DNA 序列，大约 95 个锌指组成一个锌指备选库（pool），再由 pool 组成一个庞大的锌指档案库（archive）。为了设计针对目标靶序列（9bp）的锌指核酸酶，需要利用开放锌指库中不同的锌指进行组合。这个过程需要利用不同的锌指质粒为模板，通过重叠 PCR（overlap PCR）将几个锌指串联到一起组成不同的组合。不同的锌指组合可以识别任意核酸序列。克隆到的锌指核酸酶，经过细菌双杂交做进一步的筛选验证，即可转化靶细胞，对目的基因进行靶向切割。

4. ZFNs 的应用及局限性

（1）在植物转基因上的应用　由于植物细胞主要通过 NHEJ 途径对基因组进行修饰，通过 HR 进行定点整合的概率很低，因此在植物细胞中进行靶向定点整合外源基因的难度较大。可以通过改造植物细胞内的 DNA 修复机器以提高 HR 的概率，或者设计更加灵敏的筛选方法来提高定点整合的效率。ZFN 介导的转基因植物研究首先是在模式植物中展开的，利用 ZFN 介导的 NHEJ 修复途径将拟南芥的 *ADH1* 和 *TT4* 基因敲除；而另一个研究组则以烟草为研究对象，通过 ZFN 介导的 HR 途径实现了对烟草中靶基因的纠正，比不用 ZFN 时效率提高了 10^4~10^5 倍。这两项研究表明在植物细胞中 ZFN 介导的 NHEJ 修复途径和 HR 修复途径都可以使基因靶向修复效率得到显著提高。和传统技术相比，该技术为植物转基因提供了一种新的有效途径，具有广泛应用的潜力。

（2）在动物转基因上的应用　ZFN 技术相对于传统的通过 ES 细胞系或者核移植技术建立基因敲除动物的方法具有效率高、操作简单、耗时少、应用范围广等优势。但需要注意的是，由于生殖细胞、胚胎中 DNA 双链断裂会引起染色体的不稳定，从而阻止进一步的发育，因此在胚胎注射过程中需要使用合适剂量的 ZFN，使得在产生可遗传的突变的前提下不影响胚胎的正常生长。ZFN 在动物胚胎中通过 NHEJ 途径介导的基因靶向敲除目前只在果蝇、斑马鱼、小鼠、大鼠中得到证实，由于不同物种的胚胎发育过程有很大区别，该技术在其他物种中的应用需要得到进一步的证实。目前关于在胚胎中 ZFN 能否通过 HR 途径实现靶向基因修复或基因插入还不清楚，基于这点还需人们进行深入的研究，因为这对于该技术在动物基因靶向修饰中的更广泛应用具有重要的意义。

（3）在人类疾病治疗中的应用　ZFN 技术的发展也为人类单基因遗传性疾病的治疗提供了有力的手段。对遗传性疾病的治疗主要是通过体外将疾病细胞纠正后再回输到体内进行治疗。比较典型的例子是 ZFN 介导的抗人类免疫缺陷病毒（HIV）的治疗，研究人员首先分离到 CD4 阳性的人造血干细胞（HSC），在体外用 ZFN 将 HSC 的 HIV 感染所需的共受体 CCR5 通过 NHEJ 途径突变掉，得到能够抗 HIV 感染的 HSC，体外检测到 CCR5 表达的降低并且具有抗 HIV 感染的能力。进一步在小鼠模型实验中将这种抗 HIV 感染的 HSC 回输到体内后可以观察到小鼠体内 CD4 阳性的 T 细胞数量的增多，并且小鼠对 HIV 产生了抵抗能力，该成果已经进入一期临床实验。另外结合诱导多能干细胞（iPS）技术和 ZFN 技术治疗遗传性疾病具有更广泛的应用前景。

目前对 ZFN 在人类疾病的治疗研究上的作用主要集中在体外对细胞进行处理后再用于疾病的治疗，对于 ZFN 介导的通过 NHEJ 途径和 HR 途径对基因组 DNA 的靶向修饰能否通过载体直接运输到靶组织或细胞应用于人类遗传性疾病的体内治疗还有待人们进行深入的研究。

（4）在抗体制备中的应用　ZFNs 技术在基因功能的研究以及某些基因缺失或置换的特殊细胞模型的建立等方面还有着广泛的用途。利用针对凋亡相关基因 *Bax* 和 *Bak* 的 ZFN 建立这两种基因突变的中国仓鼠卵巢细胞系，同时携带这两种突变基因的 CHO 细胞系对凋亡产生了完全的抵抗能力。由于制备抗体过程中细胞在大的生物反应器中大量繁殖产生环境压力，容易引起细胞的凋亡，影响抗体的产量，采用这种 *Bax-Bak* 双基因突变的 CHO 细胞系使得抗体的产量提高了 2~5 倍。用 ZFN 将 CHO 细胞中的 *FUT8* 基因敲除，使得从 CHO 细胞中产生的抗体不会发生岩藻糖基化。由于抗体如果发生岩藻糖基化会使抗体依靠的细胞介导细胞毒性减弱，因此采用 *FUT8* 缺失的 CHO 细胞系产生的抗体依赖的细胞介导的细胞毒作用（antibody de-pendent cell-mediated cytotoxicity，ADCC）提高了 100 倍。

（5）ZFNs 技术的局限性　ZFNs 技术目前已经在基础研究和疾病治疗中显示出巨大的潜力。一部分较成熟的 ZFN 已经进入临床试验，还有大量正在研发中。但是这项技术仍存在一些局限性。例如，在基因组中有一些区域相对其他区域更容易被 ZFN 接近，其原因还不清楚；目前的筛选方法是否能够筛选出效率足够高的针对基因组中任何靶序列的 ZFN，这关系到 ZFNs 技术是否能够真正得到广泛的应用；ZFN 由于脱靶而可能对靶细胞造成毒性作用，虽然经过一系列的优化后其安全性得到很大提高，但这种脱靶具体造成的影响仍不完全清楚，用于检测脱靶效应的简单可靠的手段还没有建立，理想的解决办法仍有待进一步研究；ZFN 本身容易引起的免疫反应有待解决；ZFNs 技术要广泛地应用于各种转基因动植物研究及人类疾病的治疗就必须建立高效、可行的将 ZFN 导入靶细胞的方法，目前的方法仍需要改进。这些问题的解决对 ZFNs 技术的广泛应用具有重要的意义。

（二）转录激活因子样效应物核酸酶技术（TALENs）

1. 转录激活因子样效应物核酸酶技术的结构

转录激活因子样效应物（transcription activator-like effectors，TALEs）是植物病原菌黄单胞菌注入宿主细胞内的一类蛋白效应子，能够调节植物细胞特定基因的转录而导致宿主病变。TALEs 分子结构保守，其氨基酸与靶 DNA 中的脱氧核苷酸碱基之间的特异性识别与结合有一定规律，随后的研究破解了 TALE-DNA 特异性识别、结合的分子密码。TALEs 的 N 端一般有转运信号，而 C 端有核定位信号（nuclear localization signal，NLS）和转录激活结构域（activation domain，AD），中部是特异识别及结合 DNA 的结构域。TALEs 的 DNA 结合结构域的核心部分一般由 1.5~33.5 个基本重复单元组成的重复氨基酸序列组成，每个单元包含约 34 个氨基酸残基，其中有 32 个氨基酸高度保守，第 12 位和 13 位的氨基酸残基为重复可变双残基（repeat variable diresidue，RVD），它决定了该单元识别 DNA 碱基的特异性。近期研究发现，第 12 位氨基酸主要起到稳定 RVD 环的功能，只有第 13 位氨基酸才是真正识别特异碱基的氨基酸。利用 TALE-DNA 分子密码中 RVD 与脱氧核糖核酸酶的对应关系，研究人员对 TALE 蛋白进行了多种修饰，例如把 TALE 中的 AD 替换成重组酶、转录激活剂或抑制剂等，使其发挥不同生物学效应。随着核酸内切酶（EN）技术的不断发展和非限制性核酸酶 $Fok\ I$ 的广泛应用，2011 年科学家首次把 TALE 中的 AD 替换成核酸内切酶 $Fok\ I$，构建成转录激活因子样效应物核酸酶（TALEN），从而实现了对基因组的特定靶位点进行定点编辑的目的。

2. TALENs 的作用机制

TALEN 实现的基因定点编辑主要是通过对基因进行剪切，造成 DNA 双链断裂，进而诱发损伤 DNA 修复，如同源重组或非同源末端连接等，实现对基因组的特定位点的各种遗传修饰，如特定位点外源基因片段的插入、缺失、替换或修复等。NHEJ 产生的基因突变效率可达 10%；HR 产生同源重组的效率仅为 1%。将 $Fok\ I$ 切割结构域与靶点特异性 TALE 的 C 端融合后构成 TALEN 单体，当两个 TALEN 单体分别识别各自靶位点并与之结合，且所识别的 DNA 位点的距离和方向符合一定要求时，两个 $Fok\ I$ 切割结构域就可形成二聚体发挥 DNA 剪切酶活性，在两个 DNA 结合位点的间隔区切割基因组 DNA 链，形成 DSB，继而经 HR 或 NHEJ 机制完成基因损伤后修复。TALENs 技术的核心是依赖 TALE 蛋白与靶位点的特异性识别和 $Fok\ I$ 对靶基因的非特异性切割，于靶基因特定位点产生 DSB，继而实现基因敲除、敲入、修正等基因编辑和基因转录调控的目的。

TALENs 作用机制示意图见图 2-2。

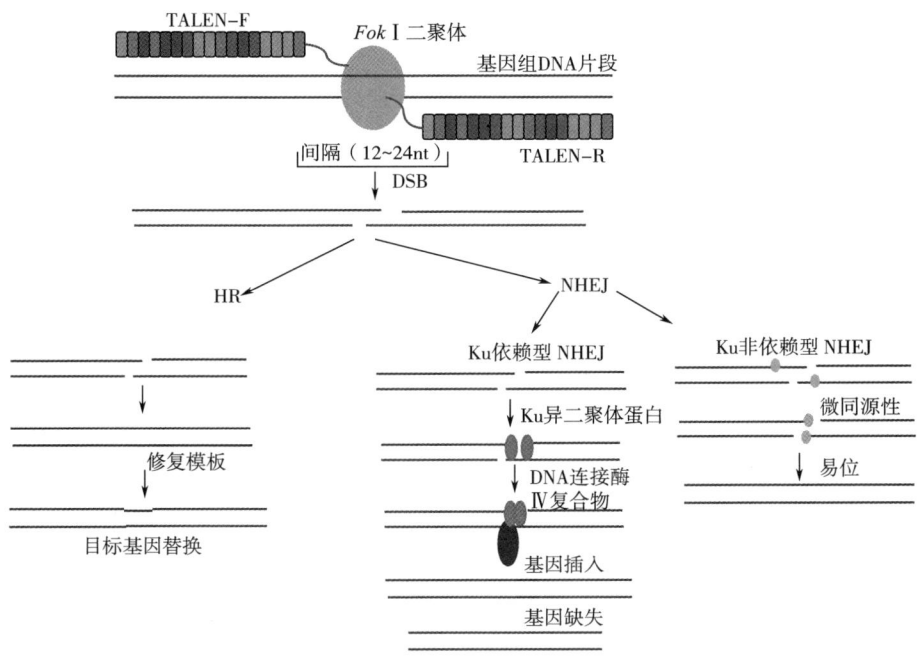

图 2-2 TALENs 作用机制示意图

3. TALENs 的构建

TALENs 技术的关键是 TALEs 的人工构建，由于 TALE-DNA 结合结构域简洁的分子密码，使得靶 DNA 的选择和设计有据可依。选择理想的靶位点能显著提高 TALEN 对靶 DNA 识别、结合的特异性和 TALEN 的基因打靶效率。尽管最初有研究者指出了选择 TALEN 靶位点的五条原则，但经高通量 TALEN 合成技术对其剪切活性进行大量比较分析证实，TALEN 靶位点选择只需遵从一个原则，即"TALEN 靶位点 5′端的前一位（第 0 位）碱基应为胸腺嘧啶（T）"。并随着人们对 TALEN 的逐步深入研究，靶位点选择越来越灵活，使 TALEN 在基因组的靶向修饰中的应用日益广泛。由于 TALE-DNA 结合结构域的分子密码在不同物种之间具有通用性，使得 TALEs 的构建更趋于简单化。迄今，人工构建 TALE 的方法主要包括：①Gateway 组装法，也是最早用于构建 TALEN 的方法；②基于 GoldenGate（GG）克隆的方法；③基于连续克隆组装的方法：包括限制性酶切-连接法（restriction enzyme and ligation，REAL）、单元组装法（unit assembly，UA）和一步酶切次序连接法；④基于固相合成的高通量方法；⑤基于长黏末端的不依赖于连接的克隆（ligation independent cloning，LIC）组装方法等。其中单元组装法具有独特的优点，且操作简便，应用最为广泛。

4. TALENs 的应用及局限性

TALENs 技术已经应用到多个物种细胞的特定基因编辑，如酵母、植物、斑马鱼、小鼠甚至人类多能干细胞等。这种特异性基因编辑不仅有助于基因功能的研究、疾病模型的建立，并将在临床基因治疗等方面体现重要的潜在应用价值。

研究人员利用 TALENs 技术在特定细胞上模拟间发性大细胞淋巴癌和尤因肉瘤相关的染色体易位，结果表明，TALENs 技术在临床上可用于对致癌基因的易位进行精确修复。也有报道显示，TALENs 技术能够修正病人的 iPS 细胞中的致病突变位点，从而为临床细胞替代治疗提供了依据。研究人员运用 TALENs 技术改造斑马鱼，构建人类代谢疾病模型，如肥胖、糖尿病等，能够为临床代谢性疾病基因治疗的研究提供参考。有研究显示，运用 TALENs 介导的基因突变修正有望用于治疗由 COL7A1 基因缺陷导致的隐性营养不良性大疱性表皮松解症。TALENs 同样可用于 miRNA 功能研究，如有报道显示，运用 TALENs 技术成功敲除了 miR-155*、miR-155、miR-146a 和 miR-125b 等人类生理相关性 miRNAs，为 miRNAs 及其在人类细胞中的调节规律和功能研究提供参考，并为针对某种 miRNA 靶向治疗人类疾病提供可能。此外，TALENs 技术还可用于治疗线粒体 DNA 突变相关疾病、HIV 的基因治疗以及改造转基因动物等方面。

总之，TALENs 等基因定点编辑技术的不断完善，必将有力推动基因功能研究和基因治疗的临床应用，为解决困扰人类的疾病临床治疗问题做出贡献。TALENs 技术仍存在一些局限性：例如如何提高 TALEN 的递送效率，如何降低基因的脱靶效应，提高 DNA 的切割和修复效率，如何逃避机体对 TALEN 蛋白的免疫攻击等。随着这些难题的攻克，TALENs 技术必将更好地应用于临床治疗，并拥有越来越广阔的应用前景。

（三）成簇规律间隔短回文重复序列及相关系统（CRISPR/Cas system）

1. CRISPR/Cas system 的发展状况

重复串联序列最初于 1987 年在大肠杆菌中发现。在细菌和古细菌基因组中存在一系列高度保守的 DNA 重复序列，这些重复序列由间隔序列分隔。后来发现约 40% 的细菌基因组和 90% 的古细菌基因组含有这些独特的序列。2002 年，这种独特的重复串联阵列家族被正式命名为成簇规律间隔短回文重复序列（CRISPR）。随后，CRISPR 相关蛋白（Cas）被发现，Cas 是与 CRISPR 有功能关联的核酸酶或解旋酶。CRISPR 序列与噬菌体序列同源，同源性可达 100%，这表明 CRISPR 序列可能来源于噬菌体。2005 年，三个研究小组发现 CRISPR 可能与微生物的免疫有关，这使得科学家们更加关注 CRISPR。研究者推测 CRISPR 可能参与了细菌的防御机制。他们假设 CRISPR 可以利用反义 RNA 来记忆和识别入侵细胞的外源核酸。这种防御机制类似于真核生物自身免疫功能的 RNAi 机制。CRISPR/Cas 系统介导的自身免疫功能很快在溶菌酶感染嗜热链球菌的实验中得到证实。CRISPR/Cas 被认为是细菌或古生菌在抵抗来自质粒或噬菌体的外来 DNA 的过程中进化出的"获得性免疫系统"。

2. CRISPR/Cas9 系统的基本结构

CRISPR/Cas 系统可分为三种类型：Ⅰ型、Ⅱ型和Ⅲ型。Ⅰ型和Ⅲ型相对复杂。但是化脓性链球菌 SF370 的Ⅱ型 CRISPR/Cas 系统非常简单，只涉及 Cas 蛋白。Cas9 是一种分子质量约为 160Ku 的蛋白质，具有 6 个结构域（RecⅠ、RecⅡ、Bridge Helix、RuvC、HNH 和 PI），可以独立靶向并切割 DNA。Ⅱ型 CRISPR/Cas9 系统由于其简单性，经过改进后成为基因编辑的有力工具。Ⅱ型 CRISPR/Cas 位点由位于 5′端的反式激活 CRISPR RNA（tracrRNA）区域、一系列 Cas 基因（*Cas9*、*Cas1*、*Cas2* 和 *Csn2*）修饰蛋白和位于 3′端的 CRISPR 区域组成，该区域由大量间隔子和直接重复序列组成。tracrRNA（由 tracrRNA 区域编码）和 crRNA（CRISPR RNA，由 CRISPR 区域编码）形成 crRNA：tracrRNA 复合体，实现特定的 DNA 序列识别。

Cas 基因编码的核酸酶在 crRNA 的引导下实现位点特异性 DNA 切割。化脓性链球菌 Cas9（spCas9）蛋白的两个重要组成部分是识别（REC）叶和核酸酶（NUC）叶。REC 叶由一个长 α 螺旋和两个 REC 结构域 REC1 和 REC2 组成，这两个结构域是 spCas9 与重复-反重复双螺旋结构相互作用时的功能域。NUC 叶由 PI、RuvC 核酸酶和 HNH 核酸酶结构域组成。

HNH 结构域位于 spCas9 蛋白的氨基端，负责切割与 crRNA 互补的 DNA 序列。裂解位点位于原间隔序列临近基序（protospacer adjacent motif，PAM）上游的第三个核苷酸上。原间隔序列临位基序是靶基因中用于指导 Cas9 蛋白识别和切割的位点。

RuvC 结构域通过 RuvC 结构域和 PI 结构域相互作用产生的带正电荷的表面与小指导 RNA（small guide RNA，sgRNA）相互作用。sgRNA 是一种短的人工 RNA，可以取代 crRNA 引导 spCas9 蛋白在特定的位点切割靶 DNA。REC 叶首先与 sgRNA 结合，在目标 DNA 上搜索 PAM 序列。

然后，将 sgRNA 与靶 DNA 配对，引导 NUC 叶的 RuvC 和 HNH 结构域切割靶 DNA 的两条链。HNH 结构域切割被 sgRNA 识别的 DNA 链，而 RuvC 结构域切割互补链。在 REC 叶和 NUC 叶之间形成带正电荷的沟槽，是 sgRNA 引导 spCas9 切割靶 DNA 的区域。PAM 是决定靶向的重要成分，其主要功能是帮助 Cas9 准确区分自身 DNA 和序列相同的外源 DNA。这间接地保护了自身 DNA 不受核酸酶的攻击。Cas9 蛋白在自身存在时是无活性的；然而，当 Cas9 与 sgRNA 结合时，Cas9 蛋白的构象会发生显著变化，使 Cas9 被激活并切割靶 DNA。

3. CRISPR/Cas9 系统的作用机制

CRISPR/Cas9 通过 Cas9 和 sgRNA 两种成分来切割外源 DNA。Cas9 是一种 DNA 内切酶，可以从不同的细菌中提取，如侧孢短杆菌、金黄色葡萄球菌、化脓性链球菌、嗜热链球菌，其中化脓性链球菌是 Cas9 分离中应用最广泛的。Cas9 包含 HNH 结构域和 RucV-like 结构域两个结构域。HNH 结构域切割与 crRNA 配对的 ssDNA（即目标链），而 RucV 样结构域切割目标链的互补链。sgRNA 是一种合成 RNA，长约 100nt。其 50 端有一个 20nt 序列，作为识别目标序列的向导序列，并伴有一个 PAM。sgRNA 的 30 端环结构可以通过导向锚定目标序列测序并与 Cas9 形成复合体，Cas9 切割双链 DNA 并在该位点形成 DSB。

一旦 DSB 生成，就会启动非同源末端连接或同源定向修复（HDR）DNA 修复机制。在大多数情况下，DSB 通常由 NHEJ 修复，这是一种产生错配和基因插入/缺失（indel），导致基因敲除的简单方法。当寡核苷酸模板存在时，HDR 诱导特定的基因替换或外源 DNA 敲除。这些过程都是 CRISPR/Cas9 有效编辑包括人类、动物和植物在内的各种生物基因组的方式。

2013 年，CRISPR/Cas9 首次用于真核细胞的基因编辑。科学家利用 CRISPR/Cas9 成功编辑了小鼠的 *Th* 基因以及人类的 *EMX1*、*PVALB*、*PPP1R12C* 等基因。由此，验证了 CRISPR/Cas9 的基因编辑功能。CRISPR/Cas9 系统的简单性吸引了大量科学家对其进行深入开发，使其成为近十年来最大的科学突破之一。

CRISPR/Cas9 系统作用机制示意图见图 2-3。

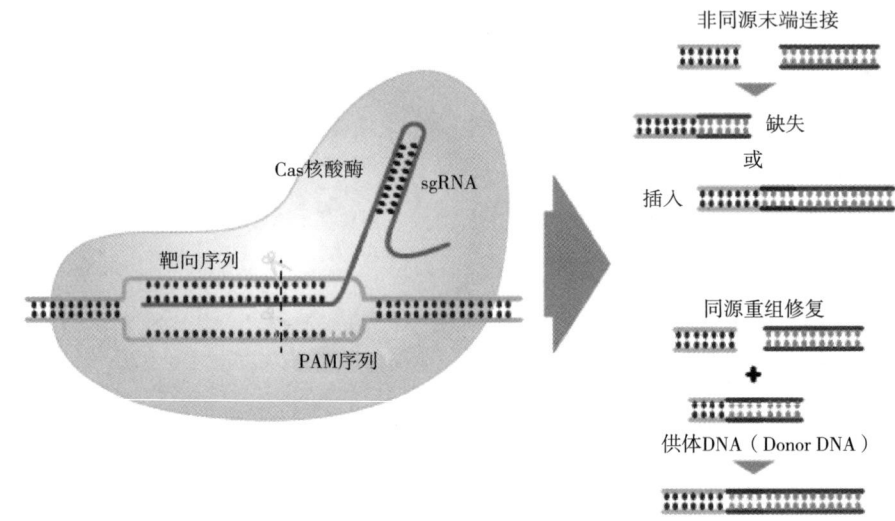

图 2-3　CRISPR/Cas9 系统作用机制示意图

4. CRISPRs 基因编辑的应用

（1）微生物、植物和动物的 CRISPR/Cas9 基因编辑　CRISPR/Cas9 技术介导的基因敲除、基因插入和其他 DNA 序列修饰可能会改变生物的基因表达或表型，使 CRISPR/Cas9 技术成为基因功能研究、性状修饰和新生命物质生产的重要方法。利用 CRISPR/Cas9 技术进行基因修饰已在许多微生物、植物和动物中得到应用，在品系改良以及作物和牲畜育种中发挥着重要作用。

2013 年，CRISPR/Cas9 基因编辑首次应用于细菌。最近，研究人员利用 CRISPR/Cas9 技术编辑变形链球菌进行基因功能研究，有助于加快对新物种的认识。在植物中，基因编辑已成功应用于拟南芥、烟草、水稻和小麦中，对其产量、品质或抗逆性产生影响。利用 CRISPR/Cas9 技术敲除了六倍体小麦的 *TaMLO* 基因，获得了抗白粉病的小麦新品系。利用 CRISPR/Cas9 同时替换 *ALS* 基因中的两个氨基酸残基，获得了纯抗除草剂水稻品系。CRISPR/Cas9 技术在植物中的应用，使植物基因功能研究和作物遗传改良得到迅速发展。

从低级的秀丽隐杆线虫到高级灵长类的食蟹猴，基因编辑已经成功地在动物生物学研究中应用。2013 年，利用 CRISPR/Cas9 技术成功敲除了小鼠细胞的单基因、双基因和多基因。研究人员还试图通过 CRISPR 技术重新设计和制造牲畜，以提高畜牧业产量，满足全球需求量的增长。

(2) 临床疾病治疗　基因编辑有望治愈许多传统疗法无法治疗的遗传缺陷和其他严重疾病。目前，CRISPR/Cas 基因编辑已成功应用于哺乳动物模型，这对于精确观察表型和发病机制，更好地理解病理生理学，在更大程度上促进基因治疗，为开发新的治疗方法提供新的机遇具有重要意义。利用 CRISPR/Cas 技术成功治愈了 *Fah* 基因突变引起的遗传性酪氨酸血症。

基因编辑在抗肿瘤免疫治疗方面取得了重大突破。嵌合抗原受体 T 细胞免疫疗法（CAR-T 细胞免疫疗法）是肿瘤治疗中最受欢迎的免疫疗法之一。Chifman 等利用 CRISPR/Cas9 技术获得的修饰 T 细胞能够识别肿瘤细胞表面的特定受体，阻止肿瘤细胞免疫逃逸，增强其对肿瘤细胞的防御能力。

CRISPR/Cas9 可以有效编辑人类胚胎干细胞的单倍体突变，为研究人类基因，特别是隐性等位基因提供了新的途径。研究人员首次使用 CRISPR/Cas9 技术治疗了一名由 *CEP290* 基因突变引起的 10 型 Leber 先天性黑蒙症致盲的患者，这是一种罕见的遗传缺陷。该疾病的临床试验是基因治疗的一个里程碑，因为该疾病无法通过任何其他手段治愈。除了治疗疾病，CRISPR/Cas9 技术还有可能有助于改变衰老过程，延长人类寿命。出于这些原因，为了人类未来的利益，CRISPR/Cas 系统的应用值得进行更广泛的研究。

(3) 其他应用　CRISPR/Cas9 技术在 SNP 检测和多路 CRISPR 编辑中发挥着至关重要的作用。CRISPR/Cas9 系统在 DNA 检测中的应用促进了基础生物学和应用生物学的研究。CRISPR/Cas9 的另一个优势是可用于多基因编辑，通过将一个质粒中的几个不同的指导 RNA（gRNA）连接到目标同时编辑不同的位点。在构建串联 gRNA 时，可以在每个 gRNA 前面放置启动子。此外，tRNA 类似于一种增强子，可以促进远端 gRNAs 的表达。最近，有研究人员通过反向配对-gRNA 质粒克隆策略消除了直接重复序列（direct repeats，DR），解决了双 gRNA 同向不稳定的问题，实现了大肠杆菌 100kb 染色体段的快速删除。多重 CRISPR 技术在细胞记录仪、遗传电路、生物传感器、组合遗传扰动、大规模基因组工程、代谢重编程等方面具有广泛的应用前景。

5. CRISPR/Cas9 系统发展前景

(1) 提高编辑效率　CRISPR/Cas9 系统的内部序列优化、传递系统改进、改变 DNA 修复策略等正在实施中，以提高编辑效率。CRISPR/Cas9 系统的内部序列优化包括 sgRNA 序列修改、目标序列选择、PAM 序列重新设计、Cas9 序列修改和启动子选择。对 sgRNA 序列的修饰增强了其识别目标位点的活性，实现了用较少设计的 sgRNA 进行基因编辑。选择合适的目标位点有利于设计最优 gRNA 进行目标识别。由于 Cas9 可能需要 PAM 来切割 DNA，这在一定程度上限制了靶点的选择。使用不同的启动子启动 Cas9 或 gRNA 的表达也会影响编辑效率。

此外，新的生物传递系统（如粒子轰击传递、电脉冲和电磁辐射传递、纳米技术传递系统）通过提高转化效率提高了编辑效率。最近，研究人员开发了一种新型的辅助病毒依赖型腺病毒载体（helper-dependent adenoviral vector，HDAd），它可以传递供体DNA、Cas9和sgRNA，同时实现高效的基因靶向和HDR修复。此外，抑制NHEJ的效率、提高HDR效率也可以提高基因编辑的效率。

（2）减少脱靶效应　许多人对CRISPR/Cas9技术的脱靶效应心存质疑，它会导致正常基因的功能失活突变或致病基因的错误修复，在治疗学上存在严重问题。因此，降低CRISPR/Cas9的脱靶率已成为主要优先事项之一。Cas9长时间高强度表达可显著提高脱靶率。然而，低浓度的Cas9可以通过削弱内切酶的切割能力来降低脱靶率。当gRNA：Cas9的比例在（2:1）~（3:1）时，脱靶效应相对较低。此外，sgRNA的GC含量也被发现与脱靶效应相关，使研究人员能够根据其GC含量选择更有效的sgRNA。

使用Cas9 mRNA或蛋白代替质粒也能有效降低脱靶率。Cas9的突变体xCas9比Cas9更精确，可有效降低脱靶率，已成功应用于基因治疗。Cas9的切割效率有时会根据PAM序列的特性而变化。选择合适的PAM位点可以减少脱靶效应。细胞类型也会影响脱靶效应，选择最合适的细胞类型有助于提高基因编辑的准确性，减少脱靶效应。

（3）药品生产　CRISPR/Cas9系统已经成为治疗人类疾病的一种非常强大的技术。利用CRISPR/Cas9技术生产药物是一个很有前景的领域。例如，使用CRISPR/Cas9系统对一些抗体进行基因修饰，从而产生对抗原具有更高亲和力的新抗体。最近，研究人员利用CRISPR/Cas9对绵羊和山羊的基因组进行修饰改造，使其能够在乳腺中表达药物，为药物生产提供了新思路。

（4）DNA信息存储　近年来，将CRISPR/Cas9技术与合成生物学相结合进行DNA信息存储成为一个新的科学领域。在这个时代，数字信息呈指数级增长，传统的信息存储方法由于容量和密度的限制、耐久性差并且维护成本高而显得多余。开发密度更高、耐久性更好的新型存储介质是数字信息存储领域的研究前沿之一。与现有的磁性和光存储介质相比，DNA具有耐久性好、存储密度高、环保等优点。据估计，16.39cm^3（1in^3）的DNA可以存储世界上所有的电子数据。DNA高度稳定，在-18℃下可以保存100万年，这无疑使其成为未来信息存储的最佳选择。在将数字信息转化为DNA信息后，我们可以利用CRISPR/Cas9技术将合成的DNA插入基因组中，实现高密度存储，并通过生物体的繁殖实现信息复制。

CRISPR/Cas9技术以其高效、简单的特点极大地促进了许多生物领域的发展，消除了传统转基因技术的位置效应，具有较高的生物安全性。然而，由于我们对CRISPR/Cas9系统的理解仍然有限，CRISPR/Cas9的潜力还没有得到充分的探索。CRISPR/Cas9系统的进一步完善可能会带来更多惊人的发现和应用价值。

三、基因编辑的发展前景与挑战

作为新兴的基因组定点修饰技术，基因组编辑技术自出现以来就受到了广泛的关注，基因编辑技术不断发展，从微生物应用到动物和植物应用。基因编辑技术延伸到人类健康领域，特别是近年来，包括合成生物学等前沿技术，实现多学科融合。ZNFs、TALENs 和 CRISPR/Cas 技术的出现颠覆了传统的基因组操作技术，在包括个体化药物治疗研究的生物学研究中掀起了一场技术革新。目前，基因组编辑技术已经能够在大部分模式生物的基因组中实现定点编辑，因此通过该技术的运用可以纠正基因组中导致疾病发生的突变基因，从而达到基因治疗的目的。包括通过 CRISPR/Cas9 基因编辑纠正地中海贫血突变，以及使用编辑过的嵌合抗原受体 T 细胞（CAR-Tcell）细胞潜在地增加人体对血癌的抵抗力。

虽然基因组编辑技术与传统的遗传操作技术相比有很大的优势，但要真正大规模地应用于临床还存在着一些问题：①由于对目的基因组的非特异性切割会产生脱靶效应，脱靶会导致细胞毒性的产生，从而使细胞死亡，这是基因组编辑技术应用于临床的最大阻碍；②TALE 蛋白的编码序列过长，因而其在一些对插入序列长度有限制的重组腺病毒载体中无法应用，而 ZFNs 技术就不存在这样的问题；③CRISPR/Cas 技术与 ZFNs 和 TALENs 技术相比构建更为简单也更为灵活，但是其对于 PAM 序列的依赖限制了它的应用，并且脱靶效应也还没有很好的解决方法，因此这种 RNA 介导的基因组编辑技术在临床上的应用还有待实验证实。尽管基因组编辑技术目前还存在着种种不足，但随着分子生物学的不断发展及新的实验方法不断涌现，基因组编辑技术必将应用得更加广泛，极大地促进功能基因组学的发展和基因治疗技术的应用。

第三章

蛋白质技术

第一节 蛋白质的表达

一、概述

Cohen、Chang、Boyer 和 Helling（1973）发表了开创性论文《体外生物功能细菌质粒的构建》。论文介绍了如何在体外使用限制酶和 DNA 连接酶构建重组质粒，并证明其插入大肠杆菌时具有生物学功能。在他们的讨论中称大肠杆菌的转化程序为"可能有利于将原核、真核染色体或染色体外 DNA 的特定序列插入独立复制的细菌质粒中。"这项技术的应用，以及它所产生的许多其他应用，不可逆转地改变了生物学，并产生了所谓的"新生物技术"和"生物制药"。1982 年，重组人胰岛素成为第一个被批准用于医疗的异源蛋白。20 世纪 80 年代，又批准了 8 种异源蛋白，其中两种用于人类生长激素，两种用于干扰素，一种用于单克隆抗体，一种用于乙型肝炎重组疫苗，一种用于组织型纤溶酶原激活剂，一种用于促红细胞生成素。在 20 世纪 90 年代早期，与"传统"发酵产品相比，异源产品的销售仍然相对较少，但 20 年后，生物制药的销售额超过了 1000 亿美元——相当于全球医药市场的 1/3。2015 年，市场上有超过 400 种生物制药，另外 1300 余种正在开发中，其中约 50% 正在进行临床试验。

Mcdonana（2011）总结了异源蛋白设计过程中考虑的重要因素，具体见下文：

（1）宿主的选择包括细菌、酵母、真菌、哺乳动物细胞、昆虫细胞和植物细胞。用于生产异源蛋白的宿主的优缺点见表 3-1。

表 3-1　　　　　　　用于生产异源蛋白的宿主的优缺点

宿主	优点	劣点
大肠杆菌	1. 基因组序列清晰，遗传学特征良好，能够可靠地表达载体所携带的基因 2. 高生长速率，高细胞密度，简单的培养基要求，并能直接放大	1. 异源蛋白分泌不良 2. 异源蛋白可作为不可溶性包含体积累，无法催化完成翻译后的修饰过程

续表

宿主	优点	劣点
酵母菌	1. 基因组序列清晰，遗传学特征良好 2. 可靠的表达载体	1. 在异源蛋白的 N 端存在一个额外的蛋氨酸分子 2. 与大肠杆菌相比，异源蛋白的表达水平较低 3. 虽然毕赤酵母是异源蛋白的良好分泌物，但输出的蛋白经常保留在质周空间（periplasmic space） 4. 翻译后修饰可能与动物细胞不同
培养的动物细胞	1. 生长速率相对较高，细胞密度较高，培养基要求简单 2. 能够完成一些完整的蛋白质翻译后修饰过程，使其能够用于生产临床设计的人类蛋白质	1. 增长率低，生长难度大，介质需求复杂 2. 与酵母和细菌系统相比，细胞密度较低 3. 属于复杂且耗时较长的细胞系选择系统 4. 放大过程比微生物系统更复杂 5. 与微生物系统相比，产生的异源蛋白的水平较低

（2）需要完成各种翻译后修饰（PTM），例如，蛋白质折叠、糖基化、蛋白水解过程、二硫键桥的形成、磷酸化和羟基化。

（3）设计表达系统，使其与宿主细胞相称，包括启动子、核糖体结合位点、起始密码子和终止密码子的选择。

（4）遗传物质的结合——无论它是随机插入基因组，针对一个特定位点，稳定地维持在染色体外，还是瞬时表达。

（5）发酵过程基本条件——反应器的选择、操作模式的选择、补料方式的选择以及反馈系统的选择。

（6）对生产过程的控制——包括蛋白质的合成是构成性的还是可诱导性的，以及对过程操作的影响。

（7）发酵过程根据产物浓度（mg 产物/dm^3）、体积生产率 [mg 产物/($dm^3 \cdot h$)] 和特定生产速率 [mg 产物/(g 生物量·h)] 进行优化。

（8）下游的处理操作，将取决于异源蛋白是否被"标记"以促进恢复，以及它位于什么位置——细胞内（可溶性或在包含体中错误折叠）、排泄（在培养液中），或细胞器。

（9）整个过程与监管当局要求的严格控制相称。

二、用细菌生产异源蛋白

大肠杆菌一直是作为细菌生产平台的首选生物体。大肠杆菌能够利用简单、廉价的培养基成分快速生长，并且可以生长到非常高的生物量浓度，使其能够适应相对容易和经济的"放大"。大肠杆菌遗传学的详细知识以及质粒和启动子的可用性也意味着，一个库存充足的分子生物学工具箱可以用于操纵生物体。

然而，原核基因和真核基因之间的表达结构和表达机制均存在一些差异，它们必须在生产策略中加以调整：

（1）真核生物基因包含内含子，即 DNA 的非编码区，它们在真核生物中通过 RNA 剪接去除 mRNA 的相应部分来分解。这种 RNA 处理系统在原核生物中并不存在，但通过使用逆转录酶产生加工过的真核 mRNA 的 cDNA（双链 DNA 拷贝），将预期基因转化为"原核格式"，解决了这个问题。

（2）真核生物基因不会被转录，除非在其编码区上游有一个合适的启动子序列，RNA 聚合酶可以与之结合。因此，任何表达系统都必须包含一个合适的启动子。

（3）原核糖体与 mRNA 结合，除非包含位于编码区上游的特定的富嘌呤序列，否则不会结合，因此相应的 DNA 序列必须存在于外源基因的上游。

（4）为了被有效地翻译，该基因必须有起始序列和停止序列。

在这个阶段，区分克隆载体和表达载体是很重要的。一个克隆载体被设计用来扩增一个 DNA 序列的拷贝数，也就是说，该序列与包含它的质粒一起被复制。设计了一个表达载体来表达 DNA 序列，并对其进行扩增，即该序列被转录成 mRNA 并翻译成蛋白质。因此，表达载体将包含先前描述的能够表达的特征——包含启动子、核糖体结合位点以及翻译起始密码子和终止密码子。图 3-1 给出了一个基因的分离和表达的流程，这是基于 Walsh（2014b）对该过程的总结。利用聚合酶链反应（PCR）和生物信息学技术实现了所需的 DNA 序列的鉴定和生产，这共同促进了序列的扩增。PCR 产物插入克隆载体，通过转化引入宿主。宿主的生长放大了载体，然后可以进行分离、序列切除和验证。然后将序列插入表达载体中，表达载体将其引入宿主。完全有可能将原 PCR 产物直接导入表达载体，并绕过克隆扩增阶段。然而，表达向量往往很大，并保持低拷贝数，这使得它们不方便作为孤立序列的来源使用。因此，包含克隆载体步骤的优点是，插入物可以方便地存储在克隆载体中，从而很容易在其宿主中扩增。

宿主细胞内表达产生的异源蛋白有可溶性或不可溶性聚集两种存在形式。为了具有生物活性，通过翻译产生的蛋白质的氨基酸链必须被折叠成一个三维结构。这正是在异源蛋白的生产阶段面临最大的挑战。在大肠杆菌中可以获得非常高浓度的外源蛋白，但在大多数情况下，蛋白质在细菌中以不溶性聚集物的形态聚集，称为包含体。Walsh（2014b）列举了包含体形成的原因：

①非常高的局部蛋白质浓度会导致非特异性沉淀；
②伴侣蛋白（chaperone）或折叠酶（foldase）不足导致部分折叠中间体聚集；
③由于细胞质的还原环境，生物体无法形成二硫键；
④真核生物翻译后修饰酶的缺乏。

大肠杆菌生产异源蛋白的流程见图 3-2。

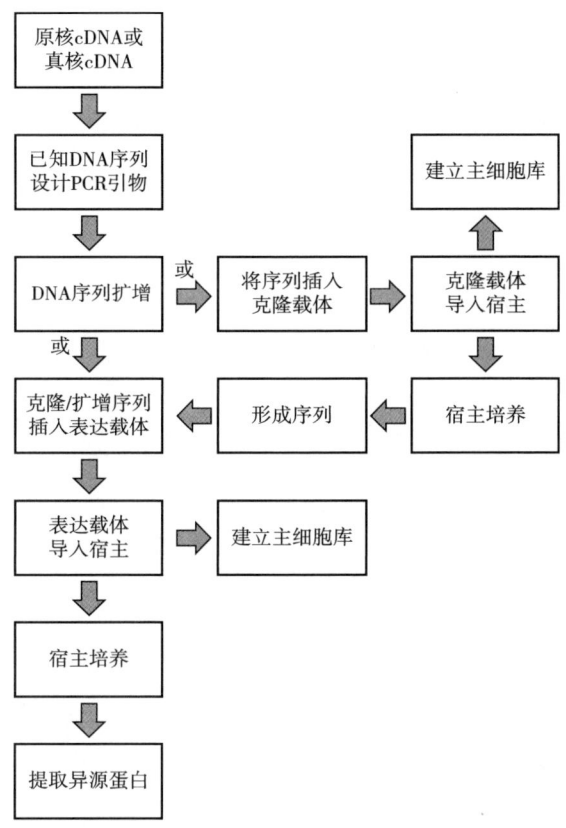

图 3-1 异源蛋白生产的大纲方案

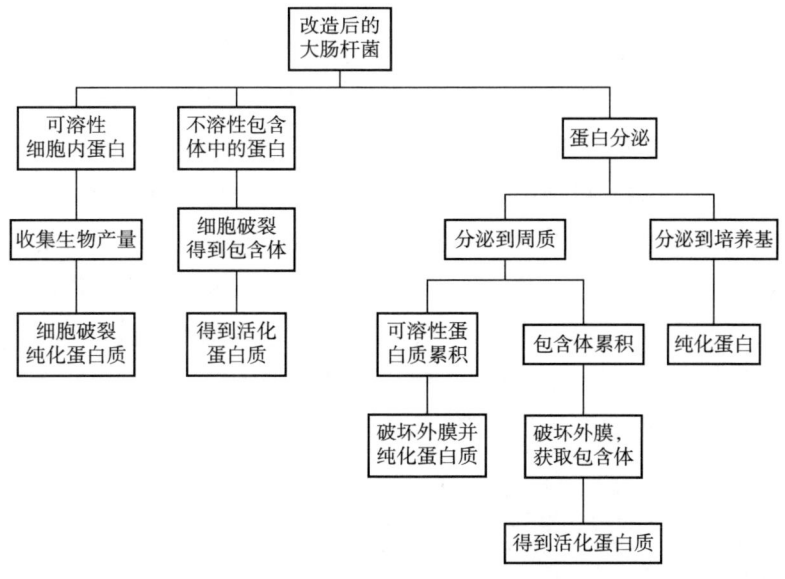

图 3-2 大肠杆菌生产异源蛋白的流程

三、克隆载体

图 3-3 和图 3-4 分别给出了基于质粒的克隆载体 pBR322 和 pUC19 的例子。这两种质粒有以下共同的特征：它们比天然质粒小，可使细菌有效吸收，复制速度快，能耗低，坚固（不脆弱），因此更容易纯化。

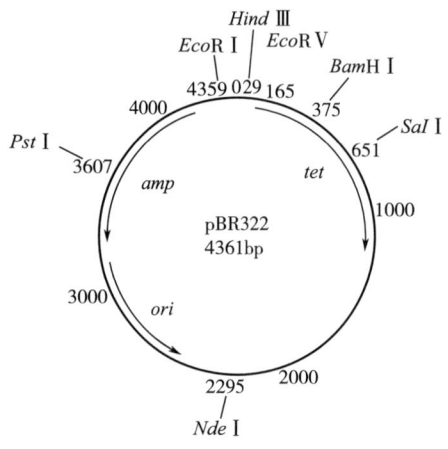
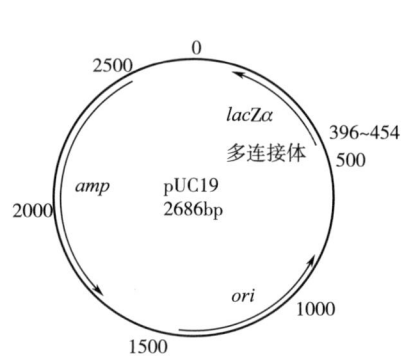

图 3-3 质粒 pBR322 的表达示意图　　图 3-4 质粒 pUC19 的表达示意图

（1）它们的复制起始点使质粒能够独立于细菌的细胞周期进行复制，这意味着每个细胞都会产生大量的拷贝。与连接质粒复制和染色体复制的"严紧"复制起源相比，这种类型的复制起始点被称为"松弛"，导致每个细胞的拷贝数较低。

（2）它们包含许多限制酶的单一识别位点。重要的是，每个内切酶只有一个识别位点，因为有多个识别位点会导致质粒被"切成碎片"而不是"打开"。

（3）它们有两个可选择的标记，这样，含有被操纵的质粒（以及外源基因）的菌落就可以与未转化的菌落和已被不含所需基因的质粒转化的菌落区分开来。

pUC18/19 是由 pBR322 开发而成的。pBR322 的两个可选择标记对抗生素氨苄西林和四环素耐药，每个标记都包含几个内切酶识别位点。因此，根据外源基因的序列，它可能被合并到任何一个抗性基因中。因此，被打断的基因将不会被表达，而该细菌将对这种抗生素敏感。然而，另一个可选择的标记仍然会产生阻力。因此，含有重组载体的转化菌株对一种抗生素具有耐药性，但对另一种抗生素敏感，可以通过影印培养法分离出来。

pUC18/19 的可选标记是氨苄青霉素抗药性基因和 β-半乳糖苷酶的产生基因（*lacZ*）。pUC18/19 的所有 13 个限制酶识别位点都集中在 *lacZ* 内的一个被称为多克隆位点或多连接位点的位置。因此，在任何克隆位点引入外源基因都会中断 *lacZ* 并阻止其表达。通过向培养基中添加诱导剂 IPTG（异丙基-β-D-半乳糖苷）可启动 β-半乳糖苷酶的生产，而β-半乳糖苷酶可水解无色化合物 X-gal（5-溴-4-氯-3-吲哚-β-D-吡喃半乳糖苷）产生蓝色衍生物。因此，重组载体转化成功的菌落应该能够在含氨苄青霉素的培养基上生长，并且在培养基中含有 IPTG 和 X-gal 的情况下产生白色菌落。不含重组载体的宿主则无法生长，而含有重组载体但重组时未正确插入目的 DNA 的宿主，由于 *lacZ* 能够表达，产生 β-半乳糖苷酶，则呈蓝色菌落。

四、表达载体

一个典型的大肠杆菌表达载体的示意图如图 3-5 所示。通常采用一个松弛的复制起点，给出一个相对较高的拷贝数。最常用的来源是野生型 ColE1（每个细胞能有 15～20 个质粒拷贝）、pMB1、修饰的 ColE1（15～60 个拷贝）和 pUC 载体中使用的 pMB1 突变版本（500～700 个拷贝）。Rosano 和 Ceccarelli（2014）提醒，高拷贝数并不一定等同于高蛋白质产量，因为由此产生的高代谢负担可能会有问题。

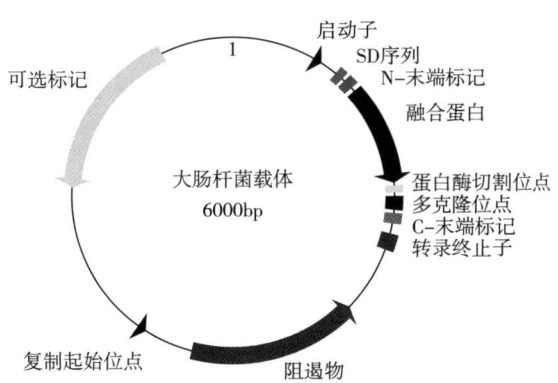

图 3-5　一个典型的大肠杆菌表达载体的示意图

（一）可选标记

载体必须包括一个可选择的标记，从而能够识别并筛选含有质粒的转化子，如前面所讨论的克隆载体。然而，从分离的转化子中产生无质粒细胞也可能是一个主要问题，因此在培养转化子时，选择环境也很重要。最常见的解决方案是采用抗生素耐药基因作为选择性标记，并在抗生素存在的情况下培养微生物。

（二）启动子

启动子对于外源基因的表达至关重要。由于有广泛的原核启动子可用，各启动子亦有不同特点，使得启动子的选择成为生产策略的重要组成部分。该启动子必须足够强，才能产生非常高浓度的异源产物，最高可占总细胞蛋白的 50%。它也应该是可诱导的，这样蛋白质的合成就可以通过添加一个诱导剂来打开。生产 50%的蛋白质作为"不需要的"产品,对细胞来说是一个巨大的代谢负担,而失去生产蛋白质能力的突变体将具有显著的生长优势。此外,一些异源蛋白可以抑制生长,甚至对宿主细菌有毒。因此,采用诱导合成的方式能够降低非生产阶段宿主代谢负担,减少细胞突变风险。所有其他操作、菌株储存、接种物开发和生产发酵的预产物合成生长阶段,都是在没有诱导剂的情况下进行的。用大肠杆菌生产异源蛋白的启动子及其诱导物见表3-2。

表3-2　　用大肠杆菌生产异源蛋白的启动子及其诱导物

启动子	诱导物	特性
ara	果胶糖	快速诱导,强调节,被葡萄糖抑制
Cad	酸性 pH	高表达水平,诱导过程简单,但 pH 可能会产生不利影响
lac	异丙基-β-二硫代半乳糖苷(IPTG)	相对低水平的表达,在非诱导条件下的渗漏表达(leaky expression),被葡萄糖抑制
Tac	异丙基-β-二硫代半乳糖苷(IPTG)	特征良好,高表达,但在非诱导条件下有渗漏
Trp	3-β-吲哚丙烯酸	特征良好,高表达,但在非诱导条件下有渗漏

　　阻遏基因编码阻遏蛋白,最终控制启动子与 RNA 聚合酶之间的相互作用,从而控制基因的表达。阻遏物的作用方式取决于系统。在乳糖操纵子中,$Rac\ I$ 基因表达阻遏蛋白进而阻止 RNA 聚合酶与启动子结合。乳糖操纵子的天然诱导剂,异乳糖(源自乳糖)与抑制因子结合并中和其活性,从而使操纵子的表达成为可能。因此,如果使用 lac 启动子,抑制基因将是 $lac\ I$。实际应用时也常采用 $lac\ I$ 的突变型 $lac\ I^Q$,后者能够提供更高水平的阻遏蛋白表达,从而提高抑制效果。诱导剂可采用乳糖或其非代谢类似物,如前文提到的 IPTG。

　　IPTG 相对于乳糖的优点是它的浓度不会改变,而乳糖将被菌株利用,其浓度会降低。然而,使用补料批量培养可以缓解这种情况,因为乳糖可以在生产阶段以缓慢的速度添加,从而在生长阶段结束时诱导蛋白质生产,并在生产阶段保持缓慢的生长速率。

　　阿拉伯糖操纵子(araBAD operon)中含三个结构基因($araB$、$araA$ 和 $araD$),可编码阿拉伯糖代谢相关酶,大肠杆菌能够利用阿拉伯糖作为碳源;另外还有一个调节蛋白基因($araC$),编码调节蛋白 AraC。在没有诱导剂阿拉伯糖的情况下,AraC 蛋白以二聚体的形式分别与两个 DNA 位点($araO_2$ 和 $ara\ I$)结合,使 DNA 局部区域呈环状结构,阻止 RNA 聚合酶与启动子结合。在有阿拉伯糖的时候,$AraC$ 结合阿拉伯糖后结构改变,仅能与一个 DNA 位点结合($ara\ I$),环被释放,开启基因表达。阿拉伯糖操纵子中同样含有 CAP(cAMP 激活蛋白)结合位点,因此,阿拉伯糖操纵子与乳糖操纵子一样,都能受到葡萄糖代谢产物的抑制。因此在发酵生长阶段,过量的葡萄糖能够进一步确保诱导表达系统在细胞生长阶段受到抑制，避免细胞因代谢负担产生的突变。

色氨酸操纵子编码色氨酸合成基因，这些基因受到最终产物色氨酸的抑制。由 trpR 基因编码的色氨酸阻遏因子，在没有色氨酸的情况下是不活跃的。然而，在超过阈值浓度时，色氨酸激活抑制因子，使其能够与操作基因相结合，并阻止 RNA 聚合酶的转录。因此，当色氨酸耗尽时，色氨酸操纵子被表达（解除抑制）。色氨酸启动子非常强，但很难应用于发酵系统中，因为其诱导依赖于色氨酸的消耗。然而，色氨酸体系的强度和 lac 体系的便利性已经结合在杂交启动子 Tac 中。该启动子将色氨酸启动子的 -35 区域与启动子的 -10 区域结合，产生一个由乳糖或 IPTG 诱导的强启动子。

T7 启动子被噬菌体的 RNA 聚合酶 T7 识别，并具有支持非常强表达的优势——异源产物占整个细胞总蛋白的 50%。T7 启动子被纳入表达载体，控制异源基因的转录；T7 启动子只被 T7 RNA 聚合酶识别，因此，T7 RNA 聚合酶的编码基因被引入细菌染色体中，通常以 lac 启动子作为 T7 RNA 聚合酶的可诱导启动子。因此，表达通过添加乳糖或 IPTG 而开启，使 RNA 聚合酶表达，从而识别 T7 启动子，使异源蛋白表达。使用这种技术的表达载体被称为 pET 质粒。

上述所有的启动子系统都采用了一种化学诱导系统，最常见的方法是添加 IPTG，即乳糖的非代谢类似物。但是，该化合物必须从产品中去除，这增加了产品下游加工的成本。pH 和温度诱导系统都已被开发出来解决这个问题，但前一种方法只能在很少的载体中使用，而且 pH 诱导会对生理条件产生不利影响。温度诱导系统是基于 λ 噬菌体启动子 PL 和 PR 及其抑制因子 CI 的调节作用开发的。启动子 pL 和 pR 分别控制左、右转录基因的表达。λ 噬菌体感染大肠杆菌可导致溶原状态，噬菌体被插入宿主染色体，并与之一起复制。λ 基因的表达被 CI 抑制因子与启动子操作子的结合所抑制。向溶解期的转变是由 CI 对宿主生理变化的自动消化启动的，从而使 RNA 聚合酶与启动子结合，最终导致噬菌体基因组的表达。Lieb（1966）分离了一系列温度敏感的 λ 噬菌体（Ts）突变体，包括突变体 cI857，其中氨基端 66 位苏氨酸被丙氨酸取代。

这种温度敏感的抑制因子现在形成了许多热诱导表达质粒的基础，这些质粒包含 λpL、λpR 或两个启动子，而 cI857 抑制因子要么整合到质粒中，要么整合到宿主染色体中。发酵在 28~30℃ 下操作，以增殖菌体，并通过将温度提高到 40~42℃ 来诱导表达。此过程需冷却处理，因为生长的放热特性产生的热量比发酵罐自然失去的热量要多；因此，提高温度可以通过简单地减少冷却来实现。Caspeta 等（2009）研究了加热速率对表达的影响，证明了缓慢的温度转变有利于增加蛋白质产量，这表明降低冷却速率，而不是试图通过热量输入来快速温升，将是更好的选择。然而，大肠杆菌通过诱导各种复杂的应激反应来应对温度升高，这些反应可能会对所需蛋白质的生产产生不利影响。ValdezCruz、Ramirez 和 Trujillo-Roldan（2011）阐述了这方面内容，并强调热诱导并不是唯一诱导大肠杆菌应激反应的因素——化学诱导也会导致类似的变化。

λ 系统也可以被操纵，从而通过化学诱导来控制它。Mieschendahl、Petri 和 Hanggi（1986）开发了一种质粒/宿主结构，其中 λPL 启动子控制表达质粒上的异源基因，并在色氨酸启动子的控制下将 λcl 抑制因子整合到细菌染色体中。我们还记得，色氨酸操纵子受到色氨酸的反馈抑制，因此在氨基酸的存在下被关闭（抑制）。因此，在没有色氨酸的细胞中，色氨酸启动子总是"打开"，从而导致 λ 抑制因子的合成并抑制异源蛋白的表达。在培养物中添加色氨酸将关闭色氨酸启动子，抑制 λ 抑制因子的合成，从而解除对质粒编码的 λPL 控制的异源基因的抑制。

（三）核糖体结合位点、起始密码子和终止密码子

启动子下游序列主要包含核糖体结合位点（Shine-Dalgarno 序列）、启动翻译的起始密码子、MCS 和终止翻译的终止密码子（图 3-6）。大肠杆菌中最常用的起始密码子是 ATG，少量载体中使用 GTG，TTG 和 TAA 从未使用。核糖体结合位点与起始密码子之间的最佳间距为 7±2 个核苷酸。与克隆载体的情况一样，多克隆位点包含一系列独特的酶切位点，促进了异源基因的引入。所有生物体都使用终止密码子 TAA、TAG 和 TGA，但 TAA 是大肠杆菌的首选序列。通过串联包含两个或三个终止密码子，可以提高切割效率。

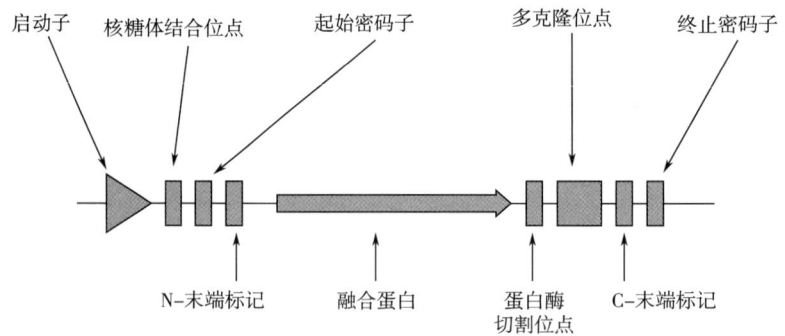

图 3-6　一个大肠杆菌表达载体的启动子与终止密码子之间可能存在的位点的一般表示

（四）标记、融合蛋白和相关位点

从图 3-5 和图 3-6 中可以看出，表达载体的广义结构还包括起始密码子和 MCS 之间以及 MCS 和终止密码子之间的一些位点。这些位点使一个肽（称为肽标签）或一个多肽（称为融合蛋白）能够被添加到异源蛋白的 N 端或 C 端。该载体也可以在下游处理过程中满足融合蛋白的去除。载体中包含一个蛋白酶的裂解位点，使一个被蛋白酶识别的氨基酸序列被并入融合蛋白和异源产物之间，然后可以很容易地从融合蛋白中裂解。这些添加可以帮助解决异源蛋白生产中经常出现的一些问题，如蛋白纯化表达不完全、蛋白不可溶、蛋白质降解和分泌低下等问题。然而，应该记住的是，蛋白质在异源宿主中的表达被用来进一步获得一系列的结果，而不仅仅是大规模的制造。

五、用酵母菌生产异源蛋白

酿酒酵母是第一个被批准用于生产异源蛋白的真核生物宿主。它与大肠杆菌一样，具有在简单培养基上生长相对较快和可生长到高细胞密度的优点。它是一种模式真核生物，因此在生理学、生物化学、遗传学和分子生物学方面有丰富的信息。它作为一种模式生物的突出地位也确保了它是利用组学技术探索生物学的生物体的先锋——从而增加了这种简单真核生物的百科全书式知识。此外，它作为一种安全生物体在发酵行业的悠久历史使其对食品药品监督管理部门具有吸引力。像许多大肠杆菌菌株一样，酿酒酵母被归类为"公认安全使用物质"（GRAS）。作为一种真核生物，这种生物体的一个经常被提及的优势是它能够进行外源蛋白质的蛋白质翻译后修饰。然而，它的糖基化能力有限，这使得它不适合生产糖基化的人类治疗蛋白。

除酿酒酵母以外的酵母物种也被用作宿主细胞，特别是毕赤酵母——一种能够利用甲醇作为唯一碳源的生物体，其作为异源宿主具有许多优势。

①它的代谢主要是有氧的，因此它的生长不受乙醇积累的限制。

②研究基础雄厚，操作相对简单，并且有商业表达系统。

③重组蛋白可以分泌到培养基中。

④它有一个强大的、严格调控的醇氧化酶基因（AOX1）启动子，可用于控制异源蛋白的生产。

⑤过糖基化程度小于酿酒酵母。

⑥已被授予 GRAS。

其他用于蛋白质生产的酵母有多形汉森菌、乳酸酵母菌和裂殖酵母菌。酵母菌产生的异源蛋白主要集中在两个最常见宿主——酿酒酵母和巴斯德酵母中。

酵母的 mRNA 加工机制与高等真核生物有很大的不同。此外，酵母表达载体是穿梭载体，这意味着它们可以在大肠杆菌和酵母细胞中复制。因此，克隆的早期阶段也可以在细菌系统中完成。

（一）酵母表达载体

酵母菌表达载体的设计遵循了与细菌表达载体相同的基本原理。然而，在大肠杆菌中设计该载体更容易，因此它们通常是穿梭载体，也就是说，它们可以在酵母和大肠杆菌中同时复制。因此，该载体基于来自细菌质粒（最常见的是 pBR322）的 DNA 主干，包括大肠杆菌复制起源和细菌可选择标记（通常是氨苄青霉素耐药性）。酵母菌表达载体的示意图如图 3-7 所示。酿酒酵母的两种主要表达载体的酵母成分是基于酵母着丝粒质粒（YCp）或酵母游离质粒（YEp）。YCp 载体包含一个来自酿酒酵母基因组的着丝粒序列，该载体的复制与细胞分裂有关。虽然这提供了良好的稳定性，但 YCp 载体的拷贝数只有 1~2 个。

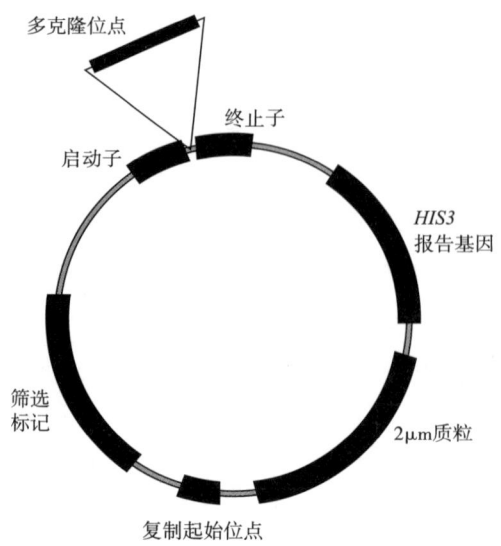

图 3-7　酵母菌表达载体的示意图

YEp 载体含有来自天然酵母 $2\mu m$ 质粒的 ARS（自主复制序列）。它们能够自动复制，平均每个细胞保持 40 个拷贝，但必须在选择性条件下保持，否则它们很容易丢失。因此，YEp 质粒是人们选择的情景式质粒，可以从商业供应商那里获得。

酵母选择标记需要在游离载体的情况下分离含有载体的无性系，以在生长过程中保持稳定性。营养缺陷和抗性标记都可以使用（表 3-3），但这要求宿主菌株对特定的化合物具有营养不良性，并排除了对游离性载体使用复杂的培养基成分。然而，使用合成培养基更喜欢在生产过程中使用抗生素。

表 3-3　载体转化酵母时用于重组子筛选和鉴定的可选择标记物

营养缺陷标记	合成产物	抗性标记	遗传表型
HIS3	组氨酸	CUP1	铜离子抗性
LEU2	亮氨酸	G418R	遗传霉素抗性
TRP1	色氨酸	ZeoR	博来霉素抗性
URA3	鸟苷—磷酸	Hyg	潮霉素抗性

在酿酒酵母和巴斯德酵母中，多种启动子可用于控制异源蛋白的表达（表 3-4）。可诱导启动子意味着蛋白质生产可以在生长完成后被启动，从而减少产生非选择型突变体的风险。这种风险是由于合成一种不必要的，或有毒的蛋白质对细胞产生的代谢负担引起的。构成型启动子倾向于用来简化过程，诱导剂的添加是一个相对简单的过程，这是大多数产品的首选策略。巴斯德酵母的醇脱氢酶启动子特别适合严格控制的发酵。生物可以在葡萄糖上生长，葡萄糖强烈抑制异源基因的产生，然后转向甲醇作为生产阶段

的碳源。

表 3-4　　　　　　　　　　可纳入表达载体的酵母启动子

启动子	原表达产物	组成型或诱导型
酿酒酵母的启动子		
CYC1	细胞色素 C 氧化酶	组成型
TEF	翻译伸长因子	组成型
GAPDH	甘油醛-3-磷酸脱氢酶	组成型
PGK	磷酸甘油酸酯激酶	组成型
ADH2	乙醇脱氢酶（NADP$^+$）	由乙醇诱导
GAL1-10	半乳糖激酶	由半乳糖诱导
毕赤酵母的启动子		
GAP	甘油醛-3-磷酸脱氢酶	组成型
TEF	翻译伸长因子	组成型
PGK	磷酸甘油酸激酶	组成型
AOX1	乙醇氧化酶	由甲醇诱导
PDL1	甲醛脱氢酶	由甲醇诱导

启动子下游必须包含的其他序列有核糖体识别位点、多克隆位点和转录终止位点。真核生物的核糖体识别位点称为 Kozak 序列，其中最保守的元素是 AUG 序列。95%的酵母翻译起始位点对应于 mRNA 分子的信息的 5′端第一个 AUG 密码子。因此，建议在异源 mRNA 前导序列中去除上游的 AUG 密码子，以确保翻译有效地开始。该表达载体的多克隆位点使许多限制酶中都可以用于引入异源 DNA，正如我们之前在考虑细菌表达载体时所讨论的那样。最后，酵母末端的转录终止位点是至关重要的，因为酵母可能无法识别其天然终止序列。如果 RNA 聚合酶读取终止位点，那么耗时很长，就会产生不稳定的 mRNA 分子，并可能导致产量的灾难性下降。

载体的构建也可以产生一种促进其纯化的蛋白形式，正如在之前考虑大肠杆菌表达载体时所讨论的那样。这是通过使用标签来实现的，这些序列不像在细菌载体中那样被整合到启动子下游的载体中，它们与感兴趣的基因被整合在框架内。

（二）蛋白质分泌

将合成的异源蛋白保留在酵母的细胞质内可以导致非常高的表达水平。然而，一些蛋白质可能在细胞中被降解，而其他蛋白质可能不会完全折叠，导致包含体的产生，就像在大肠杆菌系统中发现的那样。细胞内蛋白质的积累对其在过程结束时的恢复也有重大影响。该产品必须通过细胞断裂从酵母细胞中分离出来，然后从同时释放出来的大量天然细胞蛋白质中分离出来。此外，异源蛋白很容易被细胞释放的蛋白酶降解。虽然可以操纵宿主菌株来去除蛋白酶，但只有在将蛋白质从细胞输出到培养基中时，才能避免与细胞内积累相关的剩余问题。

自然产生的从细胞中输出的蛋白质在 N 端被标记为疏水信号序列。该信号序列使蛋白质被运输到内质网（ER）腔，然后运输到高尔基体。因此，为了实现异源蛋白的分泌，它还必须携带适当的信号序列。由于酿酒酵母和巴斯德酵母都是真核生物，它们可以识别外源蛋白的天然分泌信号，因此在表达序列的初始评估中包含信号序列是必要的。或者，一个特定的酵母信号序列可以被纳入重组结构中。分泌到细胞周质最常见的序列是酿酒酵母转化酶（SUC2，19 个氨基酸）和酸性磷酸酶（PHO1，17 个氨基酸），分泌到培养基中的序列是 α-因子信息素（α-MF，20 个氨基酸）。巴斯德菌最常用的分泌信号是酿酒酵母转化酶和 α 因子及其天然酸性磷酸酶。

六、通过哺乳动物细胞培养生产异源蛋白

与微生物系统相比，哺乳动物细胞培养在生产异源蛋白质方面的关键优势是它们能够指导其蛋白质产物正确折叠。截至 2014 年 7 月，美国和欧盟批准的 56% 的生物药（重组生物制品）是在哺乳动物系统中生产的，而在微生物系统（大肠杆菌和酵母）中的为 35.5%。中国仓鼠卵巢细胞（CHO）的使用占哺乳动物系统生产产品的 64%，CHO 产品的全球年收入超过 1000 亿美元。CHO 细胞的主要优点是它们能够在高密度的无血清培养基中悬浮培养，由于朊病毒污染的可能性，治疗性蛋白的生产不能在生产过程中使用动物来源的产品。此外，许多重要的人类病毒病原体无法在 CHO 细胞中复制。

（一）瞬时基因表达

我们对微生物系统中异源蛋白合成的考虑强调了稳定的重组菌株的发展，这些菌株可以依靠多代繁殖来生产所需的蛋白质。同样，在哺乳动物细胞中生产异源蛋白的理想情况是转化一个细胞系，使其产生产物的能力被其后代稳定地继承。然而，这种哺乳动物细胞系的选择可能是一个非常漫长的过程（见稍后的讨论），这可能与最终目的不相称。但在有些情况下，可采用快速生产途径，如为了得到足够量的用于临床前开发的蛋白质，合成的蛋白质被评估为潜在的生物药物，生产用于筛选试验或确定其结构的蛋白质受体的产品等。这种途径被称为瞬时基因表达（TGE），即异源蛋白的基因不并进入宿主基因组，也不随着细胞分裂而稳定复制，但在宿主细胞中表达，通常在转化后 10d。这种方法的基本原理是培养细胞至密度达到 1×10^5 个/mL，然后用表达载体（质粒）转化，因此，生长后进行大规模转化，转化培养将在有限的时间内合成蛋白质，如图 3-8 所示。这种过程需要在大肠杆菌发酵中大量制备表达载体，并需要一个简

单、廉价的大规模转化过程。在这一阶段，需要指出的是，与微生物相比，在描述动物细胞的操作时，往往会使用不同的术语。"转化"用来描述将外源 DNA 引入植物、酵母或细菌细胞的过程，而"转染"通常用来描述将外源 DNA 引入哺乳动物细胞的过程。这是因为"转化"在动物细胞生物学中被用来描述基因变化，使一个细胞能够在培养中增殖，类似于一个癌细胞。因此，在本节的其余部分中，术语"转染"将被用来描述哺乳动物细胞对 DNA 的摄取。

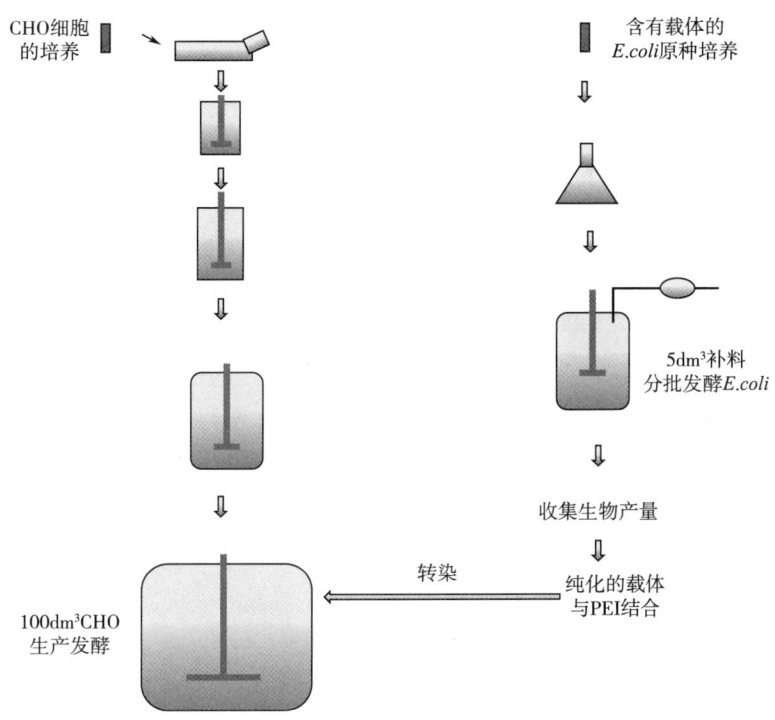

图 3-8　一个瞬时基因表达过程的示意图

大批量大肠杆菌发酵生产质粒是一个相对常规的过程，Zhu（2012）报道，在 5L 的生产规模上，质粒产量能够达到 500~2600mg/L。因此，产生足够的表达载体来感染几百升的过程不应该是一个问题。瞬时基因表达过程的载体所含结构主要包括所需表达的真核基因序列（通常是 cDNA）、一个真核的强启动子、转录终止子、细菌复制起点和选择性标记，从而使其能够在大肠杆菌宿主中稳定增殖。可以在大肠杆菌中保持高拷贝数的较小的质粒是首选，因为它们更容易转染，并且可以相对容易地在细菌中繁殖。最适用于大规模转染的聚合物是使用聚乙烯亚胺（PEI），这是一种廉价、稳定的阳离子聚合物，可以将 DNA 浓缩成带正电荷的粒子，与带负电荷的细胞表面结合。然后，DNA-PEI 颗粒通过内吞作用逐渐进入细胞。TGE 过程主要是使用 CHO 和 HEK293 细胞系开发出来的，因为它们已被证明易于大规模转染。培养基的发展是成功发展 TGE 过程的一个重要因素，因为许多人使用不同的培养基进行生长和转染，在转染前需要一个复杂的细胞收获和重悬步骤。然而，据报道，如果转染在 2×10^7 个/mL 的高细胞密度下进行，那么可能不需要特定的转染培养基，从而消除了再悬浮步骤。

（二）稳定基因表达

虽然 TGE 作为异源蛋白生产的"快速通道"途径是一个很有吸引力的命题，但稳定的基因表达被认为是生物制药异源蛋白商业生产的关键。当转染的 DNA 整合到基因组中时，可以实现稳定的基因表达。由于整合的随机性，所产生的细胞克隆是高度可变的，必须进行筛选，以找到合适的稳定的细胞系。筛选过程非常耗时，可以增加一年的生物制药的开发期。

大多数制药公司使用的细胞系选择系统是基于互补策略的原则，因此 CHO 细胞中缺乏可选择和可扩增的基因。虽然也可以在不同的质粒（载体）中管理感兴趣的基因和可选择的基因，因为它们倾向于在同一位点插入格栅，但这种方法可能是不可靠的。细胞转染和载体整合使细胞在最小培养基中生长，因为载体随着细胞分裂被复制。然而，一个基因拷贝可能不能产生所需的产量，因此下一步是增加（扩增）整合标记的拷贝数，从而导致异源蛋白基因拷贝数的增加。通过在培养基中添加选择标记基因编码酶的抑制剂，赋予了含有多个整合载体的细胞系更强的筛选优势。因此，生长被抑制的程度取决于整合拷贝的数量——更多的基因拷贝等同于对抑制剂的抵抗力。同时，感兴趣的基因可能由强启动子控制，而选择性标记基因由弱启动子控制（图3-9）。因此，选择性标记基因通过多拷贝形式提升载体抗性而强启动子促进感兴趣的基因高表达，改善蛋白质生产。

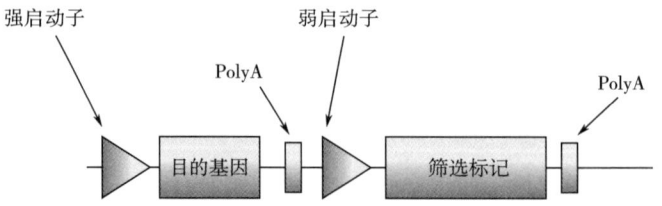

图 3-9　在 CHO 表达载体中，由强启动子控制的感兴趣基因和由弱启动子控制的选择性标记物的位置

常用的 CHO 表达系统包含两种筛选标记，一种基于二氢叶酸还原酶（DHFR），另一种基于谷氨酰胺合成酶（GS）。这两个系统都已获得国家药品监督管理局的批准，是该行业的"主力"。DHFR 缺乏导致胸腺嘧啶无法合成，转染是在缺乏胸腺嘧啶的培养基中进行的。氨甲蝶呤（MTX）是一种 DHFR 的抑制剂，它选择用于扩增 DHFR 基因的细胞系，并伴随着感兴趣基因的扩增。在他们的原始论文中，考夫曼等（1982）证明了选定的细胞包含多达 1000 个转染 DNA 副本。GS 缺乏导致需要谷氨酰胺，该酶被蛋氨酸亚胺（MSX）抑制，因此 MSX 用于选择含有扩增基因拷贝的转染细胞系。

选择过程是高度劳动密集型的，需要筛选在扩增过程中可能产生的数千个克隆。生产异源蛋白的哺乳动物细胞系的选择与鉴定示意图如图 3-10 所示。最常见的方法是使用微量滴度（多孔）板进行限制稀释，其中细胞悬液被稀释，使单个孔包含单个细胞。

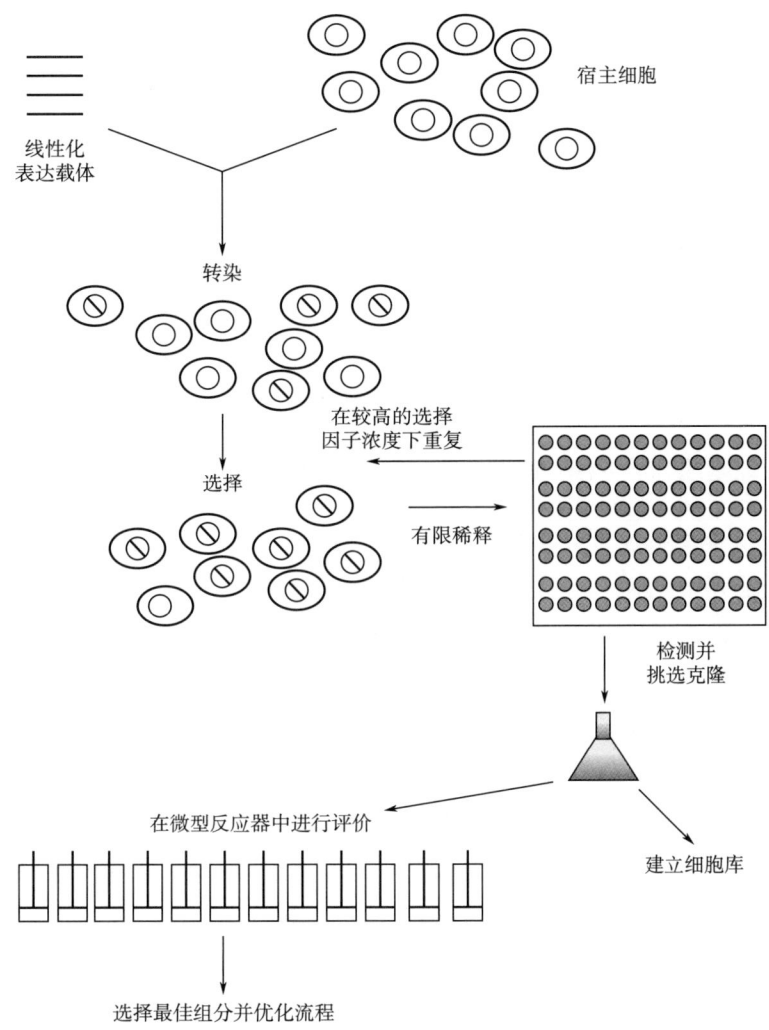

图 3-10　生产异源蛋白的哺乳动物细胞系的选择与鉴定示意图

（三）表达载体技术

设计哺乳动物细胞表达载体的主要目的是提高分离产生高水平异源蛋白的稳定细胞克隆的效率。已经采取了以下战略：

(1) 控制感兴趣基因和选择性标记基因的共表达；
(2) 增加选择性标记的严格性；
(3) 将 DNA 调控元件纳入载体；
(4) 靶向将载体整合到宿主基因组的特定位点；
(5) 一个人工染色体表达系统。

七、无细胞蛋白合成系统

（一）无细胞蛋白合成系统的发展历史

1958 年，美国 Zamecnik 首次利用大肠杆菌抽提物实现了内源性蛋白的无细胞表达，同时证明了多肽的合成场所是核糖体，合成过程中需加入 ATP、GTP 及 tRNA 等。1961 年，Nirenberg 等通过温度的控制，降解了大肠杆菌提取物中的内源性 mRNAs，同时保留提取物中核糖体合成多肽的功能；在体系中加入多核苷酸后，大肠杆菌提取物成功表达了外源的 mRNAs，实现了外源性蛋白的无细胞表达。20 世纪 80 年代，Zubay 对之前的无细胞蛋白合成系统进行改进，减少了背景肽链的内源 DNA 或 RNA，增加了目的蛋白的产量。随后，多种无细胞蛋白合成系统得以发展。

（二）无细胞蛋白合成系统的分类

无细胞蛋白合成系统可分为原核无细胞蛋白合成系统及真核无细胞蛋白合成系统。原核表达系统是利用原核生物细胞提取物实现目标蛋白的表达，其中以大肠杆菌提取物最为常见，具有较高的耐受性，含杂质时仍可合成目标蛋白，研究者可根据研究需要添加特殊添加剂，如蛋白酶抑制剂、标记蛋白等。与之对应，真核表达系统利用真核生物细胞提取物表达目标蛋白，最常用的是兔网织红细胞裂解液及麦芽胚提取物。原核表达研究起步早、成本低廉，但往往难以实现对表达时间和水平的控制；而真核表达可以严格调控基因的高效表达，不存在基因的非特异性激活或抑制。

与真核无细胞蛋白合成系统不同的是，原核无细胞蛋白合成系统不能直接识别 ATG 起始密码子，而需要依赖于核糖体结合位点（RBS），该位点包含阅读框架的起始信号。原核与真核无细胞合成系统在转录和翻译过程中也有不同，真核无细胞表达依赖耦联的转录和翻译系统，在反应母液中包含所有反应组分，节约了反应时间。除此之外，原核无细胞合成系统所表达的目的蛋白的 DNA 模板既可以是环状的，也可以是线性的；而在真核表达系统中，为得到性质稳定的蛋白质，需要将环状的模板线性化，以使其整合到真核细胞的基因组中。在科学生产研究中，常需根据生产研究目的和具体需要，适当地选择原核无细胞合成系统或真核无细胞合成系统。

（三）无细胞蛋白合成系统举例

理论上讲，任何细胞抽提物都能制备成供体外表达的无细胞蛋白合成系统，而实际应用中，为确保蛋白合成系统的高效性，常使用 3 种细胞抽提物，即 *E. coli* S30 提取物、兔网织红细胞裂解液和麦芽胚提取物。

1. *E. coli* S30 提取物

E. coli S30 提取物属于原核无细胞蛋白合成系统，是目前公认的有效性及实用性最

高的无细胞蛋白合成系统。该系统使用外膜蛋白 T 内切蛋白酶和 Lon 蛋白酶缺陷的大肠杆菌菌株的细胞提取物，能以 DNA 分子作为转录及翻译的模板，外膜蛋白 T 和 Lon 蛋白酶的缺失，提高了该系统表达蛋白的稳定性；而内源性 RNA 聚合酶不稳定可导致系统重复性差，现可通过应用外源性 RNA 聚合酶或高效 RNA 聚合酶完成转录，从而提高反应重复性。

2. 兔网织红细胞裂解液

兔网织红细胞裂解液属于真核无细胞蛋白合成系统，提取兔网织红细胞后，将其裂解，用核酸酶去除内源 mRNA 以降低翻译背景。该体系的优点是内源核酸酶较少，适宜含较大片段的目标蛋白；但是由于兔网织红细胞裂解液来源于动物，涉及伦理学问题，合成成本也比其他无细胞蛋白合成成本要高，所以使用受限。

3. 麦芽胚提取物

麦芽胚提取物属于真核无细胞蛋白合成系统，将麦芽胚碾磨离心并去除细胞残渣后获得，该体系可稳定地表达兔网织红细胞裂解液无法翻译的 mRNA。该体系可以广泛应用于放射性标记的目标蛋白的合成，但合成产量不高。有研究表明，延长反应时间可以提高产量。该体系适用范围广，可用于线性及环状 DNA、有帽或无帽结构的 mRNA。近年来，通过去除麦芽胚提取物中对核糖体、mRNA 及蛋白质合成有损害的酶，可将麦芽胚提取物合成蛋白的反应时间延长至若干天，产量得到极大提高。类似于细胞表达系统，以上无细胞蛋白合成系统的翻译因子活性高，蛋白质及核酸活性低，是目前应用最多的无细胞表达系统，其他如嗜热性细菌抽提物因其酶的稳定性可应用于长时间的蛋白合成；也有生物试剂公司研制出了由昆虫细胞和人细胞提取的无细胞蛋白合成系统。

第二节　蛋白质的分离纯化

一、概述

蛋白质作为生命的物质基础，是生命活动的重要承担者，构成人体组织器官的框架和主要物质，参与生物体内各种形式的生命活动。从生物材料中分离蛋白质，研究蛋白质的结构和功能，对于理解生命活动规律、阐明生命现象的本质具有重要意义。本节结合近年来的研究现状，从沉淀、膜分离、色谱、电泳、分子印迹、微流控芯片等方面叙述蛋白质分离技术的进展。随着技术的发展，许多新技术被应用于蛋白质分离，如等电点沉淀法、有机溶剂沉淀法、透析、超滤、色谱、电泳、分子印迹、微流控芯片、磁分离、反胶束（RM）、结晶等方法。根据蛋白质的性质，采用多种方法组合分离蛋白质是一种发展趋势，这种方法可以更好地保持蛋白质的活性和结构，并获得更高的分辨率。

二、沉淀法

（一）盐析

溶液中加入中性盐使生物大分子沉淀析出的过程称为"盐析"。该方法多用于蛋白质和酶的分离纯化，也可以用于多糖和核酸的沉淀分离。盐析法应用很广，其突出的优点是：成本低，操作简单、安全，对许多生物活性物质具有稳定作用。

基本原理：蛋白质易溶于水是因为蛋白质分子的—COOH、—NH和—OH都是亲水基团，这些基团与极性水分子相互作用形成水化层，包围于蛋白质分子周围，形成 1~100nm 颗粒大小的亲水胶体，削弱了蛋白质分子之间的作用力。蛋白质分子表面极性基团越多，水化层越厚，蛋白质分子与溶剂分子之间的亲和力越大，因而溶解度也越大。亲水胶体在水中的稳定因素有两个：即电荷和水膜。因为中性盐的亲水性大于蛋白质和酶分子的亲水性，所以加入大量中性盐后，夺走了水分子，破坏了水膜，暴露出疏水区域，同时又中和了电荷，破坏了亲水胶体，蛋白质分子即形成沉淀。

中性盐的选择：常用的中性盐是 $(NH_4)_2SO_4$，其突出的优点如下：溶解度大，在低温时仍有相当高的溶解度；分离效果好，有的提取液加入适量硫酸铵盐析，一步就可以除去 75% 的杂蛋白，纯度提高了 4 倍；不易引起变性，有稳定酶与蛋白质结构的作用；价格便宜，废液不污染环境。利用盐类进行分离沉淀都有一个共同的缺点：得到的样品欲继续纯化还需花一定的时间脱盐。

（二）有机溶剂沉淀法

基本原理：有机溶剂对于许多蛋白质、核酸、多糖和小分子生化物质都能发生沉淀作用，其原理主要是：有机溶剂可以降低水溶液的介电常数，从而增加两个相对电荷基之间的吸引力，破坏蛋白质的水化膜，导致蛋白质分子的聚集和沉淀。

有机溶剂沉淀的优点：分辨能力比盐析法高，即一种蛋白质或其他溶质只在一个比较窄的有机溶剂浓度范围内沉淀；沉淀不用脱盐，过滤比较容易，因而在生化制备中有广泛的应用。有机溶剂沉淀的缺点：对某些具有生物活性的大分子容易引起变性失活，操作需在低温下进行。

（三）等电点沉淀法

该方法是一种在溶解度最低的等电点（pI）分离蛋白质的方法。因此，为了分离不同的蛋白质，通过调整溶液的 pH 来进行，由于蛋白质本身具不同的 pI，不同的蛋白质被分离出来。同样，低 pH 条件通常会导致产量严重下降和生物活性降低。氨基酸、蛋白质、酶都是两性电解质，可以利用此法进行初步的沉淀分离。由于许多蛋白质的等电点十分接近，而且带有水膜的蛋白质等生物大分子仍有一定的溶解度，不能完全沉淀析出，因此，单独使用此法分辨率较低，因而常与盐析法、有机溶剂沉淀法一起配合使用，以提高沉淀能力和分离效果。此法主要用于在分离纯化流程中去除杂蛋白，而不用于沉淀目的物。

三、膜分离法

（一）透析

透析是一种以浓度梯度为驱动力的净化方法，因为蛋白质等生物大分子不能通过半透膜。透析的动力是扩散压，扩散压是由横跨膜两边的浓度梯度形成的。透析的速度与膜的厚度成反比，而与欲透析的小分子溶质在膜内外两边的浓度梯度及膜的面积和温度成正比。通常在4℃条件下透析，升高温度可加快透析速度。

透析膜可用玻璃纸、火棉胶和动物膀胱等进行，但应用最多的还是用纤维素制成的透析膜。透析膜的关键是膜孔的孔径。理论上，膜孔的孔径是一致的，以允许低分子质量盐类和有机化合物通过，溶剂和水也能自由通过，而大分子质量的蛋白质则被截留在膜内。通常先将纤维素膜制成袋状，把蛋白质大分子样品溶液置入袋内，袋口用棉线系紧。将此透析袋浸入水或缓冲液中，样品溶液中分子质量大的蛋白质分子被截留在袋内，而盐和小分子物质不断扩散透析到袋外，直到袋内外两边的浓度达到平衡为止。保留在透析袋内未透析出的样品溶液称为"保留液"，袋（膜）外的溶液称为"渗出液"或"透析液"。需要说明的是，蛋白质会因渗透压作用而膨胀。所以，透析时样品只能装至透析袋的一半，另一半应挤瘪，不能留有空气。如果透析袋内留有空气，膨胀的蛋白质会挤压空气，使袋内压力升高，这可能使半透膜涨破或膜孔变形，导致蛋白质流失。透析很少能自行净化蛋白质，一般结合其他分离纯化方法来提高蛋白质纯度，如离心分离、固定化金属亲和层析、离子交换层析、盐析等。

（二）超滤

超滤依靠压力或离心力的作用，通过膜对溶质的选择性过滤达到净化的目的。超滤技术主要用于蛋白质脱盐、脱醇和浓缩，它也可以用于蛋白质分离，但仅限于分离分子质量相对接近的蛋白质。由于膜两侧的浓度差和吸附的存在，使得膜的渗透通量降低，影响分离效果。

膜污染是蛋白质超滤过程中的主要因素，主要是指蛋白质在膜表面和膜下的吸附和沉积。目前市场上销售的很多膜都是疏水性的，比如聚砜、聚醚砜等。为了提高疏水膜的防污性能，可以采用接枝共聚、表面涂覆、共混无机填料或亲水性聚合物等方法对疏水膜进行改性，并在杂化膜的阻挡层中固定不同的基团以提高分离性能。

四、电泳和毛细管电泳

电泳是一种带电粒子在电场中以不同速度移动以实现分离的技术。溶液的 pH 决定了带电物质的解离程度和物质的净电荷，如蛋白质等含有 pI 的两性电解质。当溶液 pH>pI 时，蛋白质带负电荷；反之，它就带正电。pH 离 pI 越远，粒子携带的电荷越多，粒子移动的速度也越快。二维电泳（two-dimensional electrophoresis，2-DE）是蛋白质组学中常用的分离技术。2-DE 由横向等电聚焦（IEF）电泳和纵向十二烷基硫酸钠聚丙烯酰胺凝胶电泳（SDS-PADE）组成。

毛细管电泳（CE）是一种以毛细管为分离通道，在高压直流电场驱动下进行液相分离的新技术。CE 所用的石英毛细管柱在 pH>3 时内表面带负电荷，与缓冲溶液接触时形成双电层。由于电场的存在，缓冲液中的正电荷向负极移动，从而形成电渗透流（electroosmotic flow，EOF）。同时，在缓冲溶液中，由于电场的存在，带电粒子以与带电极性相反方向的不同速度运动，从而形成电泳。毛细管缓冲液中带电粒子的迁移速度等于电泳流和电渗透流的矢量和，正离子、负离子和中性离子的迁移速率不同。此外，还可以根据不同蛋白质的特性对毛细管表面进行修饰，或者在缓冲液中加入一些物质改变其分布行为。

五、色谱法

蛋白质分离纯化方案通常包括一个或多个色谱步骤，以达到最终分离纯化的目的。基本步骤是使含有蛋白质的溶液在外力作用下流过含有各种物质的色谱柱。由于不同蛋白质与色谱柱材料的相互作用不同，各种蛋白质在色谱柱中的保留时间也不同，因此可以根据不同蛋白质的保留时间进行分离纯化。通常情况下，蛋白质是通过将柱吸光度保持在 280nm 来检测的。具体可分为凝胶色谱法（SEC）、离子交换色谱法（IEC）、羟基磷灰石色谱法（HAC）、疏水相互作用色谱法（HIC）、亲和层析法（AC）、排阻色谱法（SEC）、亲水作用色谱法（HILIC）、高效液相色谱法（HPLC）、超临界流体色谱法（SFC）、多维分离体系法等。

（一）凝胶色谱法（SEC）

根据柱中流动相的不同，凝胶色谱法可分为凝胶过滤色谱法和凝胶渗透色谱法。它们之间最大的区别是流动相是水相还是有机相。凝胶色谱法又称 SEC，其原理是假设不同的蛋白质具有不同的大小和形状，平均孔径小于凝胶珠的蛋白质必须不断渗透到凝胶珠内部。这种小分子不仅运动路径长，而且受到的凝胶珠内部阻力大，所以洗脱时间不同，较大的蛋白质会先出来。

（二）离子交换色谱法（IEC）

离子交换色谱法是一种比较常用的纯化生物大分子的技术。IEC 的基质由带电树脂或纤维素组成，根据离子交换器的电荷，可分为阴离子交换层析（AEC）和阳离子交换层析（CEC），利用离子交换器中的带电基团吸附溶液中电荷相反的物质，然后洗脱分离。

（三）羟基磷灰石色谱法（HAC）

羟基磷灰石（HA）是人体骨骼组织的主要无机成分，具有优良的耐碱性、生物相容性和生物活性。其表面有许多带负电荷的 PO_4^{3-}、带正电荷的 Ca^{2+}，以及能形成氢键的羟基基团，具有多种复杂的吸附机制。羟基磷灰石属于六方系，在晶体表面具有规则的立体化学结构，吸附分子表面原子几何排列的微小差异可以区分出来。HA 的形态对其吸附行为有很大影响，因此被广泛应用于 DNA、核苷酸、多肽和蛋白质的分离。

（四）疏水相互作用色谱法（HIC）

疏水相互作用色谱法是一种常用的基于分子表面疏水性差异来分离蛋白质和多肽的方法。因为蛋白质和多肽等生物大分子表面有疏水基团，这些疏水基团可以结合到疏水色谱介质上。由于不同分子的疏水性不同，它们与疏水介质之间的相互作用力也不同。使用 HIC 的条件是温和的，不破坏蛋白质的结构，并且可以获得具有生物活性的蛋白质。疏水效果强，可在多种环境中发挥作用，达到预期效果。高浓度盐溶液与水分子发生强相互作用，疏水分子周围的水分子减少形成孔洞，促进疏水分子与介质结合。利用这一特性，待分离样品以高离子强度吸附在疏水色谱介质上，然后离子强度线性或阶段性降低，对样品进行选择性解吸。弱疏水物质在离子强度较高的溶液中被洗脱，当离子强度降低时，强疏水物质被洗脱。由非极性固定相和极性流动相组成的反相高效液相色谱吸附机理为疏溶剂相互作用。物质越疏水，越容易从流动相中挤出，在色谱柱中停留的时间也越长。

（五）亲和层析法（AC）

亲和纯化的概念是在 1968 年提出的。亲和层析法是最常用的抗体纯化方法。在过去的几十年里，AC 为简化蛋白质的纯化做出了重要贡献。AC 具有特性选择、稳定性高、成本低、重复性好等优点。通常，分离蛋白质的方法主要基于大分子物质之间物理化学性质的差异。由于这一微小的差异，往往需要很长时间才能得到高纯度的蛋白质，最终的产量非常低。亲和层析是一种利用生物大分子的特定生物学特性进行纯化的方法，这种生物大分子可以与配体特异、可逆结合。配体与基质结合，通过待纯化物质与配体相互作用的特异性将目标蛋白质分离。

（六）排阻色谱法（SEC）

排阻色谱法是一种分离技术，是液相色谱的一种。由于 SEC 柱填料是多孔的，没有吸附性能，可以将孔径近似相同的颗粒和分子分离，从而达到分离纯化的目的。小分子被保留通过渗透到孔隙中，中分子可以部分进入，大分子根本无法进入。大分子先于小分子流出，各组分根据分子大小进行分离。当多孔非吸附物质为凝胶时，称为凝胶渗透色谱法。

（七）亲水作用色谱法（HILIC）

亲水相互作用色谱（或亲水相互作用液相色谱，HILIC）是由 Andrew Alpert 博士在他 1990 年的论文中推荐的。HILIC 可以被看作是正常相色谱进入水流动相领域的延续。流动相为水缓冲液（<40%）和有机溶剂。所述固定相为强亲水极性吸附剂，如硅胶键合相、极性聚合物填料或离子交换吸附剂。这些固定相的共同特征是它们与水有很强的作用力，所以它们是亲水的。HILIC 模式中使用的梯度与反相模式相反。初始条件包括高比例的有机相。因此，HILIC 色谱也被称为反向-反相色谱。

（八）高效液相色谱法（HPLC）

高效液相色谱是一种通用性强、分析能力强的色谱技术。它可以应用于任何在液体中具有溶解度并可用作流动相的化合物。高效液相色谱法被广泛应用于化学分析，用于定量小分子和离子以及分离和纯化大分子。蛋白质纯化通常涉及一种或多种液相色谱（LC）方法。色谱分离是基于溶液中蛋白质混合物（流动相）与色谱柱中填料的不同亲和力，流出色谱柱的时间不同，达到分离纯化蛋白质的目的。高效液相色谱法是蛋白质分离的重要技术之一，是多肽分离的首选方法。HPLC 在纳米级和微米级的分析上得到了应用，并成功应用于纯化制备，已达到大规模工业规模。

（九）超临界流体色谱法（SFC）

超临界流体色谱法（SFC）具有成本低、纯化时间短等优点，被广泛应用于手性和非手性小分子药物和蛋白质的分离。SFC 已发展成为食品和制药行业不可或缺的净化技术。

（十）多维分离体系法

随着蛋白质组学的出现，由于样品的复杂性和单一色谱柱分离效率的限制，多维色谱技术可以解决这类问题，因此受到了广泛的关注。传统的 2-DE 技术以其高通量和高分辨率成为蛋白质组学中蛋白质分离的主要技术。但在低丰度蛋白、疏水蛋白等的分离检测中存在一些问题，可以通过二维液相色谱（2D-LC）来弥补。它不是简单的两个列的随机组合，其中串联技术是关键。毛细管区带电泳和 LC 在多肽和蛋白质的分离上是正交的。溶剂体系的不相容性是二维色谱中的主要问题。当第一列剩余流动相进入下一列时，峰值会变宽或变形，灵敏度会严重降低。

在单模色谱中，有许多保留机制，这也是导致峰尾的原因。在早期阶段，研究人员试图消除这些额外力量的影响。随着研究的深入，他们利用附加力的积极作用开发了混合模式色谱（mixed-mode chromatography，MMC），对蛋白质等具有比单模色谱更好的分离效率，并且利用色谱柱避免了多维色谱中流动相兼容的问题。

六、其他方法

（一）分子印迹

分子印迹技术（MIT）是通过模板分子与功能单体之间的共价键或非共价键形成具有识别和选择性的分子印迹聚合物（MIPs）。该模板分子可被溶剂洗脱，在聚合物中形成独特的"记忆"孔，该孔与模板分子的空间构型相匹配，具有多个作用点。蛋白质 MIPs 的制备还存在一些问题，制备条件需要温和，以防止蛋白质变性改变蛋白质的空间结构，并且由于其分子尺寸大、结构复杂，难以选择功能单体和释放模板分子。

目前，已有几种方法进行了试验。表面分子印迹技术可以有效地解决传统方法中模板分子过深而无法洗脱的问题。二氧化硅纳米颗粒由于其良好的机械性能、热稳定性以及表面存在大量的羟基，通常被用作表面印迹的衬底。在磁性 MIP 的中间，以磁性氧化铁纳米颗粒（MION）为核心，再用蛋白印迹聚合物（PIP）对其表面进行修饰，形成外壳，因其便于回收再利用而成为研究热点。使用非洗脱的 PIP 纳米颗粒代替蛋白质作为模板分子，可以提高膜的表面粗糙度，获得更多的结合位点。MIPs 常用作色谱分离的固定相。

（二）微流控芯片

微流控芯片将采样、分离、富集、检测等功能集成在一个芯片上，实现了生物样品分析检测的集成化、自动化和可移植性，具有高效率、高通量、低成本的特点。微流控芯片体积小、成本低，可用于多个芯片并行实现高通量蛋白质分离。液体在微米甚至纳米级微通道中具有独特的流体现象，如层流、液滴等。在层流中，湍流基本消失，分子扩散将成为微观尺度传质的主要方式，有利于不同分子的分离。目前已经开发了多种基于电泳或色谱原理分离的芯片。

（三）磁分离

磁性纳米颗粒（MNP）具有超顺磁性，可回收再利用。与其他分离纯化蛋白质的方法相比，此方法可以降低成本。然而，要在分离纯化蛋白质的过程中稳定使用，必须对其进行表面修饰，因此缩短了处理时间并具有高结合能力。改性 MNP 在蛋白质分离和纯化方面显示出巨大潜力。

（四）反胶束

反胶束（RM）是表面活性剂的纳米级聚集体，在主要的非极性溶剂中含有被包裹的水分子作为核心。通过一种特殊的封闭水芯，RM 已成为一种在食品科学中有许多应用的技术。当然，最重要的应用是蛋白质的分离和纯化。

（五）结晶法

结晶法是一种比较常用的分离纯化大分子（如蛋白质）的方法，这与结晶法的一些优点是分不开的，如产品组成、稳定性和工艺收率方面的优势。在 19 世纪上半叶，结晶法被用作纯化和生物物理表征的常用方法。当用结晶法进行蛋白质分离纯化时，其优点逐渐显现，该工艺具有良好的重现性和稳定性，可以一步纯化蛋白质。

七、总结与展望

随着生物技术的进一步发展和对各种蛋白质结构和功能的深入研究，蛋白质的分离纯化技术也得到了迅速的发展——盐析、等电点沉淀、有机溶剂沉淀、透析、超滤等方法都能很好地分离目标蛋白，缺点是分辨率低、杂质多。盐析成本低、对环境友好，不会引起蛋白质变性。有机溶剂沉淀虽然具有较高的分离能力，但容易引起生物活性蛋白的变性和失活。两者都需要与随后的透析或超滤相结合，以去除盐或有机溶剂。等电点沉淀法的分离能力较低，因为许多蛋白质的等电点非常接近，倾向于将前两种方法结合起来提高分离效果。色谱、电泳、分子印迹、微流控芯片都属于高精度分离，可以进一步纯化蛋白质。高效液相色谱法是实验室蛋白质分离中应用最广泛的技术，具有高效、快速、易于自动化等优点。毛细管电泳分离效果好，但处理样品较少。单一的分离技术无法达到预期的净化效果，趋势是需要多种技术的结合。

此外，目前还没有一种分离系统可以从复杂的混合样品中分离出任何蛋白质，以达到所需的纯度。通常需要根据目标蛋白的性质设计合适的分离方法。微流控芯片是一种正在蓬勃发展的新型研究平台，对分析仪器的小型化、集成化和便携性发展具有重要意义。

第三节　蛋白质电泳

一、概述

电泳（electrophoresis）就是在电场作用下，带电胶体颗粒向着与其电性相反的电极移动，其分离原理是基于生物大分子的电荷密度。电泳作为一种生化分离手段已广泛用于生物大分子的分离、纯化、分析、制备，以及用于测定它们的分子质量、等电点等。相对于其他蛋白质分离与纯化手段，电泳具有操作温和、特异性高、分辨率高等优点。现在被广泛使用的电泳都是以凝胶作为支持介质的。

二、十二烷基硫酸钠聚丙烯酰胺凝胶电泳（SDS-PAGE）

基本原理：SDS-PAGE，十二烷基硫酸钠聚丙烯酰胺凝胶电泳，是一种用于生物化学和分子生物学的技术，根据蛋白质的电泳流动性分离蛋白质。要分析的蛋白质溶液首先与 SDS 混合，SDS 是一种阴离子洗涤剂，可以变性蛋白质的三级结构，二硫醇（DTT）或 2-巯基乙醇（β-Mercaptoethanol，BME）可以减少二硫化物键，并根据质量对每种蛋白质施加负电荷。在没有添加 SDS 的普通电泳中分子质量相似的不同蛋白质会因折叠的差异而迁移，因为折叠模式的差异会导致一些蛋白质比其他蛋白质更好地适应凝胶基质。添加 SDS 解决了这个问题，因为它使蛋白质线性化，以便它们可以严格按长度分离。SDS 与蛋白质的结合比例约为每 1.0g 蛋白质结合 1.4g SDS，为大多数蛋白质提供了大致均匀的质量电荷比，因此可以假设通过凝胶的迁移距离仅与蛋白质的大小直接相关。可以在蛋白质溶液中添加跟踪染料，以便在电泳运行期间进行实验或跟踪蛋白质溶液通过凝胶的进展。变性蛋白质随后被应用于聚丙烯酰胺凝胶亚层的一端，并加入合适的缓冲液中。电流作用在凝胶上，导致带负电荷的蛋白质在凝胶中迁移。根据它们的大小，每种蛋白质在凝胶基质中的移动方式会有所不同：短蛋白质更容易通过凝胶中的毛孔，而较大的蛋白质会更难。一段时间后蛋白质将根据其大小进行差异迁移，较小的蛋白质将沿着凝胶移动较远距离，而较大的蛋白质则更接近起始位置。因此，蛋白质可以大致根据大小分离。

电泳时间结束后，凝胶可能会被染色（最常见的是考马斯亮蓝染色），允许分离的蛋白质可视化。染色后，不同的蛋白质将在凝胶中以不同的带状出现。通常，在凝胶的单独通道中运行已知分子质量的"标记蛋白"，以便校准凝胶，并通过比较相对于标记的距离来确定未知蛋白质的重量。凝胶电泳因其可靠性和易用性，通常是蛋白质纯度检测的首选。

影响分离结果的外在因素包括：

（1）缓冲系统　对于 SDS-PAGE，由于 SDS 对蛋白质的助溶作用以及负电荷的包裹作用，蛋白质的分离仅依据亚基的分子大小，因此缓冲系统的选择较简单，只要利于分离并保持蛋白质的稳定以及不与 SDS 发生相互作用即可。最常用的缓冲系统为 Tris-Gly 缓冲液。

（2）凝胶浓度　由于凝胶浓度决定凝胶孔径大小，而凝胶孔径影响电泳效果（即凝胶的分子筛效应）。特别是对于 SDS-PAGE，由于电泳分离只取决于 SDS-蛋白质亚基胶束的大小，因此凝胶浓度的选择尤为重要。应根据样品中蛋白质的分子质量范围选择合适的浓度。

蛋白质分子质量的测定：对于 SDS-PAGE，蛋白质的电泳迁移率仅取决于亚基分子质量的大小，且与其成正比，因此在任何凝胶浓度时，相对迁移率与分子质量对数之间都存在线性关系，选择合适的凝胶浓度只是为了得到最佳分辨率。选择合适的标准蛋白和合适的凝胶浓度，经过一次电泳即可得到蛋白质亚基的分子质量，而不像常规 PAGE 法需做多次电泳，因此 SDS-PAGE 是测定蛋白质分子质量的合适方法。

用 SDS-PAGE 测定蛋白质分子质量具有设备简单、操作方便、快速、样品用量少且不需纯样、分辨率高、重复性好等优点，因而优于光散射、超离心、渗透压及凝胶过滤色谱等方法。但是对于一些异常蛋白质以及有较大辅基的蛋白质，用 SDS-PAGE 测得的分子质量不太可靠。

SDS-PAGE 的应用：可测定蛋白质的分子质量，对蛋白质组分进行分离、分析、纯化，定性、定量以及少量的制备。相对于光散射、色谱、超离心、渗透法等，SDS-PAGE 是测定蛋白质亚基分子质量的一种简单、经济、快捷、高分辨的好方法。

三、等电聚焦电泳

等电聚焦电泳（IEF），也称为电聚焦，是一种通过等电点的差异分离不同分子的技术。这是一种区域电泳，通常在凝胶中的蛋白质上进行，它利用了相关分子的总体电荷是其周围 pH 的函数这一基本原理。IEF 操作简单，输出高分辨率。在实际操作中，IEF 易于理解和执行。

基本原理：IEF 是一种基于等电点分离蛋白质的电泳方法。等电点是蛋白质净电荷为零的 pH。随着 IEF 技术中 pH 梯度的存在，蛋白质将迁移到其电荷为零的梯度位置。净电荷为正的蛋白质将向阴极迁移，直到它达到 pI。负净电荷的蛋白质将向阳极迁移，直到达到 pI。如果蛋白质扩散离开其 pI，它将重新充电并迁移回来。这种聚焦效应允许根据非常小的电荷差异分离蛋白质。IEF 在高压（>1000V）下执行，直到蛋白质在 pH 梯度中达到最终位置。如果在变性条件下进行 IEF，可以获得非常高的分辨率和清洁度高的样品。

pH 梯度构建：IEF 是一种非常有用的实用技术，可以找到建立和维护 pH 梯度的简单方法。pH 梯度对这项技术至关重要，pH 梯度的性质在很大程度上决定了分离的质量和实用性。两种最广泛采用的 pH 梯度生成方法使用不同类型的合成缓冲分子：①载体两性电解质是同时承载电流和缓冲能力的两性电解质。它们具有酸性和碱性功能基团，并在电场的影响下形成 pH 梯度。②含有活性双键的合成缓冲化合物，称为丙烯酰胺缓冲剂，可以合并到聚丙烯酰胺凝胶基质中。当以正确的比例使用时，丙烯酰胺缓冲器在电场的影响下会产生固定化的 pH 梯度。

载体两性电解质应具备的条件如下：①在等电点处必须有足够的缓冲能力；②在等电点时必须有足够高的电导；③分子质量要小，便于与被分离的高分子物质用透析或凝胶过滤法分开；④化学组成应不同于被分离物质，不干扰测定；⑤应不与分离物质反应或使之变性。

等电聚焦电泳的应用范围：可测定蛋白质的等电点，对蛋白质组分进行分离、分析、纯化，定性、定量以及制备。

四、双向电泳

基本原理：二维聚丙烯酰胺凝胶电泳技术结合了等电聚焦技术（根据蛋白质等电点进行分离）以及 SDS-PAGE（根据蛋白质的大小进行分离）。这两项技术结合形成的二维电泳是分离分析蛋白质最有效的一种电泳手段。通常第一维电泳是等电聚焦电泳，在电泳管中加入含有两性电解质、8mol/L 的脲以及非离子型去污剂的聚丙烯酰胺凝胶进行等电聚焦电泳，变性的蛋白质根据其等电点的不同进行分离。而后将凝胶从管中取出，用含有 SDS 的缓冲液处理 30min，使 SDS 与蛋白质充分结合。将处理过的凝胶条放在 SDS-聚丙烯酰胺凝胶电泳浓缩胶上，加入丙烯酰胺溶液或熔化的琼脂糖溶液使其固定并与浓缩胶连接。在第二维电泳过程中，结合 SDS 的蛋白质从等电聚焦凝胶中进入 SDS-聚丙烯酰胺凝胶，在浓缩胶中被浓缩，在分离胶中依据其分子质量大小被分离。这样各个蛋白质根据等电点和分子质量的不同而被分离、分布在二维图谱上。细胞提取液的二维电泳可以分辨出 1000~2000 个蛋白质，有些报道中提出可以分辨出 5000~10000 个斑点，这与细胞中可能存在的蛋白质数量接近。由于二维电泳具有很高的分辨率，它可以直接从细胞提取液中检测某个蛋白。

应用：双向电泳不仅能同时测定蛋白质的等电点、分子质量，更重要的是它还可用于了解蛋白质混合物的组成及变化，如不同细胞、亚细胞中的蛋白质组成及含量差异，因此双向电泳在病理研究、组织培养以及生物进化等领域中的应用越来越多。

第四节　蛋白质检测技术

一、概述

蛋白质参与许多生物过程。错误折叠、截断或突变的蛋白质以及过表达的蛋白质与许多疾病有关。因此，蛋白质的检测和定量是非常重要的。酶联免疫吸附试验、蛋白质印迹（Western blot）和质谱分析等常规技术已经能够发现和研究生物样品中的蛋白质。然而，许多重要的蛋白质以低浓度存在，使得它们无法用传统技术检测到。此外，同时测量样品中的多种蛋白质的能力有限，这限制了我们全面研究蛋白质组。蛋白质检测方法存在几个挑战。第一，样品可能含有许多干扰分子，使检测特定蛋白质变得困难。第二，许多蛋白质可能以低浓度存在于生物样品中。第三，不同蛋白质的浓度可以有很大数量级的差异。最后，蛋白质加工，如翻译后修饰和剪接变体导致不同的异构体，可以使检测感兴趣的特定蛋白质变得困难。在本节中，我们全面地讨论了蛋白质检测的方法，并回顾了现有的高灵敏度和多通道蛋白检测方法。

二、蛋白质印迹

蛋白质印迹（Western blot，WB），又称免疫印迹，用于从细胞或组织裂解液中提取的复杂混合物中鉴定和定量特定蛋白质。简而言之，在 Western blot 中，通过凝胶电泳分离天然蛋白或变性蛋白，转移到蛋白结合膜上，用特异性抗体检测靶蛋白。虽然 Western blot 是一种半定量且容易出错的技术，然而，利用各种因素，包括：正确的统计设计、归一化方法、有效的参考蛋白，有效抗体，可减少影响结果解释的系统误差。此外，随着高科技的进步，新一代 WB 技术已经被引入，这些技术能够减少传统 WB 的瓶颈影响，成为世界各地科学和临床实验室的强大分析工具。

（一）基本原理

蛋白质印迹采用的是聚丙烯酰胺凝胶电泳，被检测物是蛋白质，"探针"是抗体，"显色"用标记的二抗，其基本原理见图 3-11。SDS-PAGE 可对蛋白质样品进行分离，转移到固相载体，例如聚偏二氟乙烯膜（PVDF 膜）上。固相载体可以吸附蛋白质，并保持电泳分离的多肽类型及生物学活性不变，转移后的 PVDF 膜就称为一个印迹（blot），用蛋白溶液（如 5%BSA 或脱脂奶粉溶液）处理，封闭 PVDF 膜上的疏水结合位点。用目标蛋白的抗体（一抗）处理 PVDF 膜，只有待研究的蛋白质才能与一抗特异结合形成的抗原抗体复合物，这样清洗除去未结合的一抗后，只有在目标蛋白的位置上结合着一抗。用一抗处理过的 PVDF 膜再用标记的二抗处理，二抗是指一抗的抗体，如一抗是从鼠中获得的，则二抗就是抗鼠 IgG 的抗体。处理后，带有标记的二抗与一抗结合形成的抗体复合物可以指示一抗的位置，即是待研究的蛋白质的位置。

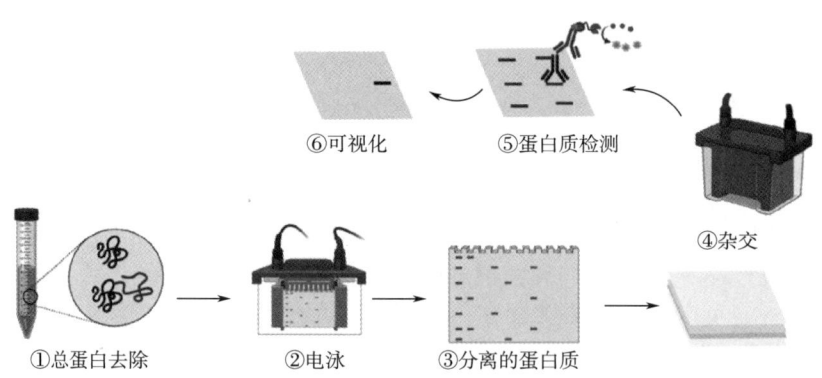

图 3-11　蛋白质印迹基本原理示意图

（二）组成

蛋白质印迹一般由凝胶电泳、样品的印迹和免疫学检测三部分组成。

第一步：使用 SDS-PAGE，使待测样品中的蛋白质按分子质量大小在凝胶中分成带。

第二步：把凝胶中已分成条带的蛋白质转移到一种固相支持物上，常用的材料是硝酸纤维素膜（NC 膜）和 PVDF 膜，蛋白转移的方法多用电泳转移（转移电泳），它又有半干法和湿法之分，电泳转移主要方法有垂直的槽式和水平的半干式两种。

第三步：是用自特异性的抗体检测出已经印迹在膜上的所要研究的相应抗原。免疫检测的方法可以是直接的和间接的。现在多用间接免疫酶标的方法，在用特异性的第一抗体杂交结合后，再用酶标的第二抗体［碱性磷酸酶（AP）或辣根过氧化物酶（HRP）标记的抗第一抗体的抗体］杂交结合，再加酶的底物显色、通过膜上的颜色或 X 光底片上曝光的条带来显示抗原的存在。该技术被广泛应用于蛋白表达水平的检测中。

（三）蛋白质印迹常见问题分析

底物显色过后，分离蛋白质的条带印在薄膜上并被蛋白质印迹凝胶成像仪捕获。通过将目标蛋白条带位置与蛋白质标准条带位置进行比较，可以估计蛋白质的大小。蛋白质印迹常见问题：

（1）条带形状不规范　形状不规范的条带可能是由于蛋白酶降解，从而在意外位置产生条带。在这种情况下，建议使用保存在冰上的新鲜样品或使用新抗体。

（2）没有条带　由于与使用抗体、抗原或缓冲液有关的许多原因，也导致不会出现条带。如果使用不当的抗体，无论是初级还是二级，条带将不会显示。此外，抗体的浓度也应该合适。

（3）信号微弱的条带　弱信号可能是由抗体或抗原浓度低引起的。增加曝光时间有助于使条带更清晰。

（4）条带背景过高　高背景通常是由抗体浓度过高引起的，抗体可以与 PVDF 膜结合。另一个问题可能是缓冲区浓度过高。增加洗涤时间有助于减少背景。

（5）条带上出现斑点　条带上的斑点和不均匀通常是由不当转移引起的。如果凝胶和膜之间有气泡，薄膜会显得更暗。

蛋白质印迹的科学及临床应用：蛋白质印迹最常见的应用是检测给定样本中蛋白质的大小和数量，但 WB 似乎也可以用于研究蛋白质分析的其他方面。蛋白质印迹的科学应用体现在以下几方面：检测不同的蛋白质异构体；检测蛋白质之间的相互作用；检测蛋白质-DNA 相互作用；检测翻译后修饰；检测蛋白质的亚细胞定位。另外，由于蛋白印迹检测直接，被认为是一种强有力的诊断技术，通常用于临床。鉴于 WB 不是一种定量方法，临床应用有助于疾病的确诊。WB 的临床应用体现在传染病诊断和非传染性疾病的诊断上。

三、酶联免疫吸附法（ELISA）

（一）基本原理

（1）抗原或抗体能物理性地吸附于固相载体表面，并保持其免疫学活性。例如蛋白质分子结构上的疏水基团与聚苯乙烯表面的疏水基团能产生相互作用而吸附。

（2）抗原或抗体可通过共价键与酶连接形成酶结合物，而此类酶结合物仍能保持其免疫学和酶学活性。

（3）酶结合物与相应抗原或抗体结合后，可根据加入底物的颜色反应来判定是否有免疫反应的存在，而且颜色反应的深浅是与标本中相应抗原或抗体的量成正比的，由此进行定性或定量分析。

（二）ELISA 分类

ELISA 可同时用于测定抗原和抗体。根据 ELISA 实验原理（图 3-12）及操作的不同，可以将 ELISA 大致分为四种：直接法、间接法、夹心法和竞争法。

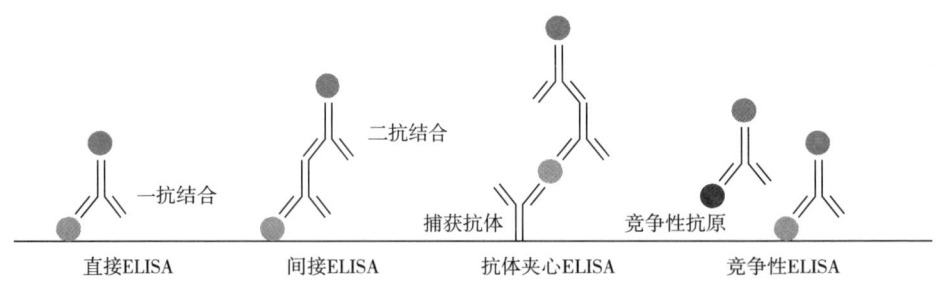

图 3-12　ELISA 基本原理示意图

1. 直接法（direct ELISA）

直接法为将抗原或抗体固定于酶标板上，然后用酶标抗体或抗原直接检测。直接法将抗原或抗体固定到酶标板上，用带有酶标记的一级抗体或一级抗原与之特异性结合，再利用酶催化底物显色，即可测定总靶标蛋白的含量。优点：实验步骤少；检测速度快；不需要用到二抗，避免了交叉反应。缺点：抗原不是特异性固定的，样本中的靶蛋白及其他杂质蛋白都会与酶标板结合，实验背景杂质较多；每种靶蛋白都需要准备能够与其特异性结合的一抗，实验不太灵活；另外，由于没有二抗进行信号放大，降低了测定的灵敏度。

2. 间接法（indirect ELISA）

间接法为将抗原或抗体固定于酶标板上，随后分两步进行检测：首先加入检测抗体或抗原进行特异性结合，随后加入酶标二抗检测并利用底物显色。间接法常用于检测抗体。将抗原固定到酶标板上，加入一抗，与抗原特异性结合，再加入带有酶标记的二抗，使二抗与一抗特异性结合，最后加入底物，使底物与酶反应显色，即可测定总靶标蛋白的含量。优点：使用酶标二抗，具有更高的灵敏度，需要更少的标记抗体，更经济，并具备更大的灵活性。缺点：存在交叉反应的可能性（酶标二抗与待测样本结合），可能会增加背景；与直接法相比，多了二抗孵育的步骤，实验周期延长。

3. 夹心法（sandwich ELISA）

夹心法分为双抗体夹心法和双抗原夹心法。

（1）双抗体夹心法　此方法常用于检测抗原。将抗体固定在固相载体上，加入待测抗原，与抗体特异性结合，再加入酶标抗体检测，并利用底物显色，即可测定总靶标蛋白的含量。

（2）双抗原夹心法　反应模式与双抗体夹心法类似，用固相抗原和酶标特异性抗原，分别代替固相抗体和酶标特异性抗体，即可测定样品中的抗体。

夹心法的显色结果与待检抗原（或抗体）的量成正比。优点：灵敏度和特异性高；抗原无须事先纯化。缺点：适用于检测具有两个以上识别位点的大分子蛋白；对配对抗体要求高。

4. 竞争法（competitive ELISA）

竞争法为样本中的抗原及预包被的酶标抗原，竞争性地与固相抗体相结合。样本中的抗原含量越多，结合在固相上的酶标抗原就越少，最终显色也越浅。需要注意的是，显色结果与待检抗原（或抗体）的量成反比。预先将抗原包被在固相载体上，并加入酶标记的特异性抗体。实验时，加入待检抗原（或抗体），如果待检物是抗原，则待检抗原与预先包被在固相载体上的抗原竞争结合酶标抗体；如果待检测物是抗体，则待检抗体就与系统中原有的酶标抗体竞争结合包被在固相载体上的抗原。通过洗涤洗掉被竞争结合的酶标抗体，最后加底物显色。竞争法显色结果与待检抗原（或抗体）的量成反比，且适用于测定只有一个识别位点的小分子物质。优点：可检测不纯的样品，数据再现性高。缺点：存在整体敏感性和专一性较差的问题。

（三）ELISA优点及改进

酶联免疫吸附试验的优点包括能够以相对较高的灵敏度定量测量蛋白质，在范围内具有跨越4个数量级的广泛动态范围。由于酶联免疫吸附法需要相对较长的培养时间和大量的清洗，因此执行起来相当耗时，但它们很容易使用。

第五节　蛋白质相互作用

蛋白质相互作用网络基于蛋白质的生物学原理，蛋白质之间的相互作用决定了分子与细胞水平上的作用机制，从而起到调控机体健康和疾病状态的作用。此作用网络对于复杂的多基因疾病的靶向治疗领域的研究具有深远的意义。

一、生物化学与分子生物学研究技术

（一）酵母双杂交系统

原理：Fields 和 Song（1989）首次在研究真核基因转录调控时建立酵母双杂交系统。其理论基础是基于 GAL4 转录激活因子的特性。GAL4 转录激活因子由两个彼此分离但功能必需的结构域组合而成，即 DNA 结合结构域（DNA-BD）和转录激活结构域。二者在邻近位置相互作用时可重建功能性转录因子。在酵母双杂交系统（Y2H）中，诱饵蛋白表达融合到 GAL4 的 DNA-BD，而猎物蛋白表达融合到 GAL4 DNA-AD。当诱饵和猎物蛋白相互作用时，DNA-BD 与 AD 形成功能性转录因子，导致酵母报告基因表达的激活，通过检测报告基因的表达产物可判断两种蛋白是否发生相互作用。此方法可以用来确定新的蛋白质的相互作用，分析两种已知蛋白的相互作用以及相互作用的蛋白质结构域。

优缺点：酵母双杂交技术可以精确地分析已知蛋白质间的相互作用，筛选编码未知蛋白的基因，具有真实性、敏感性、高效性、广泛性等特性。其自身也存在缺点，如易产生假阳性、假阴性等。

（二）免疫共沉淀

免疫共沉淀是确定新蛋白间相互作用或确定已知蛋白质形成的复合物的最广泛使用的方法之一。原理是利用抗原抗体特异性结合以及细菌的蛋白 A 或 G 特异性地结合到免疫球蛋白的 Fc 片段的现象。操作方法是将目标蛋白与带标签蛋白的特异性抗体结合。抗体结合蛋白以及任何结合到目标蛋白的蛋白都可以用树脂沉淀，未结合到目标蛋白的蛋白可被洗涤样品洗脱。由此产生免疫复合物，然后通过免疫印迹分析，以研究蛋白质-蛋白质相互作用。此方法不适用于大规模筛查相互作用蛋白，但其优势在于能确定在生理条件下细胞或组织内是否存在与目的蛋白能够相结合并作用的蛋白质。

（三）谷胱甘肽硫转移酶融合蛋白沉降技术（GST-Pull down）

原理：使用谷胱甘肽硫转移酶 GST 融合蛋白的下拉技术或亲和沉淀测定法已成为最常见用来测定兴趣蛋白（诱饵蛋白）是否结合新蛋白质的方法之一。目的蛋白溶液过柱后，猎物蛋白会结合于琼脂珠或 GST 本身，洗脱结合物后通过 SDS-PAGE 电泳分析。

优缺点：GST 融合蛋白沉降技术是在体外直接验证蛋白质-蛋白质相互作用的最常见的方式，能验证与已知融合蛋白质相互作用的未知蛋白并且能验证两个已知蛋白质之间是否存在相互作用。该方法特异性较强，能减少一定的假阳性率。但该方法不适用于大规模筛查相互作用的蛋白。

二、生物物理学研究技术

（一）荧光共振能量转移

荧光共振能量转移原理是两种蛋白质（bait 蛋白，prey 蛋白）分别缀合有供体和受体荧光团，当它们彼此相互作用，且距离比 10nm 更接近时，可诱导荧光共振能量转移（FRET）信号。FRET 结合显微镜使用，具有高时间和空间分辨率，可检测特定的亚细胞组分来研究蛋白相互作用的动力学。FRET 显微镜技术已成为检测体内两蛋白直接结合的相互作用的有力手段。

（二）表面等离子共振分析

当入射光的光子撞击金属表面时发生表面等离子体共振（SPR）。一定入射角下，部分光能可通过金属涂层与金属表面层的电子相耦合，从而达到激发态，这种电子运动称为等离子体共振。在 SPR 生物传感器中，探针首先被固定到传感器表面。当目标分子的溶液流入并与该表面相接触，探针–靶点通过亲和相互作用相结合时，会引起 SPR 传感器表面折射率的增加，导致共振角的改变，通过软件检测处理这些信号从而得到最终分析结果。该技术具有测量灵敏度高、无需标签修饰、实时高效测定相互作用等特点。SPR 生物传感器相关研究可以应用于如下方面：①SPR 对特定的生物样本的最有效的亲和分离所需的固定化条件的选择；②SPR 结合质谱法进行蛋白质鉴定；③基于 SPR 的固定化配体蛋白的鉴定以及相互作用的验证。

（三）其他

原子作用力显微技术、等温滴定热分析技术、核磁共振谱分析技术、荧光偏振实验技术等相关技术各具其特性，丰富了生物物理学在分析蛋白相互作用中的应用。

第六节　酶工程

一、概述

任何具有催化活性的大分子，即能增强任何反应的前进方向的，都可以被称为酶。在自然界中，大多数酶都是蛋白质。任何蛋白质酶所进行的反应类型都是非常具体的，每种酶都会在特定的或非常密切相关的底物上催化特定类型的化学反应。从各种生物来源获得的酶具有加速各种反应的巨大潜力，在许多行业都有重要的应用。例如，大量的酶已被商业使用，如脂肪酶（用于生物燃料和制药工业）、木聚糖酶（用于造纸和纸浆工业）、脂氧合酶（用于食品工业）、单加氧合酶依赖的生物催化和α-淀粉酶（用于洗涤剂工业）。

酶工程技术利用重组DNA技术设计具有设计功能的新蛋白质和酶，以提高现有酶的有效性和活性。这些过程基于找出酶各自的基因，然后用各种酶工程的方法来改变基因的氨基酸序列。酶的工程包括许多与操纵分子来修饰具有有用特性的新酶有关的技术。这涉及通过突变一个基因来改变蛋白质的遗传水平，或通过插入或删除一个核苷酸来修改一个基因的DNA序列。酶工程需要改善酶的动力学特性，消除变构调节，增强底物和反应物的特异性，提高热稳定性，改变最佳pH，改善酶对有机溶剂的适用性，增加或降低最适温度等。酶工程基本步骤如图3-13所示。

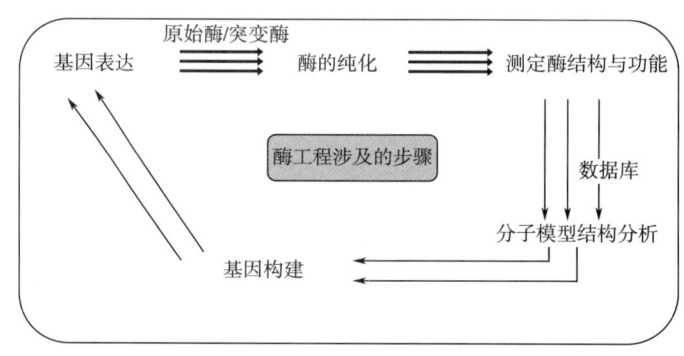

图3-13　酶工程基本步骤

二、酶工程方法

酶的工程设计和新的靶蛋白和酶的构建是通过重组技术的基因操作来完成的。酶工程由三种新的策略组成：理性设计、定向进化和半理性设计技术（位点饱和度诱变技术）。半理性设计是理性设计和定向进化的组合。酶工程方法的选择通常取决于被修饰酶的特性，以及目前通过高通量筛选等筛选系统获得的蛋白质的基本知识。一些其他方法也用于蛋白质工程，包括随机突变、DNA改组、分子动力学和同源建模、拟肽学、噬菌体显示技术、细胞表面显示技术、流式细胞术/细胞分类、酶的从头设计等。目前，许多蛋白质工程方法可用于生物科学和重组DNA技术领域的不断发展。

（一）进化方法和祖先酶的定向进化

随机诱变和期望的蛋白质选择的过程属于蛋白质工程的进化方法。进化方法是酶工程中最有效的方法，特别是当关于所需蛋白质的框架和相关机制的数据是有限的时。这种方法也被称为饱和诱变，它涉及的是使用指定位置上编码所有19个非野生型氨基酸的序列系统地替换野生型氨基酸编码序列，随机诱变方法也可以与合理的基因工程方法相结合，包括间接替代少量或更多的氨基酸，形成特定的基因序列，获得具有新特性的高效的期望蛋白。

定向进化利用一种容易出错的 PCR 来生成一个突变基因库，而不是已知酶的结构和功能之间的关系。最后采用高通量筛选技术分析了具有改进性质的突变体。通常需要多个周期的突变过程，以增强原始有益突变的效果。目前，体外重组或 DNA 重组在改善定向进化中起着重要作用。

通常，原始细胞依赖于固定数量的酶，具有广泛的底物特异性和更高的稳定性。下降酶可以通过重建和复活来进化，以提高实验室中的催化活性和稳定性。

从图 3-14 中可以看出，在自然进化的过程中，祖先酶的特异性和催化活性的特化程度都有所增强。根据祖先酶和现代酶的体外进化，可以考虑两种不同的进化途径。根据祖先酶的定向进化场景（A），重建该酶，形成与天然酶具有更高特异性的蛋白质，即如图 3-14 所示，从（1）进化到（4）。流程（B）代表了现代酶的定向进化，以实现新的功能。现代酶（2）通过中性遗传漂变进行操纵，形成中间变体（3），其休眠功能可以通过适应性进化得到改善从（3）到（4）的过程。

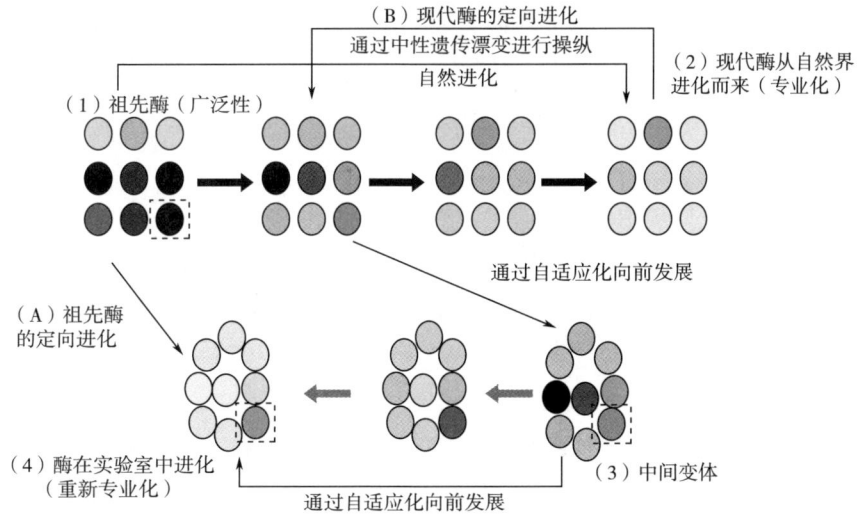

图 3-14　祖先酶和已灭绝的酶的定向进化

（二）合理的重新设计方法

合理的设计方法是基于蛋白质定点诱变的蛋白质工程方法。定点诱变是基于将真实的氨基酸引入目标基因的原则，可以通过重叠延伸和全质粒单轮 PCR 两种方式进行。重叠延伸方法使用两对引物，每个引物对的一个引物中有一个突变密码子，将突变体密码子的错配序列插入目标基因中。第一轮循环分别使用两个引物对扩增，最终产生两个具有局部重复序列的 dsDNA 扩增片段，而期望引入的突变位点位于重复序列部分。将两个 dsDNA 混合后变性并退火，从而形成一个在重复序列区域局部配对的异质双联体。随后，DNA 聚合酶开始发挥作用，异质双联体的两条链互为引物，自重复序列区域向 3

端延伸，合成完整的含突变位点的全长 DNA 序列。最后以完整的突变 DNA 为模板，进行第二轮 PCR 扩增得到足够量的突变 DNA。

全质粒单轮 PCR 方法与重叠延伸法略有不同。这种方法涉及两个具有突变位点的寡核苷酸引物和一个与双链 DNA 质粒模板相反链的互补序列。DNA 聚合酶用于在不干扰引物的情况下复制两个模板链，以产生具有不重叠断裂的突变质粒。随后，使用甲基化依赖的快速内切酶 DpnI 对混合物进行消化，选择质粒的半甲基化切割拷贝，以获得具有突变基因的载体。随后，被切割的质粒被修复，形成一个环状突变的自主复制质粒到所需的感受态细胞中。

在随机重新设计策略中，利用关于蛋白质的框架和行为的精确信息，通过定点诱变引入氨基酸序列的特定变化。人们可以提高对酶结合和催化活性的基本机理的认识。最快的超氧化物歧化酶的形成显示出合理重新设计的潜力。许多设计没有成功。关于增强酶的精细特性所需的机制的不完整信息导致了该策略的失败。在许多情况下，氨基酸的引入并没有考虑到蛋白质的结构性质。在比较过程中不同的酶时，忽略了关键氨基酸残基的作用。

在传统的方法中，需要测序来确认突变，并且在纯化突变酶后可以检测动力学和功能特性。目前，已经开发了一种有效的策略来识别有价值的突变酶，以合理简化重新设计，其中涉及多种的诱变周期，以改善其特性。

（三）位点专一诱变

定点诱变在蛋白质的生化和催化特性的发展中起着重要的作用，是酶分子修饰中应用最广泛的策略之一。突变位点的选择和识别是定点突变过程中最重要和最关键的步骤。该酶的三维结构检查可能有助于识别突变位点。这一过程增强了酶在酸性条件下的催化活性、特异性、溶解度和稳定性。

基于生物信息学的酶结构预测对于单位点和多位点定点突变都是必不可少的。在定点诱变中，通过改变蛋白质活性中心或特定位点的氨基酸，检查突变后酶的活性变化，寻找更为高效的酶的突变体。用水稻中磷类谷胱甘肽 S-转移酶的丙氨酸取代 Cys22 后，其催化活性提高了 2.2 倍。同样，为了提高 α-淀粉酶在酸性条件下的稳定性，我们将碱性组氨酸残基 His275、His293、His310 与天冬氨酸交换。所得到的突变体酶具有更高的 k_{cat}/K_m 值（k_{cat}/K_m 值是一个重要的酶动力学参数，用于衡量酶的催化效率），比野生型高 16.7 倍。

（四）半理性设计

半理性设计是理性设计和定向进化的组合。理性设计需要了解特定酶的氨基酸序列以及三维信息，而定向进化涉及一个广泛的、耗时的筛选和选择过程。通过将这两种策略相结合，能够克服各自缺点，并改进酶的应用（图 3-15）。简单说来，半理性设计是在对蛋白的理化性质、三维结构、构效关系、催化机理等信息有一定理解的基础上，通过计算机辅助模拟，对活性中心或者活性口袋的热点氨基酸进行定点突变、饱和突变、组合突变的改造。该方法介于非理性设计和理性设计之间，克服了两者的缺点，降低了技术需求。构建一定规模的突变基因库，利用合理的高通量筛选方法，就能快速获得目标突变体。目前，该方法应用最广泛，成功案例最多。

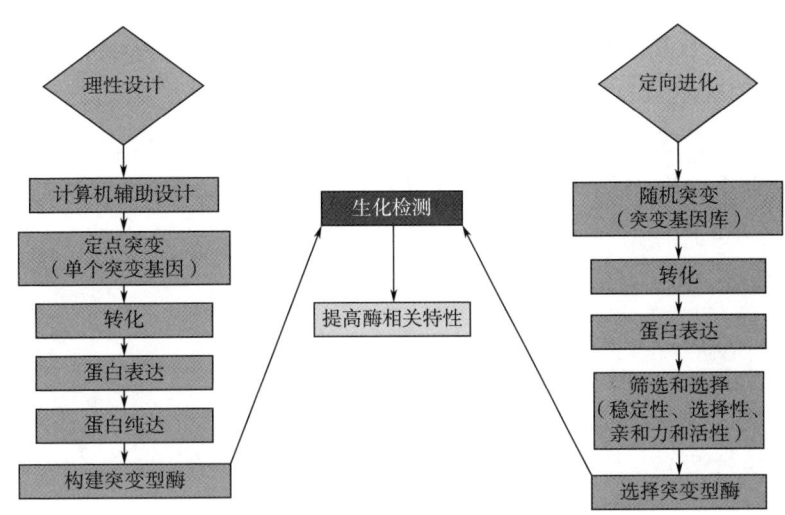

图 3-15　针对酶改良的理性设计和定向进化

（五）加快酶工程的计算速度

通过工程设计现有的合成制造路线，可以提高产品的可行性、功能、对映体纯度、立体化学和化学多样性。关于底物的特异性、产物的对映纯度和过程的性质，即温度稳定性、溶剂相容性，为生物催化剂工程提供了更好的实验程序。基于持续的设计、构建、测试、学习（D/B/T/L）策略，需要一个更详细的设计。初始酶原型的开发和测试，能力的评估，以及适合酶的环境的研究都受这种循环策略的控制。

Amrein 等在 2017 年描述了计算机辅助的酶定向进化（CADEE），以研究数以千计的氨基酸取代对酶活性的影响的显著结果。CADEE 设计利用经验价键（EVB）方法来检验通过硅诱变引起的许多酶修饰所执行的功能的激活障碍。EVB 方法具有高精度和低成本，便于对许多计算衍生的酶版本进行硅质分析。CADEE 应该有助于加速修饰酶的设计和硅测试的速度，并整合"湿实验室"资源，以激发下一代生物催化剂。

（六）代谢工程

代谢工程是生物科学领域中合成增值化合物的有效蛋白质设计的一个重要方面。代谢工程可以通过使用基本的复制、粘贴或混合匹配方法在几个层次上进行，通过创造"新的酶反应"来帮助合成有效的化合物，这些反应是根据先前已知的酶机制的知识来操纵的。重组 DNA 技术、分子遗传学、计算生物学和其他蛋白质设计策略的最新进展为一门完整的合成学科铺平了道路，使我们能够在不完全了解现有酶合成途径的情况下设计完全不同的有效的化合物。

代谢工程可以在几个层次上进行，包括基本的代谢工程，或"复制、粘贴和微调"方法。在基本的代谢工程方法中，目标产物的代谢途径是在现有的宿主中被调节的。在先进的方法中，所经历的代谢途径通过替换单个酶来改变，并优先考虑与其他生物技术相兼容的菌株。使用先进的工程方法的优点是，它包括了支持酶动力学的酶的广泛代谢结构的相当小的变化。混合匹配法有助于增加代谢溶液的空间。在自然界中不一起发挥作用的酶可以统一合成途径，以更高的生产力执行重要的代谢功能。最近的代谢工程的例子包括从葡萄糖中生物合成丙烷的设计途径或人工 C1 同化途径。今天，酶工程不仅局限于潮湿的实验室区域，而且还可以在计算机软件的帮助下进行调节，以获取有关组合设计工作的信息，并为酶的生产领域铺平新的道路。

（七）设计反应

有许多合成途径可以设计新的反应。首先是反向反应，它们在本质上是不可逆的，但实际上在体内被调节以可逆地创新。例如，不可逆的丙酮酸甲酸裂解酶被可逆地调节以激发甲酸同化。

第二个问题是探索、扩展或修改当前酶的底物集合，其中底物显示出与普通酶的天然底物的结构相似性。目前，许多工具，即基因组邻域网络、序列相似性、对接和先进结构的预测，被用于鉴定有前途的蛋白质。

第三是非自然发生的反应或是来自特定酶的副反应，即利用酶催化功能的混杂性。混杂酶的应用并不局限于新反应的合成，也可以应用于制定新的代谢途径，利用大肠杆菌生产非天然乳酸。因此，观察酶的自然生化程度和酶的不区分性很可能是合成途径设计的一种重要方法。

第四是酶反应的从头合成，如通过计算设计和实验进化创建的人工酶，也被证明是构建酶的有效方法。这些不同的酶构建方法将在未来实施许多重要的、特殊的合成代谢催化剂中发挥重要作用。

代谢工程有许多优点，它们通常通过促进代谢旁路，将代谢流重新导向合成一个设定的最终产物。例如，在大肠杆菌中，通过构建结合植物来源的脂肪酸硫酯酶和单加氧酶的新途径，合成生产 ω-羟基辛酸。

查尔酮异构酶是一种相对简单的酶，这种酶偏离了另一种具有最佳催化活性和立体特异性的酶，而在植物进化过程中又偏离了非催化折叠。该途径的通量可以通过引入这种新生工程酶来改变，反过来也可以避免其他自发反应，导致可有可无的产物。应用直接进化技术可以提高该酶的催化效率。这是一个增强催化特性的蛋白质工程过程，类似于自然选择，通过结合随机突变与 DNA 重组和超高通量筛选分析，可以得到许多具有高催化效率，且具有同源关系的酶。

通过酶工程，可以从各种多余的替代途径中实现单一途径，以减少可有可无的途径。通过单途径方法使用反应和产物，人们可以利用代谢途径，例如在细胞中积累量较高的中间产物，而不会产生任何有害影响。与其经历漫长而昂贵的酶进化过程，不如用另一种类型的酶取代一种酶。例如，可以使用酪氨酸 3-单加氧酶来提高酪氨酸的氧化率，而不是改进酪氨酸酶，它已经具有期望的性质。采用混合匹配的方法，以多次进行酶置换的方式重建途径，提出了碳固定途径。

（八）酶固定

许多酶的几种催化活性被有机溶剂的存在、高温和缺乏适当的储存条件所阻碍。有效的固定化技术增加了酶的稳定性和可重用性。对于固定化，酶可以被吸附或附着在惰性材料，即玻璃、海藻酸盐珠等的表面。固定化剂可以阻断固定化酶的活性位点，从而导致酶的活性降低。酶与表面的共价结合增加了酶的生产力和稳定性。酶可以通过离子相互作用、范德华力和氢键，与固体载体结合。疏水性材料作为基础载体，优于亲水性材料，因为它们的固定化程度高，并保留了酶的活性。

一般，使用不溶性凝胶微球（海藻酸钙）和疏水溶胶-凝胶（四甲氧基硅烷）来包埋酶（图 3-16）。

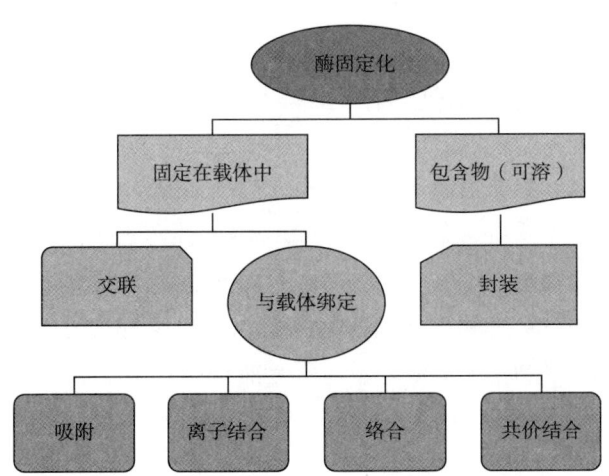

图 3-16 涉及酶固定化的基本步骤

酶可以通过酶制剂的直接交联来固定化，这可以是被称为"交联酶（CLE）"和"交联酶晶体（CLEC）"的粗的或纯化的酶晶体。经典的无载体固定化技术中，通常加入戊二醛等双功能交联剂，将聚集在一起的酶分子相互交联，得到的固定化酶的热稳定性也有所提高。对于生物催化和生物转化，纳米多孔金颗粒能更好地固定化酶。与纳米结构支持相比，纳米纤维聚合物天然的高比表面积、纤维间孔隙率、低传质干扰和良好的机械强度使其更有效地进行酶固定化。

（九）酶的从头设计

酶的从头设计是指根据原子的排列和酶的过渡态所需的特定氨基酸来改变酶的催化活性。对于酶的从头设计，人们应该了解酶催化的反应类型，以及反应的分子机理。从头设计主要集中在酶的活性位点上。为了正确定位氨基酸残基在活性位点的位置，在计算机建模中使用量子力学模拟来增加过渡态的稳定性。在获取了活性位点的结构信息后，从蛋白质数据库中选择能够容纳新的催化设计的框架。这些框架可以作为不同的分子建模工具的模板。

在酶的活性位点引入了离散数量的有利突变，以获得更好的分子相互作用并增强过渡态的稳定性。许多计算工具被设计开发出来，以提高工程酶的功效。例如：中国科学技术大学刘海燕课题组开发的 ABACUS、SCUBA 方法和华盛顿大学 David Baker 课题组开发的 Rosetta 方法。ABACUS 和 SCUBA 分别基于主链氨基酸和侧链氨基酸构象采样及设计。Rosetta 法则将目标序列切割成互相重叠的小碎片，并产生每个碎片的局部二级结构。然后，使用基于贝叶斯概率理论的能量函数和蒙特卡罗（Monte Carlo）片段插入法将这些局部结构组装成模型，并选择最小能量模型。这两种基于统计能量的蛋白质设计方法均已在多个酶的设计和改造中得到了应用。

三、酶工程在医药工业中的应用

环氧化物水解酶对底物具有较高的立体选择性，可有效用于外消旋环氧化合物的对映选择性水解，广泛用于手性环氧化物和邻二醇等手性药物中间体合成。如手性环氧氯丙烷（ECH）是调节血脂和预防心血管疾病的阿托伐他汀侧链关键中间体（S）-4-氯-3-羟基丁酸乙酯、β-肾上腺素阻断药物阿替洛尔、麻醉剂巴氯芬、减肥药左旋肉碱等药物的关键中间体；此外，Furstoss 等利用黑曲霉菌环氧化物水解酶拆分 α-甲基-异丁基乙烯氧化物，得到光学活性的环氧化合物，开环后可用于制备止痛药（S）-布洛芬。

环糊精（环 α-1,4-葡聚糖）是另一种重要的药物化合物，在提高水不溶性化合物的溶解度方面发挥着重要作用，并保持制药、化妆品、食品和纺织行业活性成分的稳定性。环糊精可以自然产生，但其生产力低，工业生产环糊精主要由环糊精糖基转移酶作用于淀粉来制备。最近，一种双酶系统被用于生产环糊精，包括环糊精糖基转移酶和异淀粉酶和普鲁兰酶等去分支酶，使产量提高了 84%。

西格列汀（Januvia）是一种重要的药物化合物，在 II 型糖尿病的治疗中发挥着重要作用。底物行走、建模和突变策略已被用于从节杆菌的 r 选择性转氨酶（R-ATA、ATA-117）调节西格列汀合成。为了克服对酶的底物大小的限制，随后开发了结合定向酶进化和过程工程的方法，提高了该过程的生产率，纯度为 99.95%。很快，该技术可能被用于潜在的大规模的药物，如促食欲素受体拮抗剂尼拉帕尼合成方面（图 3-17）。

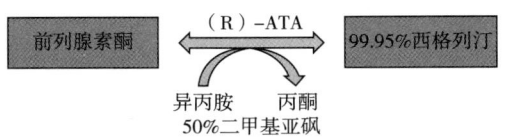

图3-17 利用节杆菌属合成西格列汀的过程

博切普雷韦（维特利斯）是一种治疗慢性丙型肝炎感染的药物，已使用黑曲霉的工程单胺氧化酶（MAO）合成，以克服通过添加亚硫酸氢盐捕获亚胺产品而导致不可逆产品抑制的问题。然而，这一过程并没有完全工业化。目前，类似的 MAO 不对称胺氧化被用于合成许多丙型肝炎感染药物，如特拉普韦。此外，通过合理的结构引导设计和高通量筛选方法，扩展了 MAO 的底物谱，并应用于索利那新、左西替利嗪等药物的合成，以及针碱、草碱的合成方面。

第四章

组织与细胞技术

第一节 动物细胞培养

一、概述

细胞培养是在良好的人工环境中培养人类、动物或昆虫细胞的过程。这些细胞可能来自多细胞真核生物、已建立的细胞系或已建立的细胞株。在20世纪中期,动物细胞培养成为一种普遍的实验室技术,但维持活细胞系从其原始组织来源分离的概念是在19世纪被提出的。动物细胞培养现在是生命科学研究领域中具有经济价值和商业化潜力的主要工具之一。基础培养基的发展使科学家能够在受控的条件下研究各种各样的细胞,这在促进我们理解细胞生长和分化、识别生长因子和理解各种细胞正常功能的机制方面发挥了重要作用。新技术也被用于研究高密度生物反应器和培养条件。

许多生物技术产品(如病毒疫苗)从根本上依赖于动物细胞系的大规模培养。虽然在细菌培养中使用rDNA生产了许多简单的蛋白质,但更复杂的糖基化(碳水化合物修饰)蛋白质目前必须在动物细胞中生产。目前,细胞培养研究的目标是研究培养条件对活性、生产力和翻译后修饰(如糖基化)的稳定性的影响,这对重组蛋白的生物活性至关重要。重组DNA(rDNA)技术在动物细胞培养中生产的生物制品包括抗癌剂、酶、免疫生物制品[白细胞介素、淋巴因子、单克隆抗体(mABs)]和激素。

动物细胞培养在从基础研究到先进研究的各个领域都有应用。它为各种研究工作提供了一个模型系统。

动物细胞培养应用领域如下:

(1)基础细胞生物学、细胞周期机制、特化细胞功能、细胞-细胞和细胞-基质相互作用的研究。

(2)进行毒性试验,以研究新药的效果。

(3)用功能性基因替换非功能基因的基因治疗。

(4)研究癌细胞的特性,各种化学物质、病毒和辐射在癌细胞中的作用。

（5）生产疫苗、单克隆抗体和药物。
（6）生产用于疫苗生产的病毒（如水痘、脊髓灰质炎、狂犬病、乙型肝炎和麻疹病毒）。

如今，哺乳动物细胞培养是制造激素、抗体、干扰素、凝血因子和疫苗等生物疗法的先决条件。

二、细胞培养的过程

组织培养是在适当的人工环境中体外维持和繁殖分离的细胞组织或器官。当添加含有营养物质和生长因子的培养基时，许多动物细胞可以在特定的条件下被诱导在其器官或组织之外生长。对于细胞的体外生长，培养条件需要模拟在温度、pH、二氧化碳、O_2、渗透压和营养方面的体内条件。此外，培养的细胞需要无菌条件，以及稳定的营养供应和复杂的培养条件。在培养基中影响细胞生长的一个重要因素是培养基本身。目前，动物细胞是根据实验的需要，在自然培养基或人工培养基中培养的。配制培养基是动物组织培养中最重要的步骤。这取决于为实现细胞生长分化或生产设计的药品而需要培养的细胞类型。此外，现在有含血清和不含血清的培养基，为细胞培养提供了不同的条件。

（一）动物细胞的获取

1. 器官培养

来自胚胎的整个器官或部分成人器官被用于在体外启动器官培养。这些细胞在器官培养中保持了其分化特性和功能活性，并保留了其体内结构。它们不能生长迅速，细胞增殖仅限于外植体的外围。由于这些培养物不能长时间繁殖，每个实验都需要一个新的实验对象，从而导致重现性和同质性出现变化。器官培养对于研究细胞的功能特性（激素的产生），以及检查外部制剂（如药物和其他微分子或大分子）和产品对其他在体内解剖学上分开放置的器官的影响非常有用。

2. 原代外植体培养

从动物组织中提取的碎片可以以不同的方式来培养。该组织通过一种细胞外基质成分，如胶原蛋白或血浆凝块，附着在细胞表面，它甚至可以自发地发生。这就会导致细胞从外植体的外围迁移出来。这种培养物被称为原代外植体，迁移细胞被称为生长细胞。这已被用来分析癌细胞与正常对应细胞相比的生长特征，特别是关于生长模式和细胞形态的改变。

3. 细胞培养

这是最常用的组织培养方法，是通过收集外植体或分散的细胞悬液（在培养基中自由漂浮）来培养。

通过酶处理或机械方法获得的细胞作为黏附的单层膜在固体基底物上培养。细胞培养有三种类型：①前体细胞培养，即承诺分化的未分化细胞；②分化细胞培养，即完全分化的细胞，失去了进一步分化的能力；③干细胞培养，它是一种未分化的细胞，可继续发展成任何类型的细胞。

通过克隆或其他方法从培养物中选择具有明确细胞类型和特征的细胞，该细胞系成为一个细胞株。

单层培养：单层培养是一种锚定依赖的培养，通常有一个细胞的厚度，在培养血管的底部有一层连续的细胞。

悬浮培养：一些细胞是不黏附的，可以机械地保持悬浮，不像大多数细胞是单层生长的（如白血病细胞）。这在细胞的繁殖中有许多优势。

（二）细胞传代和胰蛋白酶的使用

传代是通过细胞传代培养从已存在的细胞中产生大量细胞的过程。传代培养产生了一个更均匀的细胞系，并且避免了与延缓的高细胞密度相关的衰老。分裂的细胞包括将少量的细胞转移到每个新的血管中。传代培养后，细胞可以进行繁殖、鉴定和储存。黏附细胞培养物需要使用蛋白质从组织培养瓶或培养皿的表面分离出来。由细胞分泌的蛋白质在细胞和细胞表面之间形成了一个紧密的桥梁。胰蛋白酶-EDTA 的混合物用于在特定位置的蛋白质。胰蛋白酶要么是蛋白质降解的，要么是促降解的，它通过水解肽键水解肽酶消化的肽。EDTA 可以隔离某些能抑制胰蛋白酶活性的金属离子，从而提高胰蛋白酶的工作效率。贴壁细胞的胰蛋白酶化作用见图 4-1。

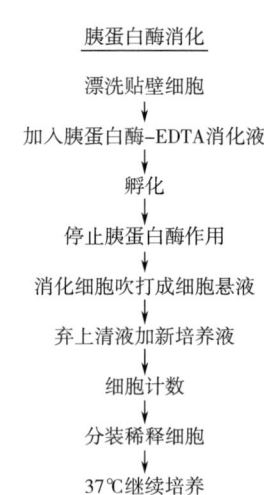

图 4-1　贴壁细胞的胰蛋白酶化作用

（三）动物细胞的定量

定量是为了表征细胞生长和建立可重复的培养条件。

1. 血细胞计数

细胞计数对于监测生长速率以及建立具有已知细胞数目的新培养物是重要的。最广泛使用的计数室类型称为血细胞计数器。它用于估计细胞数量，通过将细胞置于显微镜下的光学透明室中来测定悬浮液中细胞的浓度；对已知深度的限定区域内的细胞数量进行计数，并根据计数确定细胞浓度。

2. 电子计数

对于高通量工作，使用电子细胞计数器来确定每个样品的浓度。

（四）三维结构的重建

作为细胞悬液或单层繁殖的细胞具有许多优势，但缺乏在器官培养中所见的细胞间相互作用和细胞-基质相互作用的潜力。由于这个原因，许多从分散的细胞群开始的培养方法鼓励这些细胞排列成器官样结构。这些类型的培养可以分为两种基本类型。

组织型培养：通过使用适当的细胞外基质和可溶性因子，并将细胞培养到高细胞密度，可以获得类似于细胞样密度的细胞-细胞相互作用。

器官型培养：为了模拟异型细胞相互作用以及同型细胞相互作用，分化谱系的细胞被重新组合。来自乳腺的上皮细胞和成纤维细胞克隆的共培养可以使细胞在正确的激素环境下分化功能，从而产生乳蛋白。

三、细胞培养的类型

（一）原代细胞培养

原代细胞是通过机械法、化学解离法或酶消化法直接从组织和器官中获得的。这些细胞被诱导在含有复杂成分的培养基中生长，培养容器则主要采用玻璃或塑料材质。这些培养物通常生长速率较低，且具有异质性，然而，它们仍然比细胞系更受青睐，因为它们更能代表其来源的组织中的细胞类型。培养细胞的形态结构类型不同：

（1）上皮型　呈多边形，附着在基底上，形成连续的薄层，呈扁平状单层附在固体表面。

（2）上皮样类型　具有圆形轮廓，不像上皮细胞那样形成薄片，不附着在基质上。

（3）成纤维细胞型　形状细长，形成开放的细胞网络，而不是紧密包裹的细胞，是双极或多极的，附着在基质上。

（4）结缔组织类型　来自纤维组织、软骨和骨，具有大量纤维和非定形的细胞外物质。

1. 原代细胞培养的优点与缺点

这些培养物代表了体内研究的最佳实验模型。它们与亲本具有相同的核型，并表达出在培养细胞中看不到的特征。然而，它们很难获得，而且寿命也很有限。易受到病毒和细菌的潜在污染也是一个主要的缺点。根据培养细胞的类型，原代细胞培养也可分为黏附细胞培养和悬浮细胞培养两种类型。

2. 锚定依赖的黏附细胞

这些细胞需要一个稳定的无毒和生物惰性的表面来附着和生长，并且很难作为细胞悬液生长。小鼠成纤维细胞（STO 细胞）是锚定细胞。

3. 非锚定的悬浮细胞

这些细胞不需要固体表面来附着或生长，细胞可以在液体培养基中连续生长。细胞的来源是悬浮细胞的控制因子。血细胞是血管性质的，悬浮在血浆中，这些细胞很容易在悬浮培养中建立起来。

（二）次代细胞培养

当原代细胞培养物经传代或继代培养并在新鲜培养基中长时间生长时，会形成次代培养细胞，次代培养由于细胞定期获得新鲜营养物质，其培养的持久性要优于原代培养（即次代培养细胞比原代培养细胞寿命更长）。传代或继代培养是通过对贴壁细胞的酶促消化来实现的。消化后利用适当的缓冲液进行清洗，并将所需数量的细胞重新悬浮在生长培养基中。由于次代培养细胞易于生长且随时可得，因此在病毒学、免疫学和毒理学研究中非常有用。

次代细胞培养的优点是：这种类型的培养物对于获得大量类似的细胞很有用，并且可以转化为无限生长。这些细胞培养物保持了它们的细胞特性。该系统的主要缺点是：这些细胞在培养的一段时间内有分化的倾向，并产生异常的细胞。

（三）细胞系

当传代培养时，细胞系可以成为一种有限的或连续的细胞系或细胞株，这取决于其在培养中的使用寿命。根据培养物的寿命，它们被分为两种类型。

1. 有限细胞系

细胞世代和生长数量有限的细胞系被称为有限细胞系。这些细胞生长缓慢（24~96h）。这些细胞的特点是具有锚定依赖性和密度限制。

2. 不确定的细胞系

从体外转化的细胞系或癌细胞中获得的细胞系是不确定的细胞系，可以以单层或悬浮液的形式生长。这些细胞快速分裂，生成时间为12~14h，并有无限期传代培养的潜力。由于染色体数目的改变，这些细胞系可能表现出非整倍体或异倍性。永生化细胞系是具有改变生长特性的转化细胞。海拉（HeLa）细胞是不朽细胞系的例子。这些是从由人乳头状瘤病毒18（HPV18）转化的致命宫颈癌中获得的人上皮细胞。不确定的细胞系易于操作和维护。然而，这些细胞系在一段时间内有变化的趋势。

3. 常用的细胞系

目前，对于工业规模生产生物活性物质，哺乳动物细胞培养是先决条件。随着动物细胞培养技术的进步，许多细胞系已经进化，并用于疫苗生产、治疗蛋白生产、药物和抗癌药物生产。为了生产细胞系，可以使用人类、动物或昆虫的细胞。能够在悬浮液中生长的细胞系是首选，因为它们的生长速度更快。中国仓鼠卵巢（CHO）细胞是目前最常用的哺乳动物细胞系。

在选择细胞系时，必须考虑一些一般参数，如生长特性、种群倍增时间、饱和密度、电镀效率、生长分数和悬浮生长能力。

4. 连续细胞系的优点

（1）连续细胞系的细胞生长更快。

（2）在培养中获得更高的细胞密度。广泛使用的细胞系的无血清和无蛋白培养基可在市场上获得。

（3）这些细胞系有在大规模生物反应器中悬浮培养的潜力。这类培养的主要缺点是染色体不稳定性、与供体组织相关的表型变异以及特异性和特征性组织标记物的变化。

（四）三维细胞培养技术

随着各领域研究的不断深入，二维细胞培养技术的缺点也逐渐暴露出来。在很多情况下某些细胞在培养过程中逐渐丧失了原有的特性，导致研究结果与体内的实际情况不符合。分析其原因，考虑细胞在体外进行二维培养时，无法生成细胞外基质（extracel-lu-larmatrix，ECM），进而无法形成立体结构。而在活体组织中，细胞通常在三维微环境中生长，这个三维微环境提供了细胞生存所需的各种条件，在物理方面起到支撑作用。在化学方面则是提供氧气等多种气体的传递、各种糖类营养物质的代谢及各种激素等信号分子的传导等条件。所以空间结构和外部的微环境对于细胞的形状形成、增殖、分化和迁移等具有至关重要的作用。因此如何填补单层细胞培养和生物活体间的鸿沟，为细胞提供与体内相似的支架系统，创造与体内相似的生长环境，促使细胞增殖、分化及呈现出类似体内的功能成为体外细胞培养技术迫切需要解决的难题。近年来，随着组织工程的发展，三维细胞培养应运而生。

1. 三维细胞培养的出现

1972 年，Elsdale 等发现细胞在含有细胞外基质的三维空间中生长时，表现出与在平面生长中不同的特性。这一发现引起了研究人员极大的兴趣，随之相关的研究逐渐展开。三维细胞培养是指将不同种类的细胞培养在不同三维结构的载体中，使细胞能够在载体的空间结构中增殖和分化，构成细胞-载体复合物。三维细胞培养作为体外单层细胞培养和体内天然生长环境的桥梁，具有传统单层细胞培养不可比拟的优势，既能创造体内细胞微环境的物质及结构基础，使得细胞在形态学、基因表达及其他生理过程中都更接近体内的状况，同时又具有细胞培养的直观性及条件可控性的优势。

2. 三维细胞培养的模式

实现三维细胞培养，目前有两种常用模式，第一个是细胞悬浮培养，第二个是三维支架培养。细胞悬浮培养是指在悬浮条件下细胞逐渐聚集，经过数天培养后形成一个直径数百微米的多细胞球状体。这种培养模式操作简单、费用低，已经被广泛应用于多种研究中。球状体的形成大致可以分为 3 种，即紧密的规则球形、紧凑的不太规则球形和松散的不规则球形。其中后两种类型可以通过往培养基中加入一定量的细胞外基质而改善球形结构。虽然细胞悬浮培养操作简单，但用途较为单一，不能用于细胞的迁移研究等。

三维支架培养则是将细胞培养在具有空间结构的支架上，该模式关键在于细胞空间支架的获得。这些支架在生物体内由细胞外基质构成，主要成分是细胞膜外蛋白和多糖类物质。细胞膜外蛋白主要是胶原蛋白和层黏连蛋白，多糖类物质则主要是糖胺聚糖，包括硫酸软骨素和硫酸乙酰肝素等。在体外构建和体内相同的三维支架非常困难，因为这涉及高分子合成、表面修饰、生物耦联、细胞生物学等多个学科和领域。经过多年的研究这一领域已经取得了一些进展，目前可用于制备三维支架的材料主要来自纯天然及人工合成。

其中纯天然的材料有胶原蛋白、水凝胶、层黏连蛋白及透明质酸等。这些材料是从植物、动物及人体组织中提取出来的，与生物体内的细胞外基质相似或完全相同，具有非常好的生物相容性，不容易引起细胞的排异反应。但天然材料也有一些缺点，如提取困难、整体质量较难控制等。

人工合成的三维支架材料有聚苯乙烯、聚己内酯、聚乳酸和聚乙二醇等。这些合成材料具有良好的可塑性、生物化学及物理特性，以及高度的稳定性。但其生物相容性稍差，有可能引起细胞的排异反应。

3. 三维细胞培养与二维细胞培养的区别

由于培养条件等诸多因素的改变，同一种细胞在三维与二维细胞培养下，其形状、基因的表达及细胞侵袭等特性都有可能发生改变。研究人员用芯片比较了平滑肌细胞 9600 个基因在三维及二维细胞培养的表达差异，发现至少有 77 个基因在三维细胞培养的表达水平比二维细胞培养高一倍以上。除了上述基因表达的差异外，在两种不同的培养模式下，细胞在形状、培养花费、细胞间相互作用及细胞耐药性方面都表现出了巨大的差异。

四、细胞系的鉴定

细胞系的鉴定对于保证细胞衍生的生物制药产品的质量具有重要意义。它有助于确定细胞来源的身份和其他细胞系、分子污染物和内源性制剂的存在。哺乳动物细胞系的特征是物种特异性的，可以根据细胞系的历史和用于培养的培养基成分的类型而有所不同。哺乳动物细胞系的鉴定可以通过四种方式进行：身份检测；纯度检测；稳定性测试；病毒检验。

（一）身份检测

身份检测可以通过同工酶分析来进行。细胞内酶的条带模式（这是物种特异性的）可以通过使用琼脂糖凝胶来确定。DNA 指纹分析和核型分析，以及 DNA 和 RNA 测序是身份检测的替代方法。

核型：核型是很重要的，因为它决定了细胞系中染色体的整体变化。细胞系的生长条件和传代培养可能导致核型的改变，例如，HeLa 细胞是第一个在长期培养中建立的人类上皮癌细胞系，它们具有超三倍体染色体数。

（二）纯度检测

细菌和真菌污染的细胞系是由于不纯的技术和原材料导致的。污染物的发生可以通过在两种不同的培养基上的直接接种法进行检测。支原体感染是支原体对细胞培养/细胞系的污染，是一个严重的问题。显微镜检测不够充分，需要通过荧光染色 PCR、ELISA 分析、放射自显影、免疫染色或微生物分析进行额外的检测。

（三）稳定性测试

细胞基质（来源于人类或动物的细胞系）的表征和测试是生物产物控制中最重要的成分之一。它有助于确认细胞基质的特性、纯度和适用性。在培养和生产过程中，应至少在两个时间点检查基质的稳定性。此外，遗传稳定性可以通过基因组或转录组测序、限制性内切酶图谱分析和拷贝数测定来检测。

（四）病毒检测试验

病毒检测试验表明，对细胞基质的病毒检测应设计为检测一系列病毒谱。应根据细胞系的培养历史进行适当的筛选试验。特征性细胞致病作用（CPE）的发展展示了病毒污染的早期迹象。在细胞生产工作中特别关注的一些病毒是人类免疫缺陷病毒、人乳头状瘤病毒、肝炎病毒、人类疱疹病毒、汉坦病毒、猴痘病毒、仙台病毒和牛病毒性腹泻病毒。对于检测引起免疫缺陷疾病和肝炎的病毒，通过 PCR 检测序列是足够的。暴露于血清或牛血清白蛋白的细胞需要进行牛病毒检测。一些病毒检测试验包括 XC 空斑试验、S+L-噪点分析、逆转录试验。XC 斑块试验用于检测传染性嗜生态小鼠逆转录病毒（E-MLV）。S+L-噪点分析用于检测细胞是否存在传染性异种性和两性小鼠逆转录病毒，这些病毒能够与小鼠和非小鼠细胞相互作用。逆转录（实时）试验如实时荧光产物增强逆转录酶分析（FPERT）和荧光产物增强逆转录分析（QPERT）检测在逆转录病毒感染时，由于逆转录模板的存在，RNA 模板向 cDNA 的转化。

五、细胞生长周期及活力监测

（一）生活史

培养物中的细胞表现出典型的生长模式，自加入培养物后，细胞生长依次出现滞后期、指数生长期（或称对数生长期），以及平台期。在对数生长期和平台期可以计算细胞种群倍增时间。这是至关重要的，可以用来量化细胞对不同培养条件下的营养浓度的变化和激素或毒性成分的影响的反应。种群倍增时间描述了培养过程中的细胞分裂率，并受到非生长细胞和死亡细胞的影响。

（二）生长周期的各个阶段

可以通过测定生长曲线检测特定细胞系的种群倍增时间、滞后时间和饱和密度并以此对特定细胞类型进行表征。生长曲线可分为滞后期、对数期和平台期。

1. 滞后期

这是传代培养和重新播种的初始生长阶段,在此期间,细胞群需要时间来恢复。在快速生长之前,细胞数量保持相对不变。在这一阶段,细胞呈球状,悬浮于培养基中,经过一段时间后,有活力的细胞逐渐附着在底物上,并扩散出去。在扩散过程中,细胞骨架重新出现,它的重新出现可能是这个过程中的一个组成部分。

2. 对数期

这是一个由于持续分裂而导致的细胞数量呈指数增长的时期。对数期的长度取决于初始播种密度、细胞的生长速度以及细胞密度对细胞增殖的抑制作用。这一阶段代表了最具可重复性的培养形式,因为其生长率和存活率都很高(通常是90%~100%),而且种群数量最均匀。然而,细胞培养可能不是同步的,细胞可以在细胞周期中随机分布。

3. 平台期

在对数阶段结束时,培养物随着该阶段的生长速率降低而融合,在某些情况下,细胞增殖可能由于营养耗尽而停止。这些细胞与周围的细胞接触,生长表面被占据。在这个阶段,培养物进入固定阶段,生长分数下降到0~10%。此外,细胞表面的结构和电荷也可能会发生改变,而特殊蛋白相对于结构蛋白的合成也可能会相对增加。

(三)细胞生长的监测

动物细胞培养可以用于各种基于细胞的分析,以研究细胞形态学、不同环境下的蛋白质表达、细胞生长、分化、凋亡和毒性。如果对细胞生长进行适当的监测,产品产量可以增加。许多因素影响成批反应器中细胞的最大生长量。定期观察培养的细胞有助于维持细胞的健康和生长阶段;pH、温度、湿度、O_2、CO_2、溶解营养物质等的微小变化,可能对细胞生长有影响。连续监测生长速率还可以提供细胞在给定的时间范围内达到其最大密度的记录。

细胞培养特征:动物细胞培养表现出特定的特性,不同于微生物培养。动物细胞的重要特征是生长速度缓慢,黏附细胞培养需要固体基质,缺乏细胞壁(导致脆性),对pH、CO_2水平等物理化学条件敏感。一些基本的变量如下:

1. 温度

温度是最基本的变量之一,因为它直接干扰了生长和生产过程。在小规模范围内,恒温控制的孵化器可以用来控制温度。然而,在生物反应器中大规模生长的细胞培养需要更敏感的温度控制。不同的生物反应器使用不同的方法来维持细胞培养的温度。生物反应器中的温度由带有温度传感器的热毯和水套来维持。

2. pH

培养基的pH可以通过添加碱(氢氧化钠、氢氧化钾)或酸(盐酸)溶液来控制。在生物反应器中加入CO_2气体,用碳酸氢钠缓冲,或使用天然缓冲溶质,有助于维持培养物的pH。氯化银电化学型pH电极是生物反应器中最常用的电极。

3. 溶解氧

溶解氧是需要连续供应给细胞培养基的最基本的变量。在有氧培养中，它与碳源一起消耗。通过液体表面或液体膜的扩散是向介质提供溶解氧的方法之一。

（四）细胞活力

培养物中活细胞的数量提供了细胞培养物健康状况的准确指示。台盼蓝和红蛋白 B 通过细胞膜的完整性来判断细胞的活力。当细胞膜完好无损时，这两种染料都不能穿透细胞膜，但都被死亡的细胞（缺乏完整的细胞膜）所吸收和保留。赤藓红 B 染色比台盼蓝更可取，因为它能产生更准确的结果，假阴性和假阳性更少。

培养基中的有毒化学物质会影响细胞的基本功能。细胞毒性效应可导致细胞的死亡或其代谢的改变。在许多涉及体外和体内研究的实验情况下，快速、准确地获取活细胞和细胞增殖的方法是一个重要的要求。细胞数量的测定可用于确定生长因子的活性、有毒化合物的浓度、药物筛选、暴露时间、菌落大小的变化、化合物的致癌作用以及溶剂（如乙醇、丙烯等）的影响。

测定活细胞的方法（活力测定方法）如下：①噻唑蓝比色法。②蛋白酶标记物分析。③ATP 含量测定法。

MTT 中文名为噻唑蓝，呈淡黄色粉末状。通过检测细胞对 MTT 的转化可以对代谢活性细胞进行简单、准确、可靠的计数。具有代谢活性的活细胞中的还原型辅酶Ⅰ（NADH）将四唑化合物还原为颜色鲜艳的甲瓒（Formazan）产物，或将刃天青（resazurin）还原为间苯二酚（图 4-2）。MTT 和刃天青检测方法（图 4-3）被广泛使用，因为它们价格便宜，可以用于所有类型的细胞。

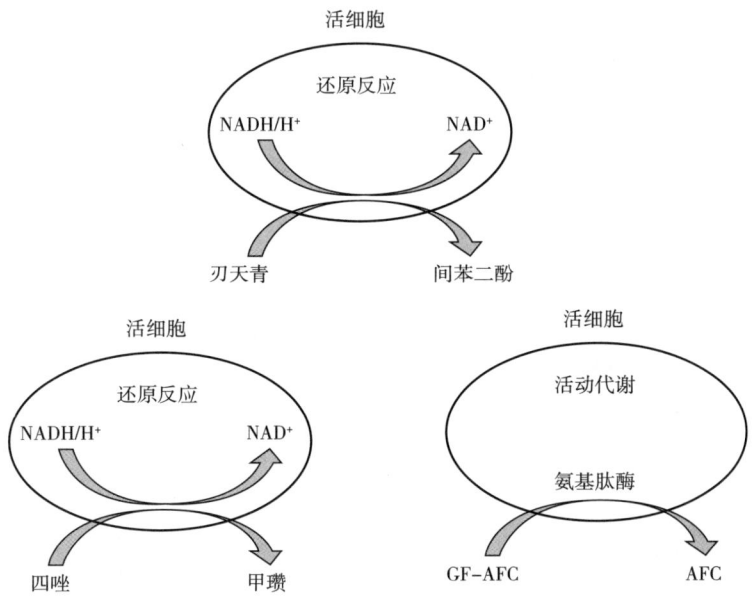

图 4-2 细胞活力测定中的生化反应

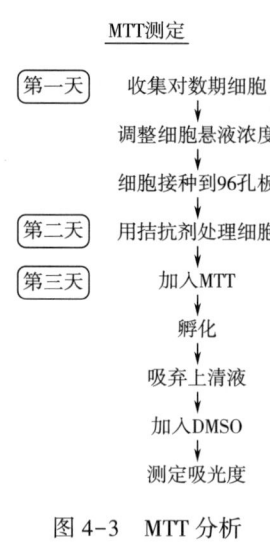

图 4-3　MTT 分析

蛋白酶标记物分析利用细胞通透的蛋白酶底物甘氨酰苯丙氨酸氨基氟香豆素（glycylphe-nylalanyl-aminofluoro-coumarin，GF-AFC）。底物缺乏氨基末端阻断部分，被细胞质内的氨基肽酶处理以释放氨基氟代香豆素（AFC）。AFC 的释放量与活细胞数成正比。该方法检测灵敏度高，检测后细胞仍然存活；因此，可以进行多重检测。

ATP 测定法是最灵敏的细胞活力测定法。它是用甲虫荧光素酶反应产生荧光来测量的。

检测死亡细胞的方法：①乳酸脱氢酶（LDH）的释放；②蛋白酶的释放；③DNA 染色。

培养中的活细胞有完整的外膜。细胞膜完整性的丧失定义了一个"死亡"的细胞。死亡细胞可以通过测量从死亡细胞泄漏到培养基中的标记酶的活性，或通过用只能进入死亡细胞的重要染料染色细胞质或核内容物来检测。LDH 是一种存在于所有细胞类型中的酶。它在辅酶 NAD^+ 的存在下催化乳酸氧化为丙酮酸。在受损的细胞中，LDH 被迅速释放（图 4-4）。释放的 LDH 量用于评估细胞死亡。该检测方法被广泛使用，但灵敏度有限，因为 LDH 在 37℃ 下的半衰期为 9h。

蛋白酶释放试验是基于细胞内蛋白酶从死亡/受损细胞释放到培养基中。释放的蛋白酶会裂解底物，生成氨基荧光素，后者作为荧光素酶的底物（图 4-5），能够产生"发光型"信号。

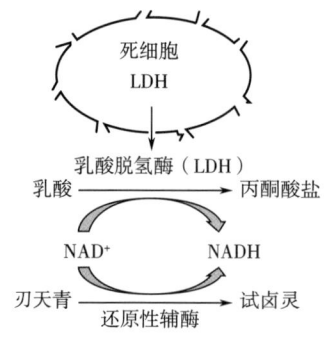

图 4-4　LDH 释放试验的原理

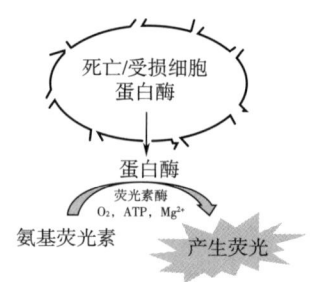

图 4-5　发光蛋白酶释放试验的基本原理

六、动物细胞的培养基

培养基的组成是动物细胞培养中最重要的因素之一。动物细胞的体外生长和维持需要适当的营养、激素和基质因子，以尽可能接近其体内环境。重要的环境因素是细胞生长所的培养基、细胞附着的基质、温度、O_2 和 CO_2 浓度、pH 和渗透压。此外，细胞还需要本身不能合成的化学物质。任何成功的介质都由被称为基础介质的等渗、低分子质量化合物组成，提供无机盐、能源、氨基酸和各种补充剂。

（一）培养基中的基本成分构成

构成动物细胞培养基的基本成分如下：无机盐（Ca^{2+}、Mg^{2+}、Na^+、K^+），氮源（氨基酸），能源（葡萄糖、果糖），维生素，脂肪，脂溶性成分（脂肪酸、胆固醇），核酸前体，生长因子和激素，抗生素，pH 和缓冲系统，以及 O_2 和 CO_2。

支持哺乳动物细胞培养的生长的完整配方是非常复杂的。第一个用于细胞培养的培养基基于血浆、淋巴血清和胚胎提取液等生物液体。细胞的营养需求在培养周期的不同阶段可能会有所不同。不同的细胞类型有高度特定的要求，每种细胞类型最适合的培养基必须通过实验来确定。培养基可分为两类：天然培养基和人工培养基。

1. 天然培养基

天然培养基由足以使动物细胞和组织生长和增殖的天然生物液体组成。这种用于促进细胞生长的培养基有以下三种类型：

（1）凝结剂或凝块　从鸡或其他动物的肝素化血液中分离出的血浆可以液态血浆的形式在市场上买到。

（2）生物液体　包括体液，如血浆、血清淋巴、羊水、胸膜液、昆虫血淋巴和胎牛血清。经过毒性和无菌测试后，这些液体被用作细胞培养基。

（3）组织提取物　肝、脾、骨髓和白细胞的提取物用作细胞培养基。鸡胚提取物是一些培养基中最常用的组织提取物。

2. 人工培养基

培养基包含部分或全部确定的成分，这些成分是通过添加几种营养素（有机和无机）人工制备的。它含有一种平衡的盐溶液，具有特定的酸碱度和渗透压，旨在使细胞立即存活。补充有血清或有机化合物的合适制剂的人工培养基支持延长细胞培养物存活时间。

人工培养基可分为以下四类：含血清培养基、无血清培养基、化学合成培养基和无蛋白培养基。

（二）含血清培养基

从血液中去除纤维蛋白和细胞后得到的清澈的黄色液体称为血清。它是一种由小分子和大分子组成的极其复杂的混合物的未定义的培养基补充剂，包含氨基酸、生长因子、维生素、蛋白质、激素、脂质和矿物质以及其他成分。

1. 含血清培养基的优点

（1）它含有可溶性或蛋白质结合形式的基本营养物质。

（2）它提供几种激素，如胰岛素和转铁蛋白。胰岛素对几乎所有培养细胞的生长都是必不可少的，转铁蛋白起着铁结合剂的作用。

（3）它含有许多生长因子，如血小板衍生生长因子（PDGF）、转化生长因子β（TGF-β）、表皮生长因子和软骨连接蛋白。这些因素刺激细胞生长，支持细胞的特殊功能。

（4）它提供蛋白质，有助于细胞附着在培养物表面。

（5）它提供结合蛋白，如白蛋白和转铁蛋白，这有助于在细胞中运输分子。

（6）它提供 Ca^{2+}、Mg^{2+}、Fe^{3+}、K^+、Na^+、Zn^{2+} 等矿物质，促进细胞附着。

（7）它增加了培养基的黏度，从而在搅拌和通气悬浮培养物的过程中防止机械损伤。

（8）它提供适当的渗透压。

2. 含血清培养基的缺点

（1）价格昂贵　胎牛血清价格昂贵，难以大量获得。

（2）变化　血清中发生批次间的变化，血清成分不一致。这可能会影响生长和产量，并可能产生不一致的结果。

（3）污染　血清培养基具有被病毒、真菌和支原体污染的高风险。

（4）细胞毒性和抑制因子　血清本身可能具有细胞毒性，并可能含有抑制因子，进而抑制培养细胞的生长和增殖。血清中的多胺氧化酶与精胺、亚精胺等多胺反应形成细胞毒性的多氨基醛。

（5）下游处理　培养基中血清的存在可能会干扰培养产物的分离和纯化。可能需要额外的步骤来分离细胞培养产物。

3. 胎牛血清在动物细胞培养中的应用

胎牛血清（FBS）补充的培养基通常用于动物细胞培养。近年来，胎牛血清的生产方法因动物福利问题而受到密切审查。胎牛血清是在屠宰期间从怀孕奶牛的胎儿中采集的。采集胎牛血清的常见方法是不经任何麻醉即进行心脏穿刺。这种采集胎牛血清的做法是不人道的，因为它会使牛胎儿暴露于痛苦和/或不适之中。除了道德问题外，在细胞培养中使用胎牛血清还存在许多科学和技术问题。目前正在努力减少胎牛血清的使用，并用合成替代品替代它。

（三）无血清培养基

在培养基中使用血清是生物制药生产的安全隐患和不必要的污染源。由于许多细胞系可以在添加牛胎儿血清某些成分的无血清培养基中生长，这种具有明确成分的培养基在过去几十年里的发展有所加强。Eagle（1959）开发了一种由平衡的盐、葡萄糖、氨基酸和维生素组成的"最低必需培养基"。在过去的50年里，人们进行了大量的工作来开发更高效的培养基，以满足特定细胞系的具体要求。

1. 无血清培养基的优点

(1) 简化了无血清的培养基,并更好地定义了其成分。

(2) 它们可以专门为一种细胞类型而设计。通过改变生长因子和诱导剂的组合和类型,可以创建不同的培养基,并从生长增强的培养基转变为诱导分化的培养基。

(3) 它们减少了不同批次之间的变异性,并提高了培养物之间的繁殖能力。

(4) 在无血清培养基中,细胞培养产物的下游处理更容易。

(5) 它们降低了微生物污染(支原体、病毒和朊病毒)的风险。

(6) 无血清介质很容易获得,并且随时可以使用。与含血清的培养基相比,它们也具有成本效益。

2. 无血清培养基的缺点

(1) 其生长速率和饱和密度均低于含血清的培养基。

(2) 无血清培养基被证明更昂贵,因为补充激素和生长因子大大增加了成本。

(3) 不同的细胞类型需要不同的培养基,因为每个物种都有自己的特征要求。

(4) 与含血清的培养基相比,需要对 pH 和温度的关键控制,以及试剂和水的超纯度。

(四) 化学合成培养基

这些培养基含有纯无机和有机成分以及蛋白质添加,如表皮生长因子、胰岛素、维生素、氨基酸、脂肪酸和胆固醇。

(五) 无蛋白培养基

这些培养基含有细胞培养所必需的非蛋白成分。无蛋白培养基的代表种类包括达尔伯克改良伊格尔培养基(DMEM)、最小必须培养基(MEM)、洛斯维帕克纪念研究所-1640 培养基(RPMI-1640)、无蛋白中国仓鼠卵巢细胞培养基(ProCHOTM)等。它们促进优越的细胞生长,促进下游表达产物的纯化。

七、动物细胞培养的优缺点

(一) 动物细胞培养的优点

(1) 理化和生理条件 可以改变培养基中 pH、温度、O_2/CO_2 浓度和渗透压的作用和影响,以研究其对细胞培养的影响。

(2) 细胞代谢 研究细胞代谢,研究细胞的生理生化特性。

(3) 细胞毒性试验 可以研究各种化合物或药物对特定细胞类型,如肝细胞的影响。

(4) 同质培养 这些培养有助于研究细胞的生物学和起源。

（5）来自大规模细胞培养的有价值的生物学数据　在大规模细胞培养中，从转基因细胞中可以大量合成特定的蛋白质。

（6）结果的一致性　通过使用单一类型/克隆群体可以获得结果的可重复性。

（7）细胞类型的识别　特定的细胞类型可以通过分子等标记物的存在或核型来检测。

（8）伦理学　可以避免在实验中涉及动物的伦理、道德和法律问题。

（二）动物细胞培养的缺点

（1）成本和专业知识　这是一种专业技术，需要无菌条件、培训人员和昂贵的设备。

（2）去分化　细胞在培养中连续生长一段时间后，细胞特性会发生变化，与原菌株相比，会产生分化特性。

（3）产品量低　单克隆抗体和重组蛋白的产量极少，然后通过下游加工提取纯品，极大地增加了费用。

（4）污染　支原体和病毒感染难以检测，且具有高度传染性。

（5）不稳定　连续细胞系中的非整倍体染色体构成导致不稳定。

此外，该系统不能取代复杂的活体动物来测试化学品的反应、疫苗或毒素的影响。

尽管细胞培养技术的发展取得了相当大的进展，不涉及动物和人体组织实验的伦理学问题，但细胞培养在某些方面仍需要伦理审查与监管，如原代细胞材料来源、处理以及最终使用等。在大多数国家，生物医学研究都受到严格的管制。不同国家的立法差别很大。研究伦理委员会、基于动物研究的动物伦理委员会和人类学科的机构研究委员会在研究治理中起着重要作用。

一些使用实验动物或供体动物的指导方针包括保证饲养动物的适当条件，以及对任何被处死或接受手术的动物造成最小的疼痛或不适。这些指南适用于高等脊椎动物，而不适用于低等脊椎动物，如鱼类或其他无脊椎动物。

八、动物细胞培养在医药领域的应用

在生物医学研究中，动物和人类细胞培养物的使用已经被广泛应用。它为生产许多产品提供了不可或缺的工具，包括生物制药、单克隆抗体和基因治疗的产品。此外，动物细胞培养为研究生化途径、细胞内和细胞间反应、病理机制和病毒产生提供了足够的测试系统。

（一）抗病毒疫苗

动物细胞培养技术在病毒疫苗生产的发展中发挥了重要作用。20世纪50年代细胞培养技术的建立，以及随后产生的活体动物替代抗原的开发，使生物工艺技术取得了相当大的进展。随着 DNA 技术的出现，病毒的分子操纵导致了一种重组乙型肝炎病毒疫苗（HBV）和其他几种潜在疫苗的开发，这些疫苗正处于临床试验的最终阶段。

（二）通过细胞培养产生病毒颗粒

通过细胞培养产生的病毒颗粒不同于通过细菌或动物细胞产生的蛋白质、酶和毒素等分子。产物的形成可能与细胞的发育或生长无关，而可能通过次级代谢途径产生，而病毒的产生不是通过次级代谢途径，而是发生在病毒感染指导细胞机制进行病毒颗粒的产生之后。

病毒的产生有两个阶段：

（1）细胞培养系统　这需要开发一个高效的系统，用于将培养基基质转化为细胞质。

（2）病毒的产生　这一阶段不同于感染阶段，有不同的营养和代谢需求。许多永生化细胞系被用于病毒疫苗的工业生产。

（三）重组治疗蛋白

蛋白质在进行生化反应、将细胞内或小分子运输到另一个器官、细胞膜中受体和通道的形成以及提供支架框架方面起着重要作用。由于翻译后修饰，人类功能不同的蛋白质的数量远远超过了基因的数量。这些修饰包括糖基化、磷酸化、泛素化、亚硝基化、甲基化、乙酰化和脂质化。由于突变或其他异常导致的蛋白质结构变化往往导致疾病。蛋白质疗法为缓解疾病提供了巨大的机会。第一个来自重组哺乳动物细胞的治疗物质是人组织纤溶酶原，它于 1986 年获得市场批准。目前，60%~70%的重组治疗蛋白均在哺乳动物细胞中产生。

主要的治疗蛋白可分为 7 组：①细胞因子；②造血生长因子；③生长因子；④激素；⑤血液制品；⑥酶；⑦抗体。

大多数蛋白质具有复杂的结构，并经过化学修饰，以确保其充分的生物活性。蛋白质翻译后修饰（PTM）可以通过多种方式发生。最被广泛认可的 PTM 形式是糖基化，它涉及高尔基体和内质网中广泛的序列处理和修剪。真核细胞能够进行这种类型的修饰，因此在生物制药过程中是首选。仓鼠、叙利亚幼地鼠肾细胞（BHK）和 CHO 细胞通常是被选择的宿主细胞，因为这些细胞产生的糖基化模式更类似于人类的模式。

（四）基因治疗

基因治疗包括插入、移除或改变治疗性的基因拷贝，以治愈疾病或缺陷，或减缓疾病的进展，从而提高生活质量。人类基因组图谱是朝着解决人类疾病的新方法迈出的第一步。基因治疗有很大的前景，然而，将遗传物质转移到细胞中的任务仍然是一个巨大的技术挑战，需要体外细胞培养和适应从实验室到临床相关状态。动物细胞培养技术的发展对基因治疗的进展至关重要。

由单基因缺陷引起的单基因疾病（如囊性纤维化、血友病、肌营养不良症和镰状细胞性贫血）是人类基因治疗的主要靶点。

基因治疗的第一步是识别错误的基因。接下来是基因分离和生成一个正确表达的结构。基因的整合，然后在体内或体外传递遗传物质，是基因治疗成功的关键。在体内治疗中，遗传物质在特定部位直接引入个体，在体外治疗中，靶细胞在患者体外进行治疗。这些细胞被扩展并转移回特定部位的个体。体外技术涉及培养细胞中的基因治疗，培养细胞被扩大并随后转移到目标组织。

（五）生物农药

近年来，随着人们对农药及其在环境和食品中的残留问题的日益关注，生物农药变得越来越重要。生物农药为控制昆虫和植物疾病提供了有效手段，而且对环境安全。用另一种生物对害虫进行生物控制（以抑制杀虫剂的使用）是一种古老的做法。随着化学杀虫剂的高成本和害虫对多种化学杀虫剂的耐药性的发展，杆状病毒成为最有希望的害虫生物防治手段之一，并在世界范围内越来越多地用于防治毛虫。然而，杆状病毒作为生物农药开发的主要障碍是现有生产方法的成本高和产量小。以与化学杀虫剂相当的成本开发大量杆状病毒体外生产工艺将有助于提供安全、有效、具有成本效益和环境安全的昆虫控制。

（六）单克隆抗体

今天市场上的大多数抗体是在动物细胞培养中产生的。动物来源的细胞系作为抗体生产的首选细胞，是因为它们能够对产生的抗体蛋白进行糖基化修饰和构象调节，这是药物生产的关键。杂交瘤技术是目前广泛应用于小型和大规模生产单克隆抗体（mAbs）的方法。然而，这些抗体的治疗应用有限，因为它们在重复使用时会产生不利的免疫反应。

许多细胞株现在正被用于生产重组抗体，CHO细胞株最常用。其他使用的细胞株有小鼠骨髓瘤细胞（NSO）、Sp 2/0 和 BHK。

许多因素影响单克隆抗体的产生。对于高浓度的单克隆抗体的生产，细胞系应该有较高的生产力。为了提高蛋白质的产量，重要的是所选细胞系的产量，以避免大的反应量和蛋白质纯化的高成本。细胞株在没有锚定的情况下为生长提供了一个优势，可以扩大过程；它比那些为依赖于锚定细胞的生长培养设计的方法简单得多。Sp2/0 和 NSO 细胞株可在悬浮液中自然生长；其他细胞如 CHO 和 BHK 可以很容易适应这种悬浮培养方式。

（七）干细胞

干细胞是一种未指定的细胞，具有分化成其他类型细胞或组织并成为特化细胞的潜力。定义干细胞的两个特征是它们的自我再生能力和分化成任何其他细胞或组织的能力。这些细胞具有自我更新的能力,以形成具有更特殊功能的细胞。近年来,干细胞研究是医学领域的重大突破。这种将细胞转化为其他特殊功能细胞的特性使研究人员相信,干细胞可以用来制造功能完整、健康的器官,以替代受损或患病的器官。

第二节　植物组织培养

一、概述

植物组织培养定义为:在受控的无菌条件下对植物原生质体、细胞、组织或器官进行体外培养,从而导致细胞增殖、器官或整株植物的再生。

植物组织培养是表达植物细胞全能性潜能和诱导基因型和表型操作的最佳途径之一。植物组织培养有相对成熟的理论基础和广泛的应用。植物组织培养的特点主要包括:①植物组织培养为植物基础学科研究提供了良好系统。②植物组织培养是植物生物技术研究与开发的基础。③经济高效、管理方便、利于自动化。④技术含量高、实验误差小、人工控制能力强。⑤植物组织培养材料生长周期短、生长速度快、实验重复性好。⑥实验材料经济、来源单一、重现性好。

二、植物组织培养的类型

(一) 根据培养材料分类

1. 植株培养

植株培养 (plantlet culture) 是指对幼苗及较大的植株的培养。

2. 胚胎培养

胚胎培养 (embryo culture) 是指对成熟及未成熟胚胎的离体培养,包括合子胚、珠心胚、子房、胚乳培养及试管受精等。

3. 器官培养

器官培养 (organ culture) 是指把植物体某一器官如芽、花药、根、茎、胚、叶或切段在合成培养基上进行离体培养的过程。按用于培养的器官的类型不同,又分为芽培养、茎端 (茎尖) 培养、根 (尖) 培养、茎 (段) 培养、叶 (片) 培养、胚 (乳) 培养、子房培养、花药 (粉) 培养等。

4. 愈伤组织培养

愈伤组织培养 (callus culture) 是指对植物离体部分通过培养增殖而形成的愈伤组织的培养。

5. 组织培养

组织培养（tissue culture）是指对构成植物体的各种组织的离体培养，如分生组织、表皮组织、输导组织、薄壁组织等离体组织的培养。

6. 细胞培养

细胞培养（cell culture）是指用单个细胞进行的液体培养或固体培养，其目的是诱导细胞增殖及分化以获得单细胞的无性系。

7. 原生质体培养

原生质体培养（protoplast culture）是指对去掉细胞壁后所获得的细胞原生质体的培养。

（二）根据培养方式分类

1. 固体培养

固体培养（solid culture）是指利用固体培养基进行的培养。

2. 液体培养

液体培养（liquid culture）是指用不加任何凝固剂的液体培养基进行的培养方式，又可分为以下几种：

（1）静止培养（stationary culture） 是把培养物接入液体培养基，置于静止状态下进行培养。

（2）纸桥培养（paper bridge culture） 是在液体培养基中放入滤纸形成纸桥，再将培养物置于滤纸上进行培养。

（3）振荡培养（shake culture） 是将盛有液体培养基和培养物的培养容器，置于往复摇床上，使培养液振荡的培养。

（4）旋转培养（roller culture） 是将盛有液体培养基和培养物的培养容器，置于转床上进行旋转的培养。

（三）根据培养技术分类

1. 一般培养

一般培养（general culture）是对植物的各种组织、器官及愈伤组织的常规固体培养。

2. 悬浮培养

悬浮培养（suspensive culture）是在液体培养基中对细胞及小细胞团进行培养。

3. 看护培养

看护培养（nurse culture）是用离体组织和培养物（如花药、愈伤组织等）来看护单细胞（如花粉粒、原生质体等），使之生长和增殖的培养。

4. 微室培养

微室培养（micro-chamber culture）是将游离单细胞置于很少量的培养基和微室环

境中的培养。

5. 平板培养

平板培养（plat culture）是将悬浮培养的细胞接种到一薄层固体培养基上的培养。

6. 发酵培养

发酵培养（fermentation culture）是指在发酵罐或生物反应器内对单细胞或小细胞团进行的大规模的连续培养。

三、培养基的组成与制备

培养基是植物组织培养的物质基础，也是植物组织培养能否成功的重要因素之一。植物组织培养成功与否，一方面取决于培养材料本身的性质；另一方面取决于培养基的成分。培养基的主要成分为植物生长发育所必需的各种营养元素以及对植物离体培养起调控作用的生长调节物质。

（一）培养基的成分

1. 无机营养素

植物的离体生长和体内生长一样，也需要大量和微量营养素的结合。它们的浓度以毫摩尔量的形式表示。

需要的大量营养素浓度大于 0.5mmol/L。这些盐包括氮、钾、磷、钙、镁和硫。它们在发育过程中都有不同的作用，如蛋白质合成（N、S）、核苷酸合成（S、N、P）、膜完整性（Mg）、细胞壁合成（Ca）和酶辅助因子（Mg）。氮以有机（氨基酸、酪蛋白水解物和其他有机酸）和无机形式补充。无机氮通常以铵离子（NH_4^+）和硝态氮离子（NO_3^-）的形式供给。硝态氮作为唯一的氮源优于铵态氮，但施用 NH_4^+ 会抑制 pH 向碱度的增加。硝酸盐和硫酸盐在参与氨基酸、蛋白质和酶的合成之前必须被还原。培养基中应含有 25mmol/L 的氮和钾。其他主要元素在 1~3mmol/L 的浓度范围内应是充足的。

微量营养素的需要量小于 0.05mmol/L，这些元素包括铁、锰、锌、硼、铜和钼。这些无机元素虽然需求量不大，但却是植物生长所必需的。其中最关键的元素是铁，而铁在低 pH 时是无法获得的。植物中的游离铁含量非常低。铁主要与螯合物乙二胺四乙酸结合，有助于铁在培养物中被利用。因此，它被作为 EDTA 铁络合物提供，使其在广泛的 pH 范围内可用。

2. 碳源

在植物组织培养过程中，主要采用蔗糖作为植物组织的能量来源，此外，蔗糖还具有提供碳前体、调节渗透压、诱导特定信号途径等作用。蔗糖是营养培养基中非常重要的一种能量来源，因为大多数植物培养物由于细胞和组织发育不充分、叶绿素缺乏、组织培养容器中气体交换不足、二氧化碳不足等原因而不能进行有效的光合作用。因此，它们缺乏营养自给自足的能力，需要外部碳作为能量。在植物组织培养中，糖的吸收部分是通过被动渗透，部分是通过主动转运。蔗糖还能维持细胞的渗透压和保持细胞内的水分。在花药培养中使用较高浓度的蔗糖（6%~12%）。也有证据表明，在没有蔗糖的情况下，植物组织培养不能固定足够的 CO_2 来维持生长，这主要是由于容器内的 CO_2 有限。然而，培养基中蔗糖浓度过高，导致光合作用关键酶、叶绿素含量降低，表皮蜡质含量降低，促进气孔结构和生理异常的形成，从而限制了培养植物的光合效率。最理想的碳或能量来源是 20~60g/L 浓度的蔗糖。但是蔗糖的水平通常用于支持组织培养的生长而抑制叶绿素的合成。

在高压灭菌过程中，蔗糖被水解成葡萄糖和果糖，然后被植物材料用于它们的生长。单纯以果糖作为碳源，经高压灭菌后会产生抑制性成分。人们发现，含有葡萄糖或果糖的植物组织培养基经高压灭菌后，会抑制胡萝卜根组织培养物的生长。当糖与培养基其他成分共同高压灭菌时，会产生更多的生长抑制。其他单糖、双糖或糖醇，如葡萄糖、山梨醇、棉籽糖等，可以根据植物种类使用。蔗糖仍然是碳的最佳来源，其次是葡萄糖、麦芽糖和棉籽糖；果糖效果较差，甘露糖和乳糖最不适宜。

3. 有机补充剂

（1）维生素 维生素是代谢过程所需的有机物质，作为酶的辅助因子或部分结构。因此，为了达到最佳生长，培养基中应补充维生素。硫胺素（维生素 B_1）、烟酸（维生素 B_3）、吡哆醇（维生素 B_6）、泛酸（维生素 B_5）和肌醇是常用的维生素，硫胺素（0.1~5mg/L）参与碳水化合物的代谢，是添加到几乎所有培养基中。四种维生素（肌醇、硫胺素、烟酸和吡哆醇）是 MS 培养基的成分。它们以不同的比例用于组织培养，对它们的要求根据植物的性质和培养的类型而有所不同。研究表明，在 MS 盐条件下，烟草愈伤组织的最佳生长条件仅需要肌醇和硫胺素。

（2）氨基酸 氨基酸不是必需的，但其添加增加了培养基的氮供应，这对原生质体培养中促进细胞生长、诱导和维持体细胞胚胎发生具有重要意义。这种被还原的有机氮比无机氮更容易被植物吸收。L-谷氨酰胺、L-天冬酰胺、L-半胱氨酸和 L-甘氨酸是常用的氨基酸，它们以混合物的形式分别添加到培养基中，以抑制细胞生长。

（3）复杂有机物 复杂有机物也被称为天然补充剂或未定义补充剂。它们是一组未定义的补充物，如酪蛋白水解物、椰子汁、酵母提取物、橙汁、番茄汁等。当完全确定的植物培养基不能得到理想的结果时，使用天然补充剂对离体植物细胞和组织培养有益。第一次成功的植物组织培养涉及酵母提取物的使用。近年来，酪蛋白水解物在组织培养中取得了显著的成功，马铃薯提取物也被发现可用于花药培养。然而，应尽量避免这些天然提取物，因为它们的成分是未知的，并且批次不同，影响了结果的重现性。有机物补充是植物正常生长和再生所必需的。这些有机物质是几种氨基酸、激素、维生素、脂肪酸、碳水化合物和其他几种植物生长物质的活性来源。它们所需的数量因植物和物种而异。包含自然复合物不是必要的，也可能不是关键的，但往往是有益的。

4. 植物生长调节剂（PGRs）

植物生长调节剂刺激细胞分裂，并因此调节在半固体或液体培养基培养物中外植体和胚上的芽和根的生长和分化。1957 年，Skoog 等发现培养中再生烟草髓组织的发育命运可以由植物激素细胞分裂素和生长素指导。较高的细胞分裂素/生长素比值易于诱导形成芽，相反，当生长素比例较高时易形成根。当激素浓度适宜于愈伤组织形成时，其对芽和根生长则不利。在各种培养物中补充 PGRs 导致不同基因（转录因子）的表达，其进一步调节植物中的不同发育阶段（芽、根或来自根外植体的愈伤组织的再生）。细胞分裂素和生长素信号传导在指导发育过程中的作用在一些植物中仍不清楚。如上所述，细胞分裂素信号转导涉及多组分磷酸化信号传导系统，其中感觉性 His 激酶作为细胞分裂素受体。细胞分裂素信号通过 His 磷酸转移蛋白转导至细胞核。该信号进一步传递到两种类型的基因表达调节器，其最终调节植物的各种发育过程。2006 年，Che 等鉴定了一种转录因子基因（*RAP2.6L*），该基因似乎是参与调节芽再生中许多其他基因表达的网络的一部分。所使用的四种主要的 PGR 是生长素、细胞分裂素、赤霉素和脱落酸，并且它们的添加对于培养基是必需的。乙烯也属于植物生长调节剂。

（1）生长素　生长素诱导细胞分裂、细胞伸长、顶端优势、不定根形成和体细胞胚胎发生。70 多年前，Went 发现了生长素。当低浓度使用时，生长素可诱导根的形成；而高浓度使用时，生长素在某些情况下也可产生愈伤组织。常用的合成生长素有 NAA、2,4-D、IAA、IBA 等。IBA 和 IAA 都是光敏的，所以原液必须在黑暗中储存。2,4-D 被用来诱导和调节体细胞胚胎发生和愈伤组织产生。2-甲氧基-3,6-二氯苯甲酸（Dicamba）、2,4,5-三氯苯酚氧乙酸（2,4,5-T）、2-甲基-4-氯苯酚氧乙酸（MCPA）、2-萘氧乙酸（NOA）和 4-氨基-2,5,6-三氯苯酚氧乙酸（Picloram）也可用作生长素。生长素易溶于乙醇以及稀释的氢氧化钠或氢氧化钾中。天然生长素和合成生长素都是耐热的。

（2）细胞分裂素　细胞分裂素是腺嘌呤的衍生物，在体外能促进细胞分裂，促进芽的萌发和生长。它们是 4-羟基-3-甲基-反式-2-丁烯基氨基嘌呤（玉米素）、6-糠基氨基嘌呤（激动素）、6-苄基氨基嘌呤（BAP）、N6-（2-异戊烯基）腺嘌呤（2iP）和 1-苯基-3-（1,2,3-噻二唑-5-基）脲（TDZ），是常用的细胞分裂素。它们通过促进腋生芽的形成来改变顶端优势。较高浓度的细胞分裂素会抑制根的形成，促进不定芽的形成。生长素/细胞分裂素比值在形态发生中起着重要作用。生长素/细胞分裂素比值中等时，有利于愈伤组织形成，高比值会导致胚胎发生和根形成，而低比值则导致腋芽和芽的增殖。细胞分裂素细分为两大类：天然的 [反式玉米素、顺式玉米素、N6-（2-异戊烯基）腺嘌呤（2iP）、二氢玉米素、玉米素核苷] 和合成的细胞分裂素。有机补充剂如酵母提取物或椰奶是丰富的天然细胞分裂素的来源。激动素在天然细胞分裂素中并不被承认，因为它在自然界中是通过结构重排而存在的，因此许多在结构上与激动素相关的天然细胞分裂素已经被鉴定出来。合成的细胞分裂素又细分为两类：嘌呤类和苯腺类似物。这些嘌呤类似物中的一些比激动素或苄腺嘌呤（BA）更活跃，并且在促进形态发生方面特别有效。

（3）赤霉素　赤霉素（GA3）是一种天然存在的结构相关的化合物，通常用于植物再生。在植物组织培养的培养基中使用的赤霉素很少。赤霉素有水溶性和热不稳定性，主要用于节间伸长和分生组织生长，通常抑制不定芽的形成。它们的抑制作用在器官发生和组织去分化过程中被发现。

（4）脱落酸　脱落酸（ABA）仅用于体细胞胚胎发生和培养木本物种。ABA可抑制细胞分裂，对细胞脱落有良好作用。ABA在自然界中可溶于水，耐高温，但对光的敏感性经常限制其应用。

（5）乙烯　乙烯是一种天然存在的PGR，以气态形式出现，通常与控制跃变期果实的成熟有关。在某些植物细胞培养物中，它的产生往往会抑制培养物的生长和发展。为了在气态中使用在培养基中添加乙烯。

5. 固化剂

固化剂用于制备半固态的组织培养基，使外植体置于培养基上（微埋入）以提供充分的通气。琼脂是一种从海藻中提取的高分子质量多糖，很容易与水结合。它与水的结合随着浓度的增加而增加。然而，如果琼脂浓度过高，则会使植物组织体外生长受到不利影响。高浓度琼脂培养基变得坚硬，不允许营养物质扩散到组织中。琼脂在培养基中添加浓度为0.5%~1%（6~8g/L）。琼脂比其他胶凝剂如琼脂糖和植酸盐更受青睐，因为它是惰性的，它既不与培养基成分发生反应，也不被植物酶消化。Difco Bacto琼脂常被植物组织培养者使用，浓度为6~10g/L。一种被称为琼脂糖的纯化琼脂提取物被用于原生质体培养。其他凝胶产品如0.2%的Gelrite（在存在二价阳离子的情况下）形成透明凝胶（不像琼脂是半透明的），因此更容易检测在培养生长过程中可能产生的污染。在较高浓度（10%）下，也使用明胶进行了实验，但由于它在室温（25℃）下融化，用途有限。无需使用任何胶凝剂，也可以用玻璃珠、滤纸桥、穿孔玻璃纸、聚氨酯泡沫、滤纸下面的海绵等为细胞或组织的生长提供机械支撑。

6. pH

影响离子吸收和培养基凝固的是氢离子活度的负对数。灭菌前培养基的最适pH为5.6~5.8。pH低于4.5或高于7.0对组织的生长发育有明显的抑制作用。高压灭菌后，培养基的pH一般下降0.3~0.5个单位，并在培养过程中由于氧化以及培养组织对物质不同程度的吸收和分泌而不断变化。如果在植物组织培养过程中pH明显下降（pH5.0以下不允许琼脂胶凝，培养基变成液体），则应制备新鲜培养基，而pH 6.0以上则为硬培养基（干扰营养物质的吸收）。培养基的pH影响琼脂的凝胶效率、成分的吸收、不同盐的溶解度以及在培养基中的化学反应（尤其是酶催化的化学反应）。

（二）基本培养基的种类

1. White 改良培养基

White 培养基是 1943 年 White 为培养番茄根尖而设计的。1963 年又做了改良，称为 White 改良培养基，在培养基中提高了 $MgSO_4$ 的浓度并增加了硼素含量。其特点是无机盐含量较低，适合于生根培养，对胚胎培养或一般组织培养也有很好的效果，也适合于木本植物的组织培养。

2. B_5 培养基

B_5 培养基是 1968 年 Gamborg 等为培养大豆根细胞而设计的。其主要特点是含有较少的铵盐，因为铵盐可能对不少培养物的生长有抑制作用。研究发现，有些植物的愈伤组织和悬浮培养物在 MS 培养基上生长得比在 B_5 培养基上要好，而有些植物如双子叶植物特别是木本植物，更适合生长在 B_5 培养基上。SH 培养基与 B_5 培养基相似，但不用（$NH_4)_2SO_4$ 而改用 $NH_4H_2PO_4$，用于一些单子叶植物和双子叶植物的生物培养，具有较好的效果。

3. Nitsch & Nitsch 培养基

Nitsch & Nitsch 培养基被优化用于烟草花药培养以产生单倍体植物，并且该基础培养基已充当其他植物雄核发育的良好起点。它的总氮量大约是 MS 的一半，但铵与硝酸盐的比例相似。氮的减少有利于诱导雄核发育。

4. MS 培养基

MS 培养基是 1962 年 Murashige 和 Skoog 为培养烟草材料而设计的。它的特点是无机盐的浓度较高，为较稳定的平衡溶液。其养分的数量和比例较合适，可满足植物的营养和生理需要。它的硝酸盐含量较其他培养基更高，可广泛地用于植物器官、花药、细胞和原生质体的培养。有些培养基是由 MS 培养基演变而来的，如 LS 培养基及 RM 培养基，其基本成分均与 MS 培养基大致相同。LS 培养基中去掉了甘氨酸、盐酸吡哆醇和烟酸；RM 培养基中硝酸铵的含量提高到了 4950mg/L，磷酸二氢钾的含量提高到了 510mg/L。

5. Lloyd & McCown's 木本植物培养基

Lloyd & McCown's 木本植物培养基（Lloyd & McCown's Woody Plant Medium）又称 WPM 培养基。WPM 培养基是 1981 年由 Lloyd 和 McCown 为山月桂茎尖培养专业设计，根据 MS 培养基改良而来，相对 MS 培养基而言，使用了硫酸钾替换了硝酸钾，硝酸铵的含量也降低到了 MS 培养基的 1/4，氮盐也主要以硝酸钙的形式供应。该木本植物培养基含大量和微量元素，适合多种木本植物组织培养。

6. N6 培养基

N6 培养基（Chu's N-6 Medium）由 11 种无机盐和 5 种有机物构成，其特点是成分相对比较简单，KNO_3 和（$NH_4)_2SO_4$ 含量高。适用于单子叶植物花药培养，柑橘花药培养也适合，在楸树、针叶树等的组织培养中使用效果也好。N6 培养基在国内已广泛应用于小麦、水稻及其他植物的花药培养和组织培养方面。

表 4-1　　各类植物培养基的组成

成分	White 改良培养基	B₅ 培养基	Nitsch & Nitsch 培养基	MS 培养基	WPM 培养基	N6 培养基
大量营养素/(mg/L)						
NH_4NO_3			720	1650	400	
KNO_3	80	2500	950	1900		2830
$CaCl_2 \cdot 2H_2O$		150	166	440	96	125.33
$MgSO_4 \cdot 7H_2O$	720	250	185	370	370	90.37
KH_2PO_4			68	170	170	400
$(NH_4)_2SO_4$		134				463
$NaH_2PO_4 \cdot H_2O$	16.5	150				
$CaNO_3 \cdot 4H_2O$	300				556	
Na_2SO_4	200					
KCl	65					
K_2SO_4					990	
微量营养素/(mg/L)						
KI	0.75	0.75		0.83		0.8
H_3BO_3	1.5	3	10	6.2	6.2	1.6
$MnSO_4 \cdot 4H_2O$	7		25			
$MnSO_4 \cdot H_2O$		10		15.60	29.43	3.33
$ZnSO_4 \cdot 7H_2O$	2.6	2	10	8.6	8.6	1.5
$Na_2MoO_4 \cdot 2H_2O$		0.25	0.25	0.25	0.25	
$CuSO_4 \cdot 5H_2O$		0.025	0.025	0.025	0.25	
$CoCl_2 \cdot 6H_2O$		0.025		0.025		
Na_2EDTA		37.3	37.3	37.3	37.3	37.3
$FeSO_4 \cdot 7H_2O$		27.8	27.8	27.8	27.8	27.8

续表

成分	White 改良培养基	B₅ 培养基	Nitsch & Nitsch 培养基	MS 培养基	WPM 培养基	N6 培养基
维生素/(mg/L)						
肌糖		100	100	100	100	
甘氨酸	3	2	2	2	2	2
盐酸硫胺	0.1	0.1	0.5	0.1	1	1
盐酸吡哆醇	0.1	0.5	0.5	0.5	0.5	0.5
烟酸	0.5	0.5	5	0.5	0.5	0.5
泛酸钙	1					
半胱氨酸盐酸盐	1					
生物素			0.05			
叶酸			0.5			

（三）培养基的制备

用于制备培养基的植物组织培养化学品应无杂质，且均为研究级（分析级）。培养基制备是诱导理想组织特征或检查所选组织生长发育的关键步骤。原液配制是第一步，接着是培养基配制，根据细胞或组织的性质，应使用标准的培养基配方，使其生长发育，并可进一步优化，以获得更好的效果。

1. 培养基母液的配制（以 MS 培养基为例）

为避免每次配制培养基都要对几十种化学药品进行称量，最方便的方法是预先配制好不同组分的培养基母液（mother liquid）。将培养基中的各种成分，按原量 10 倍、100 倍，甚至 1000 倍称量，配成浓缩液，这种浓缩液称为母液，又称储备液。每次配制培养基时，按一定比例稀释母液即可。使用母液可减少培养基配制的工作量，还可降低多次称量可能带来的误差。

母液的配制有两种方法：一种是配制单一化合物母液，适合多种培养基都需要的同一成分母液；另一种是配成几种不同化合物的混合母液，适于大量需要的同种培养基。如需要大量 MS 培养基（表 4-2），就要配制大量元素、微量元素、铁盐、有机物质以及植物生长调节物质母液。

（1）大量元素母液　大量元素成分包括硝酸铵等几种用量较大的化合物。制备时，按顺序分别称取、溶解，按顺序混合、定容。

表 4-2　　MS 培养基母液的配制

母液种类	成分	规定用量/(mg/L)	扩大倍数	称取量/mg	定容体积/mL	吸取量/(mL/L)
大量元素	KNO_3	1900	20	38000	1000	50
	NH_4NO_3	1650		33000		
	$MgSO_4 \cdot 7H_2O$	370		7400		
	KH_2PO_4	170		3400		
	$CaCl_2 \cdot 2H_2O$	440		8800		
微量元素	$MnSO_4 \cdot 4H_2O$	22.3	1000	22300	1000	1
	$ZnSO_4 \cdot 7H_2O$	8.6		8600		
	H_3BO_3	6.2		6200		
	KI	0.83		830		
	$NaMoO_4 \cdot 2H_2O$	0.25		250		
	$CuSO_4 \cdot 5H_2O$	0.025		25		
	$CoCl_2 \cdot 6H_2O$	0.025		25		
铁盐	Na_2EDTA	37.3	200	7460	1000	5
	$FeSO_4 \cdot 7H_2O$	27.8		5560		
有机物质	烟酸	0.5	50	25	500	10
	甘氨酸	2.0		100		
	盐酸硫胺素	0.1		5		
	盐酸吡哆醇	0.5		25		
	肌醇	100		5000		

（2）微量元素母液　因用量少，为称量方便和精确起见，应配成各成分 100 倍或 1000 倍的母液。配制时，每种化合物的量加大 100 倍或 1000 倍，依次溶解后再混合、定容。

（3）铁盐母液　铁盐要单独配制。将硫酸亚铁（$FeSO_4 \cdot 7H_2O$）5.56g 和乙二胺四乙酸二钠（Na_2EDTA）7.46g 分别溶解于 450mL 蒸馏水中，煮沸冷却后混合，再煮沸冷却，将 pH 调节到 5.5，加馏水定容至 1L。注意避光保存。每配制 1L MS 培养基，加铁盐母液 5mL。

（4）有机物质母液　有机物质母液成分主要包括氨基酸和维生素类物质。分别称量、溶解，然后混合、定容。

（5）植物生长调节物质母液　植物生长调节物质母液配制时要单独称量、溶解、定容。这类物质使用浓度很低，一般为 0.01~10mg/L。可按用量的 100 倍或 1000 倍配制母液。一般宜配制成 0.5mg/mL 的母液，这样的浓度既便于计算，也可避免冷藏时形成结晶。

配制母液时要注意各种化合物的组合以及加入的先后顺序，以免发生沉淀。通常把每种试剂先单独溶解，然后混合、定容。配制好的母液应分别贴上标签，注明母液名称、扩大倍数、每升培养基需要吸取的量以及配制的时间。母液最好置于棕色瓶中，并放在冰箱中保存，以免变质、发霉。各类母液储存时间不宜过长，尤其是有机物质母液和植物生长调节物质母液。母液中若出现霉变或沉淀，则必须停止使用。

2. 培养基的配制

配制培养基的一般程序如下：

（1）根据培养基的配方，量取一定量的各种母液，置于同一只烧杯中。

（2）用天平称取一定量的琼脂、蔗糖。

（3）在琼脂中加一定量的蒸馏水，加热并不断搅拌，至琼脂煮好并呈透明状后，停止加热。配制液体培养基则无须加入琼脂、加热。

（4）将各种母液、蔗糖加入煮好的琼脂中，加水至所需体积，搅拌均匀，配成培养基。

（5）培养基配好后用 1mol/L NaOH 或 HCl 溶液来调节 pH。

（6）配制好的培养基，要趁热进行分装。可采用烧杯、漏斗直接分注。一般以培养基占培养容器的 1/4~1/3 为宜。

（7）培养基分装后应立即灭菌。通常在高压蒸汽灭菌锅内灭菌，121℃ 保持 15min 左右即可。如果没有高压蒸汽灭菌锅，也可采用间歇灭菌法进行灭菌，即将培养基煮沸 10min，24h 后再煮沸 20min，如此连续灭菌 3 次，即可达到完全灭菌的目的。

（8）高压灭菌后的培养基凝固后，宜将其放到培养室中预培养 2~3d，若没有杂菌污染则可放心使用。

四、愈伤组织诱导、继代培养和维持

（一）植物材料的选择

植物组织培养是在无菌的条件下培养植物离体材料，这些用于无菌培养的离体植物材料称为外植体。外植体泛指第一次接种所用的植物组织、器官等一切材料，包括顶芽、腋芽、茎段、茎尖等。

外植体的选择一般要考虑外植体的所在部位、取材季节、器官的生理状态与发育年龄以及外植体的大小。对于大多数植物来说，茎尖是较好的部位，其形态已基本建成、生长速度快、遗传性稳定，是获得无病毒苗的重要途径。叶片的来源最有保证，许多植物的组织培养以叶片为外植体。对一些培养较困难的植物，可以通过子叶或下胚轴来建立其组织培养再生体系。外植体的取材一般在生长开始的季节进行，若在生长末期或已进入休眠时取样，则外植体可能对诱导反应迟钝或无反应。植物上部器官的生长时间虽短，其生理年龄却较老，更接近发育上的成熟，较容易形成花器官。而越向基部，则生理年龄越小。下部组织易形成营养器官，上部组织易形成花器官。通常年幼组织较年老组织有更高的形态发生能力，容易培养，有较强的再生能力。外植体的大小对培养结果也有影响，材料太大易污染；材料太小，难以成活。一般取 0.5~1.0cm 大小为宜。如果是胚胎培养或脱毒培养的材料，则应更小。

（二）外植体表面灭菌

在表面灭菌中，所有外植体都用适当的药剂处理，以杀死存在于外植体表面的污染微生物。表面灭菌程序主要取决于外植体的来源和类型，这将决定污染负荷和对灭菌剂的耐受性。常用的表面灭菌剂见表 4-3。其中，次氯酸钙、次氯酸钠和氯化汞是最常用的试剂，结果令人满意。灭菌时间 5~30min。由于这些药物对植物组织也有毒性，所以使用的时间和浓度应对组织的损害降到最低。

表 4-3　　　　　　　　常用表面灭菌剂使用浓度及消毒时间

灭菌剂	使用浓度	灭菌时间
苯扎氯铵	0.01%~0.1%	5~20min
次氯酸钠	0.5%~5%	5~30min
硝酸银	1%	5~30min
氯化汞	0.1%~1.0%	2~10min
过氧化氢	3%~12%	5~15min
乙醇	75%~95%	30~60s
次氯酸钙	9%~10%	3~30min
溴水	1%~2%	2~10min

（三）培养基制备及其接种

培养基的种类很多，但各种合成培养基都是由含大量元素的无机盐、含微量元素的无机酸、碳源、维生素、氨基酸以及激素六大类成分构成的。有时还需要向培养基中加入一些复合的有机物或天然提取物。为了避免每次配制培养基都要称量各种化学药品，常常把培养基中必需的一些化学药品，按使用浓度的 10 倍、100 倍或 1000 倍称量，配成高浓度的浓缩液，这种浓缩液就称为母液。在培养基使用过程中，按比例取一定量的母液混匀并定容到所需体积后，经过高压蒸汽灭菌或过滤除菌即可得到所需培养基并用于植物材料的接种。在植物材料接种过程中，最为关键的就是要注意材料表面的消毒，通常首先采用清水冲洗，随后利用 2~3 种表面消毒剂进行表面消毒，最终要做到清洁、无菌，避免因消毒不彻底造成的污染。

（四）培养物的孵化

接种后的材料被转移到培养室，在那里光线和温度都受到严格控制。

（五）次代培养

为了维持，可以将发育好的愈伤组织切成段进行继代培养。

五、生长参数评估

不同类型培养物生长参数的测定在评价植物细胞和组织培养物的生长动力学中起着重要作用。最常见的体外系统的生长测量，即愈伤组织和细胞悬浮培养，在本节集中讨论。

（一）愈伤组织培养

愈伤组织培养是开始离体培养的最重要的步骤，需要最佳的营养供应以保证其充分生长。但其生长速度慢、生化变异性高，阻碍了其在植物组织培养中的应用。因此，培养基优化是评价不同培养基组分对组织生长速度影响的重要参数。生长指数、鲜重和干重等参数常被用来确定愈伤组织培养物的生长情况。

（二）细胞悬浮培养

游离细胞黏附（形成大团块）和分裂后细胞不能分离是悬浮培养中最常见的问题。然而，易碎的愈伤组织（容易分解成单细胞和小团）可以成功地帮助建立细胞悬浮培养。分离细胞的快速生长是由于来自四面八方的营养，这使得它更适合于生化研究。细胞之间的黏附性也可以通过在生长后期的培养基中修饰来克服。此外，酶降解和筛分是获得游离细胞均匀悬浮液最常用的方法。然而，一旦建立，它就有再次恢复到聚集状态的倾向。

（三）体外培养的生长评价方法

为了评估生长动力学，并与干重数据建立良好的线性相关关系，在不同的阶段，对来自不同植物品种的不同培养物评估了几个参数（本章后面会提到）。在生长周期中，这些培养物通常在细胞形态上有明显的异质性，或在固定阶段有高度的聚集或细胞裂解，这对这种相关性造成了很大的干扰。细胞计数和浊度等参数与干细胞重量参数有很好的相关性，而 DNA、RNA 和蛋白质无法与干细胞重量建立这种相关性，这导致了很大的差异。细胞计数是最耗时又复杂的方法，但仍然是评估悬浮培养中细胞生长的最佳方法。

（四）愈伤组织和悬浮培养生长的测定

1. 测定愈伤组织培养物的生长情况

用鲜重和干重法测定愈伤组织培养的生长指标。对于新鲜组织的重量测量，收获的组织要在天平上仔细称重，以避免组织干燥。而对于干重测量，组织要么被冻干，要么被干燥（微波炉干燥，60℃），直到达到恒定的重量。

2. 测定悬浮细胞培养物的生长情况

（1）新鲜细胞重量和干细胞重量　这是一个比单独培养体积更精确的细胞生长测量，然而，两者都需要在非无菌条件下处理样品。

（2）沉淀细胞体积（SCV）和填充细胞体积（PCV）　SCV是细胞质量所占的悬浮液总体积的百分比，而PCV是通过离心压缩悬浮液后细胞质量所占的悬浮液总体积的百分比。

（3）细胞数/mL培养基　细胞计数通过移1mL的悬浮培养液，并在显微镜下计数细胞总数（细胞计数室）。

（4）培养细胞密度　这是在细胞完全分解后估计的，可以用8%的三氧化二铬溶液或水解酶，如纤维素酶和果胶酶培养它们。三氧化二铬阻碍细胞活力的评估，然而，小心使用酶能保持细胞的活力。

（5）蛋白质和/或DNA含量　溴化乙啶或丙啶细胞染色用于此类测定。染色细胞在激发态发出红橙色荧光。

（6）培养基电导率　这表示了培养基的离子浓度（细胞对离子的吸收）高低，并与生物量增加成反比降低。利用电磁场，电转化仪测定介质的电导率。

（7）溶氧传质　黏度、密度、细胞浮力和聚集等因素直接影响溶氧传质。

（8）细胞活力　一种染色试剂——荧光素二醋酸酯，广泛用于检查细胞活力。

（9）渗透压　渗透压和培养基的离子强度影响膜运输pH、胞外酶和次生代谢产物的产生。

3. 生长效率评价

（1）生长指数（GI）　生长指数是由培养物在繁殖过程中传递的总质量和最终积累的体积之比计算出来的。在实际的情况下，生长指数是对取样时的最终质量和初始质量的测量，其表示如下：

$$GI = \frac{F_m - I_m}{F_m}$$

式中　GI——生长指数；

F_m和I_m——分别代表最终质量和初始质量（鲜重或干重）。

（2）比生长速率（S_g）　比生长速率定义为细胞种群在单位生物量浓度下的生物量增长速率。在生长曲线中，它发生在滞后期和平台期之间，细胞生长遵循如下的直线方程：

$$\ln F_m = S_g t + \ln I_m$$
$$S_g = (\ln F_m - \ln I_m)/t$$

式中 S_g——比生长速率；

F_m——初始生物量（或细胞密度）。

(3) 倍增时间（T_d） 这是细胞的特定浓度比其初始浓度增加一倍所消耗的时间，例如微生物的 T_d（h）>植物细胞的 T_d（d）。在所有植物组织培养中，烟草细胞倍增时间最快（15h）。T_d 表示如下：

$$T_d = \frac{\ln 2}{S_g}$$

式中 S_g 表示比生长速率。

第三节 微生物的培养与发酵

一、微生物培养的介绍

微生物培养，是一种通过允许微生物在预先确定的培养基中，在实验室条件下增殖微生物的技术。"培养"一词通常被用来指实验室对某一特定类型微生物的"选择性培养"。微生物培养是微生物学研究中使用的基本和必要的技术，用于评估微生物的类型，研究样本中该微生物的浓度，或两者兼有。它是最流行的微生物学诊断方法之一。此外，在有氧环境的培养基中添加抗氧化剂允许严格厌氧菌的生长，这改善了常规细菌学实验室中的厌氧菌的培养。

二、微生物生长要求

与所有生物一样，微生物的生长和繁殖也需要各种物理和化学因素的结合。微生物的生长实际上是指细胞数量的增加。微生物的培养取决于以下几个重要因素。

（一）物理要求

1. 温度

细菌有生长的最低、最适和最高温度，根据其生长温度可分为四组：

（1）嗜冷菌 是喜冷的细菌。它们的最适生长温度在 5~15℃。它们通常在北极和南极地区以及由冰川供应的溪流中被发现。

（2）嗜温菌 是在中等温度下生长得最好的细菌。它们的最适生长温度在 25~45℃。大多数细菌是中温的，包括常见的土壤细菌和生活在动物体内的细菌。

（3）嗜热菌 是喜热的细菌。它们的最适生长温度在 45~70℃，通常在温泉和堆肥中发现。

（4）超嗜热菌 是在极高温度下生长的细菌。它们的最适生长温度在 70～110℃。它们通常是古生菌的成员，生长在海洋深处的热液喷口附近。

2. 氧气需求

不同种类的细菌需要不同浓度的氧气才能生存，这决定了哪种细菌可以感染身体的哪个部位。细菌根据其对氧气的需求可分为以下几种：

（1）专性需氧菌是只在有氧环境下生长的生物，它们通过有氧呼吸来获取能量。

（2）微嗜氧菌是一种需要低浓度氧气（2%～10%）才能生长的生物，高浓度氧气具有抑制作用。它们通过有氧呼吸来获取能量。

（3）专性厌氧菌是一种只在无氧环境下生长的生物，事实上，在有氧环境下常常受到抑制或被杀死。它们通过厌氧呼吸或发酵来获得能量。

（4）耐氧厌氧菌，像专性厌氧菌一样，不能利用氧气转化能量，但可以在氧气存在的情况下生长。它们仅通过发酵获得能量，被称为专性发酵剂。

（5）兼性厌氧菌是一种有氧或无氧情况下都能生长的微生物，但通常有氧生长得更好。如果有氧气，它们通过有氧呼吸获得能量；如果没有氧气，则利用发酵或厌氧呼吸获得能量。大多数细菌是兼性厌氧菌。

3. pH

细菌和其他微生物对周围环境的 pH 很敏感。pH 对酶这样的大型蛋白质有影响，使它们的形状发生变化（变性），这通常导致分子上离子电荷的变化。在某些 pH 下，酶的催化性能丧失，代谢停止。大多数细菌在 pH 6.5～7.0 范围内生长最好，但有些细菌在极端酸性的环境中生长良好，甚至可以承受 pH 低至 1.0。嗜酸菌是在酸性环境中茁壮生长的细菌，尽管它们可以在极端的酸性条件下生存，但它们体内的 pH 更接近中性。根据微生物最适 pH 要求，可将其分为以下几类：

（1）嗜中性微生物在 pH 为 5～8 时生长最好。

（2）嗜酸菌在 pH 低于 5.5 时生长最好。

（3）嗜碱菌在 pH 高于 8.5 时生长最好。

有些细菌在生长过程中会产生酸，当这种酸被排出体外时，它会降低周围环境的 pH。这最终会使细菌停止生长，除非环境中有其他物质中和细菌产的酸。当在肉汤中生长时，可以使用缓冲剂来清除多余的酸，并保持生长培养基的 pH 在最佳水平。每一种微生物都有一个特定的 pH 范围，在这个范围内微生物可以茁壮生长和繁殖。

4. 渗透压

渗透压在生物学中至关重要，因为细胞膜对生物体中存在的许多溶质是有选择性的。当一个细胞被置于高渗溶液中时，水就会逃离细胞，流入周围的溶液中，导致细胞收缩并失去浊度。高渗溶液用于抗菌控制，盐和糖用于创造高渗环境，通常用作食品防腐剂。大多数细菌需要一个等渗环境或低渗环境才能最佳生长。耐渗透压生物是指那些能够在相对较高的盐浓度（高达 10%）下正常生长的生物。嗜盐菌是一种需要相对较高的盐浓度才能生长的微生物，比如某些需要氯化钠浓度为 20% 或更高的古生菌。

（二）化学要求

微生物除了需要合适的物理环境外，还需要不断的化学营养物质供应。微生物通常根据它们的能量来源和碳源进行分类。

1. 能量来源

根据能量来源，存在两种类型的细菌：光养细菌，例如玫瑰果硫球菌，其通过将光转化为质子的电化学梯度来使用光作为能量来源；以及化能细菌，其使用矿物或有机化合物的氧化能量作为能量来源。

2. 碳源

碳的结构骨架构成活细胞的有机化合物。碳是最丰富的细菌组成元素。至关重要的是细菌产生的碳分子，如脂肪、碳水化合物、蛋白质和核酸。细菌可以使用无机碳源，如二氧化碳，或糖和醇类等有机来源。根据碳源，细菌可以分为自养生物或异养生物。

（1）自养生物 只需要 CO_2 作为碳源。自养生物可以从无机营养物合成有机分子。

（2）异养生物 需要有机形式的碳。异养生物不能从无机营养物合成有机分子。

3. 氮源

氮源是丰富的，并且它们可以存在于培养基配方中使用的各种化合物中。它以有机和无机形式存在。氮是合成氨基酸、DNA、RNA 和 ATP 以及其他分子所必需的。根据不同生物体，氮、硝酸盐、氨或有机氮化合物可用作氮源。

4. 矿物质来源

常见的矿物质来源，有磷酸盐、硫酸盐、钾、镁或钙等。硫是生产含硫氨基酸和一些维生素所必需的。硫酸盐、硫化氢或含硫氨基酸可以作为硫的来源，这取决于微生物的类型。磷酸盐离子是磷的主要来源，磷是合成磷脂、DNA、RNA 和 ATP 所必需的。钾、镁和钙对于某些酶的功能和其他功能都是必需的。某些酶需要微量的铁，而微量元素，包括钾、镁、钙和铁，通常在酶反应中充当辅助因子。它们还包括钠离子、锌离子、铜离子、钼离子、锰离子和钴离子。在酶反应中，辅助因子通常作为电子给体或受体。

5. 水

水对于溶解营养物、运输营养物以及确保水解反应的发生都很重要。有些细菌需要不受限制地接触水才能生存。如果在固体培养基培养过程中发生蒸发，水分丢失，可能导致菌落变小和细菌生长受到抑制。

6. 生长因子

为了提高细菌的增殖速度，在培养基中添加生长因子是很重要的。生长因子是微生物不能够利用简单碳源和氮源自身合成的营养物质，如氨基酸、嘌呤、嘧啶和维生素等。

（三）培养基

培养微生物或在实验室条件下保持繁殖种群存活的能力对微生物研究有很大帮助。

总的来说，影响细菌生长的四个主要因素是营养选择、环境、温度和孵育时间。良好的微生物培养基必须含有碳、氮、无机磷酸盐和硫的可用来源，以及微量金属、水、维生素。最初，这些都是以肉浸液的形式提供的。在培养基中，通常使用牛肉或酵母提取物代替肉浸液。添加蛋白胨（其是蛋白质消化物）可提供容易获得的氮源和碳源。培养基必须具有适当的 pH，保持适当的温度，无生物负荷干扰，无污染。

1. 培养基中的环境因素

（1）空气　大多数细菌可以在正常的氧分压条件下生长。厌氧菌只有在大气中没有氧的情况下才能增殖，而专性需氧菌则需要自由的氧。在这两组之间的是微需氧菌，其在部分厌氧环境中正常生长，以及兼性厌氧菌，其可以在存在或不存在氧气的情况下生长。有几种方法可以为微生物生长创造厌氧条件：

①向液体培养基中添加少量琼脂。

②向培养基中添加新鲜组织。

③向培养基中添加还原物质，例如，巯基乙酸钠、巯基乙酸和 L-胱氨酸。

④通过化学物质吸收氧气。

⑤接种到固体介质的深层中或液体介质中的油层下。

许多微生物需要 5%~10%的 CO_2 浓度。由于当碳酸形成时 pH 下降，大于 10%的碳酸水平通常是抑制性的。

（2）水分活度　水分活度是指系统中水分存在的状态，即水分的结合程度（游离程度）。水分活度是对系统中水的能量的测量，水分活度值越高，结合程度越低。微生物的生长需较高的水活度，即生物体需要处于"自由"水的含水气氛中。营养物质和有毒废物的移动需要"自由"水，而"自由"水在复杂系统中不受约束。在孵育或储存期间，蒸发导致"游离"水的损失，导致菌落减小或菌落生长完全抑制。

（3）保护剂和生长因子　在培养基中使用保护剂，如碳酸钙、可溶性淀粉和木炭来中和以及吸收由细菌生长形成的有毒代谢物。例如，嗜血杆菌属微生物或奈瑟氏球菌属微生物需要生长因子烟酰胺腺嘌呤二核苷酸、NAD 和氯高铁血红素来增强生长。表面活性剂，如聚山梨醇酯 80，降低悬浮介质中细菌周围的界面张力。这种行为允许所需的化合物更快地进入细菌细胞，可以促进细菌生长。

2. 按功能划分的培养基类型

根据功能，培养基分为六种类型：

（1）基础培养基　那些可以用来培养细菌而不需要额外添加营养成分的培养基。示例：营养肉汤、营养琼脂和蛋白胨水。

（2）富集培养基　提供生长因子、维生素和其他重要的营养物质，以帮助难繁殖的微生物发育。这些微生物不能制造这些营养物质，需要将它们添加到培养基中。通常通过添加血液、血清或鸡蛋来制作富集培养基。示例：血琼脂培养基和罗氏培养基（Lowenstein-Jensen medium）为富集培养基，链球菌在血琼脂培养基中生长。

（3）选择性培养基　可抑制不需要的细菌的生长并允许需要的细菌生长。示例：

麦康凯琼脂培养基（用于分离革兰氏阳性菌）、罗氏培养基（用于分离结核分枝杆菌）、亚碲酸盐培养基（用于分离白喉杆菌）。

（4）指示（差异）培养基　指示培养基是含有特定成分的细菌生长培养基，可以通过目视观察来区分选定的细菌种类或类别。区分所选的细菌种类或类别。培养基血琼脂是一种类型的指示培养基，通过产生的溶血类型来区分细菌。亚硫酸铋琼脂利用铋抑制大多数革兰氏阳性和革兰氏阴性细菌的能力。特定微生物会导致指示剂，例如血液、中性红、亚碲酸盐发生变化。示例：血琼脂和麦康凯琼脂是指示培养基。

（5）运输培养基　运输培养基是一种特殊的培养基，用于保存标本，并在采集到实验室进行处理期间将细菌的过度生长降至最低。根据样本中可疑的微生物类型，运输培养基可能会有所不同。当标本采集后不久无法培养时，可使用这些培养基。

（6）保存培养基　用于长期保存细菌的培养基。

（四）无菌技术、系列稀释、平板划线和涂布平板

在微生物学中，无菌技术、系列稀释、平板划线和涂布平板是日常实验中最为基础的操作技术。

无菌技术：使用无菌技术，以避免细菌细胞培养过程中无菌培养基和设备的污染。在培养活细胞以及使用与之相关的试剂或培养基时，应始终采用无菌技术。该技术涉及使用火焰杀死污染生物体，以及使无菌介质和设备暴露于污染物最小化环境中的一般操作模式。在培养活生物体时，保持细胞培养和操作的环境尽可能不受其他生物体的影响是极其重要的。这需要限制灭菌的培养基容器暴露于外部空气，并使用火焰对容器盖和边缘进行"再灭菌"。这需要使边缘和盖子穿过本生灯的火焰以破坏与这些表面接触的微生物。

系列稀释：系列稀释是用无菌稀释剂稀释样品的方法，无菌稀释剂可以是蒸馏水或0.9%盐水，按固定比例逐级对样品进行稀释。取稀释液分成若干等份，将定量样品与第一组稀释液混匀后，取样品等量的稀释后溶液加入第二组稀释液混匀，以此类推，得到按比例逐级变化的系列稀释样品。

平板划线：在微生物学中，划线是一种用于从单一种类的微生物（通常是细菌）中分离纯菌株的技术。划线平板技术用于从混合群体中分离生物体（主要是细菌）的纯培养物。将接种物在琼脂表面划线，使得其"稀释"细菌。一些单独的细菌细胞彼此分离并间隔良好。通常，到第三或第四象限时，仅转移少数生物体，这将基于离散的菌落形成单位（CFU）。然后可以从所得菌落中取样，并且可以在新的平板上生长微生物培养物，使得可以鉴定、研究或测试生物体。使用无菌工具，例如棉签或通常的接种环进行划线。将其浸入接种物中，例如含有许多种细菌的肉汤或患者样本中。将样品划线在含有生长培养基的培养皿的一个象限上，培养基通常是已经在高压灭菌器中灭菌的琼脂板。使用哪种生长培养基取决于培养或选择哪种微生物。

涂布平板：涂布平板技术包括使用无菌涂布器，其具有由金属或玻璃制成的光滑

表面，以将悬浮在溶液中的少量细菌涂布在平板上。平板需要干燥并处于室温下，以便琼脂可以更容易地吸收细菌。一个完美的涂布平板技术将产生可见的和分离的细菌菌落，这些菌落均匀地分布在平板中，并且可以计数。

特殊培养技术：许多微生物具有特殊的生长条件，从而导致需要特殊的培养技术。微需氧菌是一种需要氧气才能生存的微生物，但需要的环境中的氧气含量低于大气中的氧气含量（20%浓度）。在实验室里，它们可以很容易地在蜡烛罐里培养。蜡烛罐的做法是在密封容器的气密盖盖上之前将点燃的蜡烛引入容器。蜡烛燃烧，耗用氧气，这创造了一个富含CO_2、氧气贫乏的环境。许多实验室也可以直接获得CO_2，并在培养箱中创造微氧环境，在那里他们可以培养微需氧菌。

1. 无菌培养转移技术

通过传代培养将微生物从一种培养基转移到另一种培养基。该技术非常重要，通常用于制备和维持储备培养物以及微生物检测。微生物无菌转移的基本步骤如下：

（1）将接种环放在酒精灯的外焰部位进行灼烧灭菌，直到整个金属丝烧红为止。

（2）用小指拔下培养基试管的棉塞，将试管口部短暂地穿过火焰，然后将无菌接种环接触培养基试管的无菌壁，使其进一步冷却，然后挑取少量菌样。

（3）将原样品培养管的口部在酒精灯的外焰部位灼烧数秒后重新插好棉塞。

（4）将继代培养管的棉塞拔出，将管口短暂灼烧，并将挑取的菌样接种于继代培养管中。

（5）接种液体培养基时，可轻轻摇动环以分散微生物；接种琼脂斜面培养基时，则需在培养基表面轻轻画锯齿形线。

（6）接种结束后，将继代培养管的管口短暂灼烧数秒，并重新插入棉塞。

（7）最后，再次用火焰灼烧接种环，以消灭残留的微生物。

2. 纯培养

纯培养指仅在单一种类存在的状态下所进行的生物培养。其培养方式可以是在固态的含琼脂的营养培养基上进行，如可以将细菌接种于含有琼脂培养基的培养皿中，并将培养皿保持在适宜的生长温度（37℃）下培养。另一种培养细菌的方法是液体培养，即将细菌接在营养丰富的培养液中。在培养过程中，一般需将培养容器放置在恒温振荡器等装置下振荡培养，以保证细菌有充足的氧气供给，使其均匀生长。另外，在一些条件下也可以使用静态液体培养，即不搅拌液体，为细菌创造不同程度的氧气环境。

3. 纯培养物的分离

微生物在自然界中是以混合种群的形式存在的，为了在实验室中研究某一特定微生物，我们必须以纯培养的形式进行培养。也就是说，我们需要将所研究的微生物从混合种群中分离出来。从混合群体获得纯培养物涉及两个主要步骤：

（1）稀释　通过稀释后涂布使混合物中各种微生物在琼脂表面上的间隔足够大，以便在培养后形成明显的菌落，与其他微生物的菌落隔离开来。

(2) 单菌落的挑取　当待分离微生物在固体培养基中形成单独菌落后，可通过无菌操作将所选取的菌落挑取并转移到新的无菌培养基中。随后重复稀释与挑取单菌落的操作，直至得到纯培养物。

4. 富集培养

富集培养是指通过调节培养条件特异性刺激目标微生物群的生长，从而提高微生物混合样品中特定微生物群种群密度的培养方法。富集培养使用特定的生长培养基，使某一特定微生物的生长比其他培养基更有利，从而富集目标微生物。

富集培养需要明确目标微生物的特性和所需营养物质。目标微生物可能对某种特定的碳源、氮源或微量元素有特殊的需求。因此，在富集培养的过程中，需要选择适当的富集培养基，以提供目标微生物所需的营养物质。此外，还可以添加一些抑制其他微生物生长的物质，以防止其他微生物的干扰。不同微生物对温度、pH 和氧气需求有所不同，因此在富集培养中需要根据目标微生物的需求来调节培养条件。此外，还可以通过改变培养基的浓度、添加抑菌剂或抗生素等方法来选择性地培养目标微生物。

富集培养的方法可以应用于各个领域的微生物研究中。例如，环境微生物学研究中可以利用富集培养的方法来筛选出具有特定功能的微生物，如降解有机污染物的细菌；医学微生物学研究中可以利用富集培养的方法来寻找新型抗生素产生菌株；食品安全领域可以利用富集培养的方法来检测食品中的病原微生物等。

（五）细菌计数

为了确定微生物生长和死亡的速率，有必要对微生物进行计数以提高测算结果的准确性，确定它们的数量。确定给定样品中微生物的数量也具有现实意义，例如，通过确定某些食品和药物中微生物含量水平能有效评估这些产品的安全性。已经开发了多种用于微生物计数的方法，通过测量细胞数量、细胞质量或与细胞数量成比例的细胞成分含量，估算微生物含量大小。细菌计数方法一般分为细胞直接计数、细胞间接计数、微生物生物量的直接测定和微生物生物量的间接测定四个类别。

1. 细胞直接计数

细胞数量可通过直接观察的方法进行计数，常用方法有使用计数室直接计数和使用荧光染料直接计数。

（1）使用计数室的直接计数　显微镜直接计数是利用血球计数板，在显微镜下计算一定容积里样品中微生物的数量。血球计数板是一块特制的载玻片，上面有一个特定的面积 $1mm^2$、高 $0.1mm$ 的计数室，计数室又在 $1mm^2$ 的面积里被划分为 25 个中格，每个中格进一步划分成 16 个小格（或划分为 16 个中格，每个中格划分为 25 个小格，无论哪种划分方式，小格总数都是 400 个）。在计数观察时，将被测样品滴加在血球计数板的计数区域中，盖好盖玻片，通过显微镜观察并计数代表性区域中细胞的数量，并通过代表性区域与总体积间的换算关系对样品的细胞总数进行估算。直接计数法简单迅速，但缺点是不能区分活细胞和死细胞。该方法常用于评估食品的卫生水平，并用于在血液学中进行血细胞计数。

（2）使用荧光染料直接计数　近年来，荧光染料越来越多地用于各种研究过程，其中之一是细菌计数。这些染料可依照需求用于染色样品中所有物种，或仅染色样品中感兴趣的特定物种，甚至针对细胞的特定组分进行染色。最广泛使用的用于计数细菌细胞数量的荧光染料是吖啶橙，其通过与 DNA 和蛋白质组分相互作用来染色活细胞和死细胞。染色的细胞在近紫外光激发时发出橙色荧光。这种染色剂特别适用于测定样品，例如土壤和水中的微生物总数。该方法被广泛用于群体水平通常较低的情况，以及已知平板计数严重低估细菌总数的情况。用吖啶橙对已知体积的样品中的细菌进行染色，然后通过 $0.22\mu m$ 的过滤器过滤样品。细菌被截留在滤膜上，然后将滤膜放置在荧光显微镜下进行检查。通过对滤膜上限定区域的细菌进行计数以及计数区域与原始样品的换算关系计算原始样品中的细胞浓度。其他荧光染料也越来越广泛地应用于细胞计数过程中。如氯化氰二甲苯基四唑（CTC）能够被活细胞摄取，通过呼吸作用中的电子传递被还原形成红色荧光物质，因此可以显示活细胞。金胺（Auramine）和罗丹明（Rhodamine）与分枝杆菌的细胞壁结合，在荧光显微镜下发出亮黄色或橙色。

2. 细胞间接计数

将样品中的微生物稀释或浓缩，并在合适的培养基上培养，然后根据微生物的生长情况（例如琼脂平板上的菌落形成）来估计原始样品中微生物的数量。

例如，利用平板计数法用于估计样品中存在的活细胞数量。平板计数法或涂布平板依赖于细菌在营养培养基上生长的菌落。菌落肉眼可见，平板上的单菌落数可计数。细菌计数最常用的方法是活菌平板计数法。在这种方法中，将含有活菌的样品连续稀释，置于合适的生长培养基上。将悬浮液涂在琼脂平板表面（涂布平板法），或与未凝的琼脂混合，倒入平板中，并使其固化然后在允许微生物繁殖的条件下培养，使得菌落生长，其可以在没有显微镜的帮助下看到。假设每个细菌菌落都是由一个细胞分裂产生的，通过菌落计数并考虑稀释因子，可以确定原始样品中的细菌数量。

3. 微生物生物量的直接测定

通过离心或过滤的方式得到培养物中所有的菌体，然后利用直接称重的方式测定整个微生物菌体的生物量。通过建立标准曲线可以将生物量与细胞数量相关联，这样可以根据所得细菌的湿重或干重估算细胞数量。

4. 微生物生物量的间接测定

微生物生物量是通过测量微生物细胞中相对恒定的生化成分来估计的，如蛋白质、ATP、脂多糖、肽聚糖和叶绿素；生物量也可以通过测量浊度间接估计，浊度可以通过标准曲线与细胞数量相关联。基于特定微生物大分子或代谢产物检测的各种程序可以用来估计微生物的数量。例如，肽聚糖是可以定量的，而且由于这种生化反应只发生在细菌的细胞壁，所以通过肽聚糖的浓度可以用来估计细菌的数量。这种测定细菌数量的生化方法依赖于分析化学方法的发展，精确定量特定的生化成分含量及其在细胞成分中所占比例，有助于提高细菌数量估算值的准确性。

分光光度计是一种可以非常精确地测量浊度的仪器。培养物置于半透明比色皿中，将比色皿放入机器中，立即测量浊度。简单的数学公式有助于将检测到的浊度转换为细胞浓度。

（六）保存细菌培养物

微生物的保存在确保研究结果的可重复性和连续性方面起着关键作用。与在平板或试管中连续传代培养微生物相比，保存微生物库也使微生物易于储存和检索。根据储存时间和微生物类型，使用不同的保存方法。长期保存的基本原则是保持微生物处于休眠状态，使其不受污染和发生遗传变化，这通常通过使用低温冷冻或冷冻干燥技术来降低细胞代谢活性来实现。最近，微胶囊化也被探索用于益生菌保存。

1. 短期储存（持续增长）

微生物可以在琼脂培养基上维持短时间的持续生长。在实验室冰箱（4℃）中微生物的琼脂平板培养物能够存活数周，而细菌琼脂穿刺培养物则能够存活一年。大多数微生物（细菌、真菌和藻类）都可以用这种方法储存，建议用于经常使用的培养物。利用培养基中的营养物质，这些培养物持续生长，在较低的温度下速度较慢，使它们能够在可利用的营养物质下存活更长的时间。

为了使琼脂的污染和干燥最小化，培养板应用实验室薄膜牢固包裹，倒置存放。含有琼脂穿刺培养物的试管和小瓶应牢固地盖上盖子。在琼脂培养基上短期储存的优点是以后容易回收微生物。只需将它们划线接种到新鲜培养板上或接种到液体培养基中，并在最佳生长温度下孵育。

然而，随着时间的推移，琼脂变干，培养基中的营养物质被微生物消耗殆尽。代谢废物也会累积到有毒的程度。营养饥饿和有毒废物积累最终导致储存的微生物死亡。

2. 长期储存

如果要长期储存，微生物需冷冻（-20℃、-80℃或液氮中）或在冷冻干燥（冻干）条件下保存。超低温保存适用于广泛的细菌、藻类、真菌、病毒和原生动物。超低温会大幅降低酶活性，从而降低微生物的代谢过程。为防止冰晶形成对细胞造成的损伤，在-20℃、-80℃或液氮中储存之前，将细胞重悬于含有冷冻保护剂如甘油的生长培养基中，或者细胞也可以在冷冻前重悬于脱脂乳中。为了使回收率最大化，建议在细胞浓度最高的生长稳定期冷冻培养物。大多数培养物可以保存在低温小瓶中在-20℃下至少保存一年，有些细菌在-80℃和液氮中保存几十年仍能存活。冷冻的微生物可以通过在37℃下解冻并接种到新鲜培养基中来复苏。

冷冻干燥（冻干）通过在真空中将水转化为气体来去除冷冻样品中的水分，从而减缓微生物代谢过程，并将细胞转化为干燥颗粒，便于在安瓿中储存和运输。冷冻干燥已被用于保存细菌、藻类、酵母、病毒和能够形成孢子的真菌。然而，冻干不适用于某些细菌和非孢子形成真菌，因为它们不能在冷冻干燥的压力下存活。冷冻干燥培养物在接种到新鲜培养基中之前，一般需要先接种于生长培养基（适用于细菌和藻类）、含有宿主的生长培养基（适用于噬菌体）或水（适用于真菌和酵母）中培养使其水化，以提高培养物的活化效率。

3. 使用微胶囊化保存微生物

微胶囊化，即细胞在储存前被包裹在基质中，已经被提出作为一种微生物长期保存的方法，它不会将微生物暴露于冷冻和干燥的胁迫下。基质保护了细胞，增加了储存期间的稳定性。研究表明，海藻酸钙微胶囊化益生菌可提高其在-80℃下的生存能力。此外，静电纺丝和静电喷涂技术也被用于保持敏感益生菌的生存能力。微生物保存技术使微生物的生存能力得以保持，为未来数年对其潜力的探索铺平了道路。如果使用正确的方法，这些微生物中的一些可能在我们死后很长一段时间里仍然保存在冰箱中，等待着未来几代研究人员的复活。

（七）酵母和霉菌培养基

真菌可大致分为两类：酵母和霉菌。酵母是通过芽殖繁殖的单细胞生物，而霉菌则以丝状结构生长。酵母菌能够在常规细菌培养基上生长，如血琼脂和巧克力琼脂平板。如果酵母菌与混合细菌群体一起存在，则细菌可能会抑制酵母菌的生长。因此，一般认为，应使用选择性培养基，如沙氏琼脂培养基培养临床标本中的酵母菌。

（八）病毒和噬菌体培养基

20世纪初，人们利用鸡胚等分离病毒。用于病毒培养的细胞通常从组织样本中产生，然后使用机械、化学和酶解方法进行分解，提取适合分离病毒的细胞。由于细胞培养技术的使用，在研究中使用实验动物的情况已大大减少。此外，由于选择了合适的细胞系，培养病毒的数量大幅增加。纯化试剂和细胞系的商业普及为病毒培养打开了一扇新窗口，许多人类病毒都实现了在体外细胞中进行培养的目标。与使用鸡胚等相比，通过细胞培养病毒更方便、更经济。

1. 细胞培养基

已经配制了一系列培养基用于培养脊椎动物细胞。这些培养基中包含各种浓度的氨基酸、维生素、酶、生长因子和无机盐等细胞生长所需成分，以及葡萄糖、果糖、谷氨酰胺等用于细胞代谢的碳源。优良适宜的细胞培养基能够保证宿主细胞生长的稳定性，从而为病毒感染及增殖提供有利环境。

2. 宿主细胞的生长条件

（1）最适pH　真核细胞生长所需的pH范围为7.1~7.5。大多数培养基使用碳酸氢盐缓冲系统（CO_2/HCO_3^-）来保持pH。这些培养基用碳酸氢钠配制，而CO_2作为代谢产物由培养的细胞提供，或通过使用CO_2培养箱提供气体环境。通常用HEPES缓冲液来补充碳酸氢盐缓冲液系统，它优于现有的其他缓冲液系统，并消除了对富含CO_2气体环境的需求。

（2）渗透压　宿主细胞生长的最佳的渗透压范围通常是280~320mmol/kg。

（3）血清　血清能够为宿主细胞提供必需氨基酸、核酸前体、脂肪酸以及部分生长激素，同时血清能够抑制用于培养细胞的常规解离的蛋白酶。使用浓度为 5%~15% 的胎牛或新生小牛血清以促进宿主细胞生长，如果将使用浓度降低至 0~2% 的话，胎牛或新生小牛血清可以维持融合单层培养物。血清应在 $-70℃$ 下保存，避免反复冻融。

（4）抗生素　抗生素能够保护宿主细胞免受细菌或真菌的污染。常用的抗生素有氨苄青霉素（20~100 单位/mL）、庆大霉素（16~50 mg/mL）、四环素（10 mg/mL）、两性霉素 B（0.5mg/mL）或制霉菌素（50 单位/mL）。抗生素的储备液应储存在 $-20℃$ 的温度下。

3. 病毒分离

病毒与细菌不同，细菌可以在合成的营养培养基上生长，病毒需要一个活的宿主细胞来进行复制。感染的宿主细胞（真核的或原核的）可以培养和生长，然后可以收获生长培养基来生产病毒。离心或过滤可用于将液体培养基中的病毒粒子从宿主细胞中分离出来。过滤器会从溶液中提取比病毒粒子更大的物质，使病毒在滤液中积累。

4. 病毒的培养

病毒可以在体内生长（在一个完整的活的植物体或动物体内），也可以在体外生长（在一个活体以外的细胞内人工环境中生长，如试管、细胞培养瓶或琼脂平板）。噬菌体可以在有密集细菌层（也称为细菌草坪）的情况下生长，生长在皮氏培养皿或平（水平）烧瓶中 0.7% 的软琼脂中。琼脂浓度从通常用于培养细菌的 1.5% 降低。柔软的 0.7% 琼脂使噬菌体很容易通过培养基扩散。对于裂解噬菌体，当检测到一个称为空斑的透明区域时，可以很容易地观察到细菌宿主的裂解。当噬菌体杀死细菌时，在浑浊的细菌草坪中可以观察到许多斑块。

动物病毒需要宿主动物体内的细胞或来自动物的组织培养细胞。动物病毒培养对于临床标本中致病病毒的鉴定和诊断、疫苗的生产和基础研究具有重要意义。体内寄主来源可以是胚胎化的禽蛋（如鸡、火鸡）中的发育胚胎或整个动物。胚胎或宿主动物作为病毒复制的孵化器。胚胎或寄主动物中的位置很重要，许多病毒都有组织趋向性，因此必须被引入一个特定的部位生长。在胚胎中，目标部位包括羊膜腔、绒毛膜尿囊或卵黄囊。病毒感染可能破坏组织膜，产生称为痘的病变，破坏胚胎发育，或者导致胚胎死亡。

在体外研究中，可以使用各种类型的细胞来支持病毒的生长。例如，Hela 细胞和 HEp2 细胞用于单纯疱疹病毒（HSV）、腺病毒、脊髓灰质炎病毒和一些柯萨奇病毒的培养。Vero 细胞也将支持这些病毒的生长，并与 BHK21 细胞一起用于虫媒病毒的生长。RK13 细胞和 BHK21 细胞用于风疹病毒的分离和繁殖 RD 细胞用于分离柯萨奇 A 组病毒。

原代细胞培养是用新鲜制备的动物器官或组织进行的。从组织中提取细胞的方法包括机械刮取或切碎组织以释放细胞，或用胰蛋白酶或胶原酶分解组织并释放单细胞到悬浮液中的酶促过程。由于需要固定，原代细胞培养需要在皮氏培养皿或组织培养瓶中使用液体培养基，以便细胞能够在玻璃或塑料等固体表面上黏附和扩展。原代培养的寿命通常很短。传代细胞培养是指将原代细胞培养的细胞移入含有新鲜生长培养基的新容器中。必须定期降低细胞密度，倒出一些细胞，用新鲜培养基代替，为细胞生长提供空间和营养。与原代细胞培养相比，通常由转化细胞或肿瘤产生的连续细胞系也可以传代多次，甚至可以无限生长。因此，连续的细胞株可能形成类似小肿瘤的肿块或堆。

（九）发酵技术的基础

在过去的几个世纪里，"发酵"这个词的意思经历了一系列的变化。发酵过程包括一个复杂的反应链，它是有可能同时存在于系统中的微生物所引起的。它可以被定义为内源性电子受体从任何有机材料的细菌（酶）氧化产生的能量。虽然碳水化合物在大多数发酵过程中被用作底物，但有机酸（包括氨基酸）、蛋白质、脂肪和其他有机化合物也被认为是某些微生物的发酵底物。发酵过程可能是有氧的或厌氧的。

1. 发酵操作方式

发酵过程可以通过以下三种不同的方法进行：分批发酵、补料分批发酵和连续发酵。

发酵的成功取决于多种因素，其中包括但不限于培养基和添加剂的成本、工艺运行时间、细菌的生长和活力、产品效价和产量、培养基中的产品质量，这些都是重要的影响因素。因此，选择合适的发酵方式对生物过程工程师来说就显得尤为重要。每一种发酵方式都有其优点和缺点，人们应该根据需要和可用的资源来选择一种特定的方法。

（1）分批发酵　在分批发酵过程中，细胞生长所需的所有营养物质一次性添加到发酵罐中，按照预先设计好的发酵条件进行发酵生产，在发酵产物达到所需浓度后开启发酵罐并回收产物。发酵过程中，有限的营养物质逐渐被微生物消耗并用于其生长和产物合成。

分批发酵中微生物的生长曲线可分为不同的阶段。在发酵初始阶段，生物体刚刚接种于培养基时，需要时间来激活利用新底物所需的基因，因此生物量的增长相对缓慢。此阶段称为延迟期。尽管在此阶段未观察到细胞分裂，但细胞在该阶段同样具有代谢活性。微生物经过滞后的适应过程后进入指数期，其中细胞具有代谢活性，可以观察到细胞分裂，细胞呈指数倍生长。

在指数期，微生物细胞以特定速率分裂。细胞分裂的速率高于细胞死亡的速率。从生物过程的角度来看，指数期主要合成细胞生长所需相关产物。在生产中，可从该阶段的细胞中获得各种氨基酸、生长因子、激素、维生素。由于在分批发酵过程中，在随后的阶段没有新的营养物添加，因此随着生长的进一步进行，营养物被逐渐消耗殆尽，同时次生代谢产物在培养体系中产生积累。这些积累的次生代谢产物在营养缺乏期间会对微生物的正常生长造成阻碍。这些次生代谢产物同样具有各种各样的生物学活性，从而在医药领域具有广泛应用。在生产中，可从该阶段细胞中获得抗生素、色素、抗肿瘤剂、降低胆固醇的药物、杀虫剂、植物生长调节剂等。由于营养缺乏和副产物的积累，新细胞生长的速率低于细胞死亡的速率，微生物培养进入死亡阶段。

从工业投资的角度来看，分批发酵所需设备简单，操作容易，投入成本小，具有较好的投入产出比。分批发酵也成为生产生物活性物质的首选发酵模式。

(2) 补料分批发酵　补料分批发酵是分批发酵的一种改进版本。它的发展主要是为了克服分批发酵存在的生产效率不高、设备利用率低等问题。补料分批发酵最初的操作与分批发酵类似，直到培养物达到分批发酵的指数期。当培养达到指数期时，向培养系统中通过补料操作添加新的营养物质，这种补料延长了指数期，从而获得了较高的产品产量。由于过度不受控制的投料会稀释补料发酵中的微生物培养物，因此一般通过以下两种策略进行投料：开环控制和闭环控制。

如果一个过程仅由预设的命令控制，而没有任何反馈测量信号，则该系统被称为开环。开环控制相对简便，但当发酵过程偏离预期状态时，如果没有反馈回路，则无法改变发酵产物的输出状态。在闭环控制中，通过将一些形式的反馈回路附加在过程控制中，使得当发酵过程偏离预期时，通过反馈回路改变预设命令，从而调整发酵的输出状态。反馈回路通常通过检测发酵液的物理或化学状态信息，并将此状态与标准值进行比较，进而调节补料时间、补料量等。

补料分批发酵中用于反馈回路的参数信息有多种选择。如细胞生长过程中能够产生有机酸从而造成培养基 pH 增加，同时细胞饱和及裂解也有助于 pH 的增加。pH 即是对细胞生长的间接反映也对细胞活性具有重要影响。因此可以以 pH 为参数，调节进料速率实现闭环控制。类似地，也通过测量培养物的浊度来分析细胞生长进而调节补料速率。

(3) 连续发酵　在连续发酵中，新鲜培养基不断添加到发酵罐中，同时以相同速度流出培养液，从而使发酵罐内的液量维持恒定。连续发酵过程有助于补充消耗的营养物质，同时清除有毒的代谢物。通过调节营养物流入和产物流出的速率，培养罐内液体量保持恒定。因此，与分批补料发酵相比，容器的最大工作容积并不限制在发酵过程中可以添加到培养物中的新鲜培养基的数量。

连续发酵主要包括恒化器发酵与恒浊器发酵。恒化器发酵通过控制限制性营养物的浓度，从而控制微生物的生长速度。恒浊器发酵则是以恒定的菌体密度控制营养物质的添加速度。两种方法的基本要求都是保持恒定的发酵液密度。连续发酵可为微生物提供恒定的生活环境，其所用发酵罐比分批发酵所需发酵罐更小，发酵时细胞的生理状态一致性更好，更容易实现生产过程的自动化。

2. 影响发酵的因素

(1) 水分　水分活度对微生物的生长至关重要。大多数细菌在水分活度（A_w）0.9以下停止生长，霉菌在 0.7 以下停止生长。水通过细胞膜被微生物吸收。如果水分活度低或缺乏水分，细胞在遭受渗透胁迫时就会进入休眠状态。根据工艺的不同，水分含量必须保持在一定的范围内，以获得预期的结果。由于发酵培养基中的水分含量随反应速度而降低，因此必须通过加水来保持。根据未接种培养基的蒸发速率，可以计算出定期向培养基中加入的水量。

（2）氧化还原电位　氧化还原电位反映了发酵过程中微生物的代谢活性。它被定义为分子获得电子的趋势。一种特定的方法被用来操纵和控制所需代谢物生产的氧化还原电位。与氧化和还原反应相关的酶在反应器中受氧化还原电位的影响很大。在溶解氧（DO）电极的情况下，由于探针的检出极限，控制好氧状态是一项艰巨的任务。为了克服这一问题，需要测量氧化还原电位，因为氧化还原电位对氧化反应具有很高的敏感性。氧化还原电位也与微生物的代谢网络有关。氧化还原电位描述了一种获得或失去电子的相对状态。细胞内的氧化还原电位是通过 NADPH 和总氧化能力来测量的。细胞外氧化还原反应与细胞膜分离和细胞氧化还原状态有关。由于反应器环境的变化，它很容易发生位移。控制 DO 的水平对于维持最佳的生理条件和保持代谢通量通道倾向于预期的产物是至关重要的。

（3）温度　微生物没有能力保持它们的温度。它们的温度是由微生物生长的环境调节的。即使温度的微小变化也会对酶的结构和活性产生巨大的影响。在最适温度下，微生物代谢加快，生长速度加快。但在较低的温度下，代谢停止，活性降低；在高温下，蛋白质变性导致细胞死亡。

3. 可用于发酵的生物制剂

（1）细菌　细菌是单细胞微生物。地球上到处都有细菌。它们栖息在土壤、岩石、海洋，甚至北极雪中，一些生活在生物体上，包括植物和动物。用于发酵的细菌是厌氧的，并利用有机分子作为最终电子受体产生所需的最终产物。细菌在适宜的 pH、温度、DO 和营养条件下增殖，并进行酶活动，将原料转化为所需产品。不同属的细菌产生不同的产物，链球菌、乳酸菌和芽孢杆菌产生乳酸，大肠杆菌和沙门氏菌产生乙醇、乳酸、琥珀酸、乙酸、CO_2 和 H_2。发酵细菌可以用特定的糖作为发酵底物。

（2）酵母　酵母是一种真核微生物，主要生活在水、土壤、空气以及植物和水果的表面。酵母将糖转化为酒精以获得能量，这种特性在发酵过程中被使用。发酵过程生产酒精饮料，如葡萄酒、啤酒和苹果酒是酿酒酵母菌株生产的。它们的发酵特性和工艺特性是众所周知的，有助于获得标准质量的所需产品。酵母细胞还用于生产发酵乳制品，如酸乳、乳酪和面包等烘焙产品。酵母在生物燃料生产中有着至关重要的应用。生物化学上，发酵是由酵母进行时，葡萄糖代谢产生的丙酮酸被分解成乙醇和 CO_2。

（3）霉菌　霉菌主要用于生产乳酪、酱油等食品。三种主要类型的乳酪依赖于菌种的特性：蓝纹乳酪、软熟乳酪和水洗乳酪。罗克福尔蒂青霉菌、卡门贝蒂青霉菌一般用于生产乳酪。一些霉菌，如黄青霉和纳乔维斯青霉菌，用于肉类的发酵。用霉菌处理肉类可以改善其质地并提供香气，还可缩短产品的成熟期，保持产品的自然品质，从而延长产品的保质期。用米曲霉、大豆曲霉等霉菌发酵大豆，制得具有谷氨酸盐等发酵副产物风味的酱油。

（4）酶　所使用的酶的性质取决于要进行的发酵的类型。发酵是在酶的作用下将简单的有机化合物分解的过程。例如，淀粉在淀粉酶转化酶的作用下被逐级分解成寡糖、单糖，最终转成酒精。乳酸菌分泌的乳糖酶通过对乳糖的作用使牛乳凝结。在酒精发酵过程中，酶将葡萄糖和果糖转化为乙醇和 CO_2。自然获得的酶可用于发酵过程，但为了满足工业发展的需求，已开发出少量的酶，并在液化和糖化中发挥关键作用。发酵过程需要酶通过分解底物来加速产品生产的机制。例如，酒精的生产需要淀粉酶将淀粉分解成单糖。蛋白酶和水解酶在酿造工业中也有广泛的应用。

第四节 流式细胞术

一、流式细胞术的介绍

流式细胞术是用于定性及定量分析细胞的多参数方法。流式细胞术以定量方式分析异质群体内的单个细胞的特征。最常见的应用是测量通过荧光化合物（荧光染料）缀合的抗体或荧光蛋白检测的细胞表面蛋白的表达水平。细胞内蛋白质、特异性 mRNA 的表达水平和细胞中总 DNA 的量也可以使用各种荧光染料以定量方式测量。专门类型的流式细胞术利用荧光激活细胞分选（FACS），还可以分离（分选）具有某些特征的细胞用于进一步分析。

二、流式细胞仪工作原理及组成部分

当粒子通过激光束时，它会根据其物理性质散射光。例如，较大或较复杂的粒子会导致光的较高偏差。如果该粒子也是荧光的，则在用适当波长的光激发后，它会在仪器中另一个地方发光，使用光电耦合系统来记录每个细胞如何散射入射激光并发射荧光。出于这个原因，细胞应该处于单细胞悬浮液中，其中许多是可以测量的。悬浮在液体中的细胞通过激光束，引起光散射，可由适当的检测器检测，最后电子系统处理来自检测器的信号，给出表示特征的数字。同样，如果一个表达绿色荧光蛋白（GFP）的细胞暴露在 488nm 的激光下，它将发出峰值波长为 509 nm 的光，并可以此作为细胞检测的信号。

流式细胞仪主要由三部分构成：流体系统、光学系统和电子系统。分选型的流式细胞仪还含有分选系统。

（一）流体系统：细胞传输到激光束

为了精确起见，每次应该有一个细胞经过激光器的前面。因此，悬浮在溶液中的细胞被引入流动室中的鞘流中，它是仪器的心脏（样品芯）。多达数千个细胞中，细胞直径为 1~15μm 的细胞适合于流式分析。然而，使用专门的系统，也可以分析更小或更大的细胞。

（二）光学系统：激光和透镜

当细胞通过激光束时，它会在所有方向上散射入射光。前向散射（FSC）是向前散射的光，它反映了细胞的大小。相反，以更高角度散射的光［侧向散射（SSC）］反映了细胞的粒度和内部复杂性。

除了细胞的这些物理特征之外，流式细胞术可以测量当用荧光分子标记时来自每个细胞的荧光发射强度，所述荧光分子例如荧光染料缀合的抗体、荧光蛋白（GFP、YFP等）、4',6-二脒基-2-苯基吲哚（DAPI）等。

每个荧光化合物都有自己的吸收和发射光谱，这意味着它有一个特定范围的激发和发射波长。例如，藻红蛋白 phycoerythrin（PE）和 PE－Cy7 都能被黄色/绿色激光（561nm）激发，但 PE 的最大发射波长为 578nm，而 PE－Cy7 的最大发射波长为 785nm。这意味着我们可以通过检测不同波长的光来区分两种荧光团标记的成分。因此，特定波长的荧光要通过光学镜和滤光片系统照射到相应的光学检测器（称为光电倍增管或 PMTs）上。此外，发射光的强度取决于细胞中荧光团的含量。

现代的流式细胞仪可以有 3~5 个激光器，可以测量>15 个参数。然而，许多荧光化合物具有重叠的吸收光谱和发射光谱。

（三）电子系统：将光信号转换成数值数据

最后，收集光信号的探测器产生一个电子脉冲（电压脉冲），由电子系统处理，电子脉冲的高度、宽度和面积由细胞的大小、速度和荧光强度决定。

流式细胞术分析的数据以一种被称为流式细胞术标准（FCS）的格式存储，该格式由国际细胞术发展协会（ISAC）开发。

（四）分选系统

分选型流式细胞分析仪还能够利用分选系统对感兴趣的细胞进行分类收集用于进一步的研究。分选型流式细胞仪在喷嘴部位增加了一个高速振荡器，使得液流在经过喷嘴时能够形成互相独立、大小均一的液滴。当液滴经过检查点时，仪器会依据预设条件判断液滴中所含细胞是否为目标细胞，并对目标细胞的液滴进行充电。随后，当液滴经过高压电形成的强电场时，目标细胞所在液滴则依据其带电情况差异发生偏转并进入各自的接收管中，最终实现流式细胞的分选。在实际操作中，研究人员可以根据细胞的 FSC、SSC 以及任何通道的荧光强度来设置目标细胞。分选系统极大地拓展了流式细胞仪的研究与应用领域。

三、流式细胞术用荧光染料

在流式细胞术中使用了多种荧光染料。随着流式细胞术的新应用要求开发新的荧光染料，荧光染料的数量仍在不断增长。荧光染料的选择主要是由特定的应用以及在流式细胞仪上可用的激光激发源决定的。

对于大多数应用，最好使用一种以上的荧光染料，这样可以对样品进行多参数分析。对于这种应用，需要有一个具有多个激光激发源的流式细胞仪，以便在选择荧光染料时提供广泛的选择。下面介绍几种流式细胞仪常用的染料种类。

（一）有机小分子

有机小分子如荧光素（分子质量为389u）、荧光素类似物488（Alexa Fluor）、得克萨斯红（分子质量为325u）、Alexa Fluor 647（分子质量为1464u）、太平洋蓝和Cy5（分子质量为762u）通常用于抗体缀合。它们具有一致的发射光谱，但具有小的斯托克斯位移（激发波长和发射波长之间的差，为50~100nm）。它们也是稳定的并且相当容易缀合至抗体。Alexa Fluor染料被设计为更耐光漂白，并且是也将用于成像的样品的更好试剂选择。

（二）藻胆蛋白

藻胆蛋白是来源于蓝细菌、甲藻和藻类的大蛋白质分子。例如PE具有240000u的分子质量。这些蛋白质具有大的斯托克斯位移（75~200nm），非常稳定，具有一致的发射光谱。由于其大尺寸，PE对于定量流式细胞术表现是优异的，因为它们在缀合期间通常具有1∶1的蛋白质与荧光染料的比率。然而，藻胆蛋白对光漂白敏感，并且不推荐用于长时间或重复暴露于激发源的应用。常用的藻胆蛋白有PE、别藻蓝蛋白（APC）和多甲藻素叶绿素蛋白（PerCP）。

（三）串联染料

串联染料将藻胆蛋白（PE、APC、PerCP）或聚合物染料（BV421、BUV395）与小型有机荧光染料（Cy3、Cy5、Cy7）进行化学耦联，以创造一种染料，使用荧光能量转移（FRET）来增加单一激光源激发的可用荧光染料。例如，得克萨斯红（PETxRed）的最大激发波长为589nm，而PE的发射波长为585nm，因此，通过将PE与得克萨斯红的偶合，PE的发射波长被用来激发PETxRed，从而使PETxRed被488nm或532nm激光激发。聚合物链抗体使用同样的方法来增加可用的荧光色素，这些荧光色素可以被单一的激光激发。串联染料具有非常大的斯托克斯位移值（150~300nm），这在处理低抗原密度时非常有用。然而，串联染料的稳定性不如供体荧光染料，而且不同批次的能量转移效率不同，使补偿复杂化。

（四）荧光蛋白

荧光蛋白经常用作基因表达的报告系统。最常用的是来源于水母的绿色荧光蛋白（GFP）。克隆GFP以产生青色荧光蛋白（CFP）和黄色荧光蛋白（YFP）。从蘑菇海葵中发现了红色荧光蛋白（DsRed），然后克隆用于蛋白质表达系统。下一代单体荧光蛋白（mCherry，mBanana）从 DsRed 克隆，并且具有更宽的激发和发射光谱。紫色和绿色/黄色激发的荧光蛋白在流式细胞术中尤其大量使用。新的荧光蛋白不断被发现和产生，目前存在几百种具有从紫外到近红外范围的激发和发射光谱。现代流式细胞仪上许多激光波长的存在已经显著地扩展了荧光蛋白在流式细胞术中的使用。

四、流式细胞术的操作流程

在此，我介绍一种利用流式细胞仪分析法来测量细胞表面蛋白的表达水平的方法。在此应用中，理想状态下可分析大于 10000 个细胞。考虑到染色过程中细胞的损失，建议尽可能从每个样本超过 100000 个细胞开始。

（一）细胞的获取

用磷酸盐缓冲盐水（PBS）洗涤细胞。所需对照品：①未染色的细胞；②每种颜色的单荧光染料样品；③每种荧光染料的荧光减一对照（FMO），其包含除一种以外的所有荧光染料。对目标抗原阳性或阴性的细胞群的染色应采用每种抗体的不同稀释度进行，以找到最佳浓度。

将 PBS 中的 0.25%（体积分数）胰蛋白酶，0.53mol/L EDTA 添加到烧瓶中，并在 37℃下孵育直至细胞分离。注意，一些细胞表面蛋白可以被胰蛋白酶切割，并且变得不能被抗体检测到。非酶或温和的细胞分离溶液可能更适合于某些蛋白质。使用至少 5 倍的含血清培养基灭活胰蛋白酶，并将细胞转移至通用试管中，以 $300 \times g$ 离心旋转 3min。注意，一些细胞表面蛋白，如受体，可以在抗体结合时内化。为了防止这种情况，建议使用冷冻缓冲液和冷冻离心机。

吸出培养基并将细胞重悬于 5mL PBS 中，用血细胞计数器计数细胞。以 $300 \times g$ 离心旋转 3min 后吸出 PBS，在冷的 FACS 缓冲液（含 2% 血清的 PBS 缓冲液）中重新悬浮细胞至 $(1\sim5) \times 10^6$ cells/mL。注意，可在 FACS 缓冲液中加入终浓度为 0.05% 的叠氮化钠，以防止抗原脱落或内化。但是，在细胞分选后分析细胞功能时，请勿添加。转移 100μL 染色液至 96 孔 V 形底板中。虽然在该步骤中可以使用通用管，但 V 形底板更便于处理多个样品。

（二）细胞处理

一抗通常用 FACS 缓冲液中稀释至 0.1~10μg/mL。注意，由于抗体的最佳浓度不同，因此应测试每种抗体的连续稀释液以找到最佳浓度。将培养板以 300g/min 的速度离心，随后用移液管小心吸取并弃去上清液。随后，每样品加入 100mL 一抗溶液。在 4℃下孵育 15~30min。在此孵育时间内，在 FACS 缓冲液中制备荧光染料耦联二抗，稀释度按照生产商说明书建议（100μL/样品）。注意，将荧光染料缀合的抗体保持在黑暗中。虽然许多最近的荧光染料是稳定的，但它们中的一些在光下具有较低的稳定性。

以 300×g 离心旋转平板 3min，吸出上清液，将细胞重悬于 150μL 冰冷 FACS 缓冲液中。

洗涤步骤推荐使用 FACS 缓冲液而不是 PBS，因为它更温和，并且还可以通过防止细胞附着塑料而使细胞损失最小化。再重复一次该洗涤过程。如果荧光团直接连接到一抗，可直接将细胞在 4℃ 下避光储存直至分析。

第二次洗涤后，将平板以 300×g 旋转 3min，吸出上清液，并将细胞重悬于第二抗体溶液中。在 4℃ 下在黑暗中孵育 5~15min。准备 FACS 管，加入 100~300μL 冷的 FACS 缓冲液，最好含有不渗透细胞膜的 DNA 结合荧光素（例如 0.1~1μg/mL DAPI）用于死细胞染色。如果起始细胞数较少，则应使用较小的体积。建议使用带细胞过滤器的 FACS 管，以便在添加细胞时排除群集。在黑暗状态下保持在冰上。

如前所述，用冰冷的 FACS 缓冲液洗涤细胞两次。将细胞重悬于 100μL FACS 缓冲液中，加入 100~300μL 冰冷 FACS 缓冲液。将细胞在 4℃ 下避光储存直至分析（为了获得更好的结果，应尽快进行）。

分析：为获得最佳结果，建议在同一天进行分析。然而，对于更长时间的储存（12~16h），可以在染色之前固定细胞。最佳固定方法取决于抗体、相关抗原决定簇部分和荧光染料。可以使用 0.01%~1% 的多聚甲醛（PFA）固定 10~15min 或冰冷的丙酮/甲醇在 -20℃ 下固定 5~10min。

（三）数据采集与分析

前向散射光（forward scatter，FSC）轴反映单元的大小，侧向散射光（side scatter，SSC）轴反映单元的粒度和复杂性。使用 FSC 和 SSC 参数，可以区分不同的细胞群体以及碎片。固定通常影响上述模式。

在流式细胞术中，具有相同特征的细胞分组称为门控。首先，用 FSC 和 SSC 参数在散点图中做一个栅格，排除碎片和死细胞，以便进一步分析活细胞群体（图 4-6）。

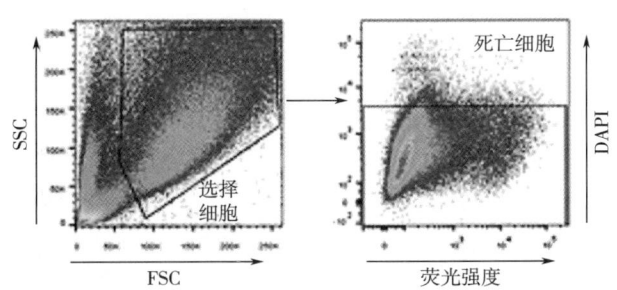

图 4-6　活细胞的门控使用 SSC-A/FSC-A 参数，可以从碎片中选择细胞（左图）。然后，排除 DAPI 阳性细胞，活细胞可用于进一步分析（右图）

为所有使用的荧光染料组合制作散点图窗口，并使用每个单一颜色染色运行对照样品。由于阳性对照样品的信号与阴性对照不同，因此调整激发激光器的电压。

根据荧光染料的组合，可能会在检测通道中看到阳性信号，而这些信号应该是阴性的。这是因为某些荧光染料的发射光谱可以被用于其他荧光染料的滤光片捕获

（图4-7）。为了校正这些发射光谱重叠，可以使用荧光补偿。设置补偿根据设备和软件而变化，但是大多数现代细胞仪允许在数据采集之后改变补偿设置。原则上，在适当补偿后，用单一荧光染料染色的对照样品应仅在指定检测通道中给予阳性信号。许多流式细胞术软件可以计算补偿，只要给它们提供有针对所有荧光团的单染色对照。

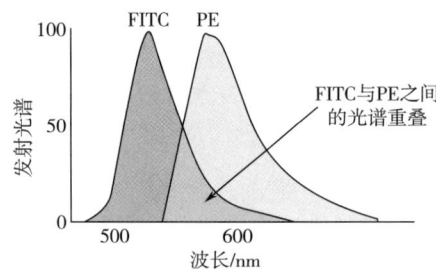

图4-7　荧光素（FITC）和藻红蛋白（PE）的光谱及其光谱重叠

设置好最优采集参数后，以相同设置运行所有样本。要记录的事件数（细胞数）取决于具有积极信号的细胞的比例，确保为后续的数据分析记录了足够数量的事件。

有各种各样的软件来分析结果（如FlowJo或WEASEL）。每个参数的值的分布可以用直方图表示，x轴显示参数的强度，y轴显示细胞的数量［图4-8（1）］。图4-8（2）~（5）展示了同时显示图4-8（1）中所示的两个参数［橙色荧光蛋白（mOrange）的荧光强度和绿色荧光蛋白（Nanog-GFP）的荧光强度］的常用绘图样式。直方图有助于提供显示特定信号强度的准确细胞数量，而二维图（密度图、等高线图、点图）具有可视化每个细胞两个参数相关性的优势。可以在图中设计新的门（gate），并显示门内细胞的准确比例。

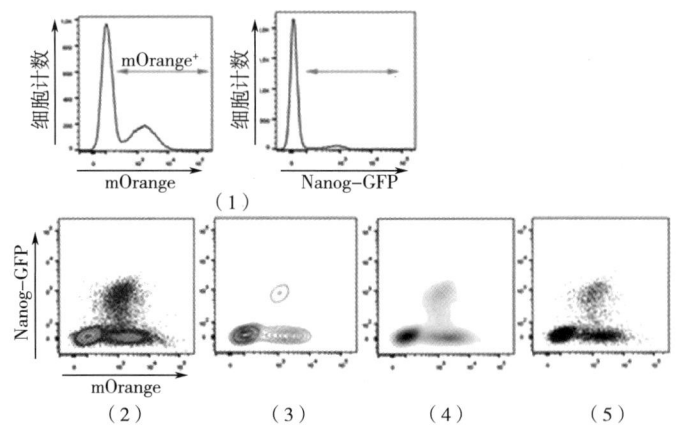

（1）样品直方图显示了在同一样品中表达mOrange（左）和Nanog-GFP（右）的细胞分布。
x轴表示来自荧光蛋白的信号强度，y轴表示细胞的数量。相同的数据可以用至少四个
不同的二维图（2）伪彩色密度图、（3）等高线图、（4）灰度密度图
和（5）点图来呈现，表明不能用直方图识别的不同群体

图4-8　流式细胞术图

五、流式细胞术的应用

流式细胞术具有丰富的应用,适用于多个研究领域。在本节中,应用程序被广泛地按照特定的学科分组,但是这些技术可以用于所有的研究领域。

(一)分子生物学中的应用

1. 荧光蛋白分析

荧光蛋白(GFP、mCherry、YFP、mRuby 等)用作蛋白质表达的标记物。通常,可将感兴趣的基因与荧光蛋白共同编码至同一质粒的启动子后,将质粒转染细胞,可通过检测荧光蛋白来分析目的蛋白的表达。荧光蛋白的表达被用作目标基因表达的指示物。利用不同分子连接双或三方互补荧光蛋白,可以检测分子之间的相互作用关系,例如 RNA 与蛋白质或蛋白质与蛋白质之间的相互作用,这些方法彻底改变了细胞的检测和分离。

2. 细胞周期分析

在进行细胞周期分析时需用饱和量的 DNA 结合染料对 DNA 进行染色。在大多数情况下,细胞用 70% 乙醇溶液固定,其使细胞透化,然后用染料(PI、7AAD、DAPI)染色。然而,存在可以进入活细胞并染色 DNA 而不损害细胞的染料,例如 Hoescht 33342。在这种类型的分析中,在低流速下以线性扩增获得样品,然后使用倍性建模软件进行分析以确定细胞周期阶段。

3. 信号转导流式细胞术

这种应用使用针对静止和磷酸化信号分子的抗体。在染色板中使用这些试剂和专门的缓冲液可以研究混合细胞群中的信号通路。

4. RNA 流式细胞术

RNA 流式细胞术将流式细胞术和荧光原位杂交(FISH)结合起来,检测 RNA 的表达和蛋白质的表达。这项技术需要优化染色面板,因为不是所有的氟铬结合抗体都能经受多次 40℃、1h 孵育的处理。这是一个有用的技术,当抗体不能用于一个目标,可以使用 RNA 表达代替。

(二)免疫学中的应用

1. 免疫分型

免疫分型是流式细胞术最常用的应用。它利用流式细胞术的独特能力,同时分析混合群体的多个参数的细胞。最简单的免疫表型分析方法是利用荧光染料耦联的抗体通过与细胞表面特异性抗原相结合从而实现对细胞的染色。细胞表面的抗原依据一定命名规则分别编号为特定的"分化簇",并用 CD 编号表示。例如,CD3 是"3 号分化簇",它存在于所有的 T 细胞上。

大多数免疫细胞都有特定的 CD 标记物，将它们定义为细胞群。这些细胞标记物被称为谱系标记物，用于定义特定的细胞群，以便在每次免疫表型实验中进行额外的分析。例如 T 细胞标志物（CD3、CD4、CD8）、B 细胞标志物（CD19、CD20）、单核细胞标志物（CD14、CD11b）和 NK 细胞标志物（CD56、CD161）。

2. 抗原特异性反应

用特定抗原刺激细胞，然后通过主要组织相容性复合体（MHC）多聚体检测细胞因子的产生、增殖、活化、记忆或抗原识别情况，可以测量抗原特异性反应。MHC 多聚体是 MHC 单体（MHC-Ⅰ或 MHC-Ⅱ），通常被生物素化，然后以 4（四聚体）、5（五聚体）或 10（右旋糖酐）的基团结合到荧光链亲和素主链上得到的。这些 MHC 多聚体"负载"了选择的抗原，然后用于与识别抗原的 T 细胞结合，从而表明对特定抗原的反应水平。这种应用通常用于疫苗研究。

3. 细胞内细胞因子分析

细胞内细胞因子分析是通过用蛋白质转运抑制剂（Brefeldin A 或 Monensin）处理细胞 2~12h 来进行的，以便由细胞产生的任何细胞因子能够在细胞内积累，从而能够更好地检测。在此孵育过程中，细胞可以被各种抗原刺激，如疫苗中的肽，以测量免疫反应。

在蛋白质转运抑制剂处理后，对细胞进行活力标记和细胞表面标记染色，然后用抗细胞因子抗体固定和透性细胞内染色。

4. 细胞凋亡分析

细胞凋亡或程序性细胞死亡，是免疫学和其他研究领域中经常观察到的现象。它被用来通过清除细胞而不引发炎症反应（坏死）来维持免疫系统的动态平衡。它利用了免疫应答后克隆扩增的 T 细胞、自靶向 T 细胞、自反应 B 细胞和免疫系统中多种其他细胞死亡的机制。

流式细胞术检测细胞凋亡利用了与细胞凋亡相关的级联事件的多个靶点。因此，有多个染料可供细胞凋亡检测选用。Annexin V 染色法针对的是质膜的转移，TUNEL（TdT dUTP nick end labeling）检测法针对的是 DNA 的内切酶消化，抗体结合染料可靶向 Caspases 的激活，检测线粒体膜电位的染料针对的是线粒体凋亡，Hoescht 33342 染色法则检测的是细胞核中染色质的凝结。

Annexin V 是一种磷脂结合蛋白，在细胞凋亡过程中，当磷脂酰丝氨酸转移到细胞膜外层时，与磷脂结合。当用膜联蛋白 V 染色时，应使用活性排斥染料（如碘化丙啶）来确认结合发生在细胞膜的外表面。TUNEL 是一种利用末端脱氧核苷酸转移酶（TdT）的能力来标记与脱氧尿苷三磷酸（dUTP）或 BrdU 凋亡相关的 DNA 断裂末端的技术。dUTP 或 BrdU 用荧光色素标记以供检测，并在数据采集前用 DNA 染料对细胞进行反染色。在大多数细胞凋亡病例中，Caspase 信号通路都会被激活。通过使用细胞内染色法和针对活性形式的 Caspase 3 的特异性抗体，可对这一途径进行靶向检测。还有一些检测方法利用了荧光底物，这些底物在接触到 Caspase 活性时会裂解，然后发出荧光。

（三）细胞分选

细胞分选利用具有细胞分选能力的流式细胞仪来分离和纯化细胞或颗粒以进行进一步的分析。从本质上说，任何可以发出荧光的细胞或粒子都可以被细胞分选机分离出来。细胞可分选至 96 或 384 孔板、管和载玻片。一些常见的样本类型是表达荧光蛋白的转染细胞、干细胞、肿瘤浸润淋巴细胞、肿瘤细胞和白细胞群体。对于任何细胞分选，主要考虑因素是按比例增加染色大量细胞所需的抗体量。

（四）其他应用

1. 绝对细胞计数

绝对细胞计数可以添加到任何免疫表型分型实验中。该方法利用随样品一起获得的已知浓度的荧光微珠分析样品，并将感兴趣群体的门控细胞数与在同一样品中获得的珠粒数进行比较，以得出每毫升的细胞数。

2. 定量流式细胞术

定量流式细胞术使用基于微珠的标准物来生成已知荧光量的染色曲线。然后用相同的仪器设置获取细胞，并使用线性回归分析来计算细胞上的荧光量。依据所使用的微珠系统，检测值可表示每细胞结合抗体（ABC）、抗体结合能力（ABC）或等效可溶性荧光染料的分子（MESF）。用于该应用的最佳荧光染料是 PE，由于其大小，其几乎总是以 1∶1 的荧光染料与蛋白质比率与抗体结合。可溶性荧光的分子当量（MESF）标准品可用于通过在任何特定实验中从 MESF-珠数据生成标准曲线和回归来将任意荧光强度测量值转换为荧光分子的数量，以定量细胞上荧光标记的近似数量。

3. 多重微珠阵列分析

多重微珠阵列分析的主要材料是一组由特定可溶性蛋白或核酸抗体包被的微珠。每粒微珠的靶标与荧光量都是已知的，从而可以获得微珠在基质中的位置信息。将微珠与相关样本共同孵育并用荧光报告剂进行处理，随后在流式细胞仪上采集荧光信号，利用软件根据荧光量计算检测物含量。

4. 吞噬试验

使用荧光标记的生物制品或细菌，可以用流式细胞术检测吞噬作用。细菌用一种 pH 敏感染料标记，这种染料只有在暴露于较低的 pH 的吞噬小体时才会发出荧光，表明细菌被吞噬。

5. 小颗粒分析和分选

使用具有增强的灵敏度的流式细胞仪，可以检测和分选外来体和其他亚微米颗粒。细胞外泌体、病毒和其他亚细胞颗粒的分析在包括癌症生物学、癌症治疗和疫苗开发在内的多个领域中创造了新的应用。这项技术仍处于开发阶段，但技术和仪器正在迅速改进，使这项应用在不久的将来更容易实现。

六、流式细胞仪的现代发展

目前市场上有三种类型的流式细胞仪：①基于流体的流式细胞仪。②基于声学的流式细胞仪。③质谱流式细胞技术。

（一）基于流体的流式细胞仪

基于流体的流式细胞仪在世界各地的研究实验室中得到了广泛的应用。随着流式细胞仪的发展，增加了更多的激光器和复杂的光学元件，从而允许同时分析更多的参数。最初，流式细胞仪有一个或两个激光——蓝色激光（488nm）和红色激光（633nm）。蓝色激光可激发异硫氰酸荧光素（FITC）、PE 和橄榄苷-叶绿素蛋白复合物（PerCP）等荧光色素，红色激光可激发异硫氰酸荧光素。这四种荧光团的光电倍增管检测是 20 世纪 90 年代初流式细胞术实验的基础。

在 21 世纪初，紫色激光（405nm）和紫外激光（350nm）的加入开辟了以前未使用的光谱部分，并为在这些波长下可激发的新染料的开发铺平了道路。最近增加的第五种激光，黄绿色激光（561nm），允许用不同的激光激发 FITC 来激发 PE，大大减少了对这两种荧光染料光谱重叠补偿的需要。基于流体的流式细胞仪由于其低成本和可用性而对研究人员友好。

（二）基于声学的流式细胞仪

AttuneNxT 是由生命技术公司设计的一种基于声学的流式细胞仪。该仪器使用超声波辐射压力的声聚焦将细胞输送到样品流的中心，然后将其注入鞘流中。利用这种技术，可以实现一个窄的核心流和均匀的激光照明。因此，细胞计数仪不太容易被堵塞，可以分析多达 35000~50000 个事件/s，而基于流体的细胞计数仪通常以接近 3000 个事件/s 的速度运行。Attune 可以处理多达 14 个参数，自动采样器可运行多达 384 个样本。随着全血中肿瘤细胞等罕见事件的检测在医学诊断和治疗中变得越来越重要，使用声学流式细胞术的高流速分析可以帮助检测这些低频细胞群。这些机器的价格更高，所以对一些研究人员来说可能成本过高。

（三）质谱流式细胞技术

荧光技术公司的 Helios™CyTOF（CyTOF-cytometry by time-of-flight）结合了最好的流式细胞术和质谱技术。CyTOF 于 2014 年推出，使用了用重金属标记而不是荧光色素标记的单克隆抗体。标记后，将细胞以单液滴的形式喷射在氩等离子体（5000℃）中，然后蒸发，电子从金属中剥离产生离子。离子被加速进入静电场，当它们以不同的质量指定的速率流向收集屏幕时，一个偏转器将它们分开。探测器量化离子，数据被分析并显示在计算机上。由于最终样品会被焚化，无法使用这种质谱流式细胞仪进行细胞分选，它能够一次分析 50~100 个标记物。虽然在流体/声学流式细胞术中需要校正光谱重叠，但由于使用重金属标签而不是荧光色素，CyTOF 所需要的补偿很少。流量比基于流体或基于声学的流式细胞仪（分别为 3000 个和 35000 个）要慢得多（500 个事件/s）。此外，Helios™ CyTOF 细胞仪也相当昂贵。当考虑到这一点以及将抗体结合到重金属标签上的额外成本时，这项技术对大多数研究人员来说费用是高昂的。因为可以对少量样本进行大量的变量分析，所以这项技术在临床中最有应用前景。

第五节 克隆

一、克隆技术简介

由卵子和精子融合形成的受精卵发展成多细胞生物是复杂的，并受到环境和激素因素的紧密协调。这一过程取决于受精卵有丝分裂形成的不同细胞系中几个基因亚群的表达。基因是按顺序表达的，因此需要第一组基因的产物来表达下一组基因。在发育的早期，细胞开始遵循发育路径，从而获得特定的功能，这一过程被称为分化。在大多数高等植物中，分化是可逆的；通过激素和环境的作用，细胞可能被诱导失去特殊功能，并表现出与受精卵相似的行为。

因此，植物细胞有潜力发展出构成整个植物的所有细胞类型，这种现象被称为全能性。对动物来说，在分化过程中基因表达会发生不可逆转的变化，直到最近，细胞最多只能被诱导改变发育途径，产生其他类型的细胞（称为多能性细胞），但不能恢复到合子状态。高等植物的全能性使植物生物学家能够从成熟植物中取出组织（外植体），将它们培养在培养基中，就能长出一株完整的植物。这种对植物的组织培养使科学家制造出多个副本，每个副本的基因都与外植体来源的母体植物相同。这个过程被称为克隆（根据定义，克隆是指基因完全相同的个体组成的群体）。本节探讨克隆技术在动物（如啮齿动物、宠物和牲畜）中的应用，并讨论了将该技术推广到人类的一些伦理问题。

二、克隆动物

克隆动物曾被认为是不可能的，直到人们发现两栖动物受精后最初的几次细胞分裂产生的细胞是全能的。将这些细胞的细胞核分离并注入去核卵细胞中，为引入的细胞核分裂和分化成胚胎提供营养环境，就可以诱导这些细胞发育成新的动物。胚胎被植入子宫，以培养一个在基因上与细胞核供体相同的年轻胚胎。这种通过体细胞核移植（SC-NT）进行克隆的技术于 1952 年首次在青蛙身上实现并报道。此后这种技术被广泛用于研究两栖动物的早期发育。SCNT 包括几个步骤,其中一些需要显微镜和显微操作器。随着胚胎的进一步发育,细胞失去了全能性,核移植的成功率迅速下降。一些使用成年青蛙细胞进行的核移植实验产生了可存活的胚胎,但这些胚胎从未在蝌蚪期之后发育。

在哺乳动物中,核移植克隆技术于 1977 年首次在老鼠身上得到证实。科学家对该领域的兴趣是持续的,因为在牛育种中的潜在应用和通过繁殖优质品种获得巨大商业利益的前景。Willadsen(1986)首次报道了绵羊早期胚胎(在胚胎发育的 64 和 128 细胞阶段部分分化的细胞)的细胞核转移克隆。另一个重大突破出现在 1995 年,来自苏格兰爱丁堡的罗斯林研究所(Roslin Institute),Keith Campbell、Ian Wilmut 等通过对实验室培养了几个月的早期胚胎细胞进行核移植,培育出了活羊羔 megan 和 morg。罗斯林研究所进行了进一步的研究,以测试成功的核移植是局限于胚胎来源的细胞,还是可以用更广泛的细胞类型进行,如胎儿成纤维细胞和成人细胞。共培育出三只羊羔,其中两只的核移植分别来源于 9 日龄的胚细胞和 26 日龄的胎儿细胞,而另一只羊羔的核移植来自 6 岁龄成年母羊的乳腺细胞,这只由成年细胞核移植长成的羊后来被命名为多利。它们的身份通过 DNA 测试得到确认,结果发表在 1997 年 2 月 27 日的《自然》杂志上。此外,1997 年 7 月,罗斯林研究所和一家私人公司 PPL Therapeutics 宣布生产了 Polly,这是第一个通过核移植生产的转基因羊羔。在这个实验中,供体细胞是一个被转染了人类凝血因子Ⅸ基因编码的胎儿成纤维细胞。

虽然多利羊吸引了媒体的注意,但在这一系列事件中,关键的实际发现是在 1995 年早些时候,从一个已建立的细胞系生产活羊羔。罗斯林研究所有两项专利申请涉及其发明,专利申请的优先日期为 1995 年 8 月 31 日。第一种,PCT/GB96/02099,被命名为"核移植的静止细胞群";第二种,PCT/GB96/ 02098,被命名为"核移植的未激活卵母细胞受体"。这些涵盖了该技术在世界上大多数国家和所有动物中的应用。多利的产生过程见图 4-9。

多利羊的诞生是生物技术史上的一个里程碑。虽然动物克隆在两栖动物中已经得到证实,但这一事件的意义在于,这只羊是第一只从成年动物的细胞中克隆出来的哺乳动物。多利羊的细胞取自一只 6 岁的芬恩·多赛特母羊的乳房,并在实验室进行培养。通过血清饥饿法处理细胞,细胞核代谢活动减弱呈静止状态或进入 G0 期,其中染色体是不活跃的。然后,将单个细胞与未受精卵融合,从这些未受精卵中取出遗传物质,并对其施加电脉冲以重新激活细胞核。277 个这样的"重建的卵子"——每个都有一个来自

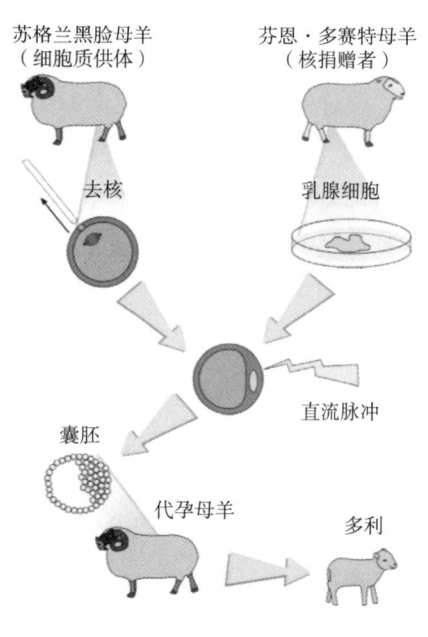

图 4-9 多利的产生过程

成年动物的二倍体细胞核——在体外培养中培养了 6d。29 枚发育正常至囊胚期的卵子被植入 13 只苏格兰黑脸母羊体内。其中一只在大约 148d 后，1996 年 7 月 5 日生下了一只活羊羔多利。尽管在形态和生理上都很明显是正常的（多利甚至生了 3 只羊羔），但对她端粒的 DNA 分析证实，它们比同龄的羊要短。端粒是染色体的顶端，由重复序列组成，长度可变。端粒的长度随着细胞年龄的增长而减少，这是由于衰老细胞中端粒合成酶（端粒酶）的活性降低。

2001 年秋，多利被临床诊断患有关节炎。左侧和右侧膝关节的病变被 X 射线摄影证实，随后的病理检查证实了广泛的改变，如左侧膝关节的侵蚀和新骨生成，右侧关节的病变进展较慢。抗炎药被用来治疗关节炎。2003 年 2 月 10 日，多利出现呼吸困难和咳嗽。随后被诊断为羊肺腺癌（OPA）。2003 年 2 月 14 日，星期五，多利 6 岁零 7 个月的时候被实施了安乐死。

对科学家来说，多利羊的诞生挑战了发育生物学的一个基本原则，即动物细胞的分化是不可逆转的。然而，捐赠细胞核来生产多利的细胞类型尚不清楚，也不能排除她来自乳腺干细胞而不是最终分化的上皮细胞的可能性。另一个悬而未决的问题是，多利羊表现出的关节炎和 OPA 是否与衰老有关（多利羊的端粒比其他年龄匹配的羊更短）。罗斯林研究所的科学家们确信，多利没有理由会更脆弱，因为她患有的关节炎，在类似年龄的商业绵羊和谷仓里的其他非克隆动物身上都有报道。克隆不会加速衰老，而且这项技术可以在不损害动物健康和福利的情况下应用，这一点仍有待明确确定。

1. 克隆多利后克隆的进展

用于创造多利羊的核移植技术于 1998 年被夏威夷的一个研究小组用于克隆 50 多只老鼠，随后此技术被世界各地的几个小组用于牛、绵羊、老鼠、山羊、猪、宠物猫和犬。在所有的案例中，成功率都很低，只有大约 1% 的克隆胚胎存活下来。导致这种低成功率的原因有多种，包括物种之间早期发育的差异和细胞分裂阶段的差异，直到细胞保持发育可塑性。许多克隆后代可能因为发育异常而死于子宫内或出生后不久。正常的胎儿发育依赖于母体和父亲染色体 DNA 的甲基化状态（称为遗传印迹）以及受精后甲基化模式的改变。由于体细胞核与合子核的染色质结构不同，在转移核的"重编程"过程中可能出现许多异常。提高成功率的方式包括使用基因组分析来了解转移细胞核与体外或体内受精产生的细胞核在基因表达和印迹模式方面的差异。

2. 核移植的局限性

这项技术的一个重要限制是需要一个完整的细胞核和功能正常的染色体。DNA 本身是不够的。因此，这项技术并不支持从化石或通常含有片段基因组 DNA 的保存样本中复活已灭绝的生物。另一个严重的限制是对卵细胞和代孕母亲的要求。只有在亲缘关系密切的物种中才有可能进行克隆，如果卵子和代孕母亲来自远亲物种，那么二者亲缘关系越远，其克隆成功的概率就越小。这再次严重限制了许多没有近亲的珍稀濒危物种的保护工作。

三、克隆的应用

克隆的主要用途是生产种畜。克隆可以用于生产牛群中最好的动物的复制品以及常规育种。SCNT 有潜力创造具有所需性状的个体的无限拷贝,并且代表了牛育种中使用的其他形式的辅助生殖技术(ART)的进步,例如胚胎分裂和来自卵裂球的细胞的核转移(BNT)。在胚胎分裂过程中,多数情况下,胚胎细胞的全能性仅能保持到 8 细胞阶段,因此,只能产生 8 个克隆个体。在卵裂球核移植技术中,用于克隆的细胞核是从 8 细胞阶段后的卵裂球中获得,因此克隆规模可能更高,但由于需要对细胞核进行一些重新编程,有时会发生妊娠期和产后异常。胚胎分裂和 BNT 的一个主要缺点是不可能产生与良种动物基因相同的克隆:用于克隆的胚胎是通过将良种动物的卵子(或精子)与另一亲本的卵子(或精子)融合而得到的,因此与良种亲本只有 50% 的遗传同一性。

1. 肉类和牛乳的牲畜良种的繁殖

这项技术可以用来创造无数个相同的农场动物,如猪和牛,主要是为了得到食物而饲养。克隆动物可以直接用作食物,也可以作为常规育种过程中的繁殖群体。广泛应用的唯一缺点是,目前还不能确定克隆体是否会始终如一地提供商业性能。

人们关心的一个问题是克隆动物生产的肉或乳人类食用是否安全。荷斯坦牛于 1997 年首次从体细胞克隆,但是由于对产品安全性的怀疑,来自克隆动物及其后代的食品和饲料没有引入市场。1999 年,美国食品药品监督管理局(FDA)的兽医中心(CVM)开始对来自非基因工程克隆动物(包括牛、猪和山羊克隆)的食品进行广泛审查。CVM 进行的全面风险评估有两个目标:确定克隆是否对参与克隆过程的动物引入了任何独特的危害,以及从它们衍生的肉和乳所造成的风险是否与按现行农业生产方式生产的食品所造成的风险不同。风险评估的结论是,克隆基本上只是辅助生殖技术的延伸,对动物健康或食品消费没有独特的风险。

2. 创建用于生产药物的转基因家畜(制药)

转基因或基因修饰(GM)生物体是指利用重组 DNA 技术将外源基因整合到基因组中的生物体。已经产生了几种这样的生物体以表达编码治疗用途的蛋白质的基因。尽管已经通过转基因细菌在生物反应器中产生了几种人治疗性蛋白质,但是该技术的问题包括难以纯化和缺乏与在原核系统中产生真核来源的蛋白质相关的适当的翻译后修饰。替代方案是在人类细胞培养物中产生蛋白质(成本太高)和从血液中纯化(有被艾滋病或丙型肝炎病毒等病毒污染的风险)。一种可行的替代方案似乎是在转基因绵羊、山羊和牛的乳汁中产生具有适当翻译后修饰的人蛋白质,产量可高达 35~40g/L 牛乳,成本相对较低。

转基因家畜可以通过原核注射产生,通过该方法将 200~300 个转基因拷贝转移到最近受精的卵子中,然后将其植入代孕母体。该技术的缺点是只有 2%~3% 的注射卵给予转基因后代，并且其中只有一小部分以足够高的水平表达所添加的基因以具有商业利益。如果动物可以从培养的细胞中获得，那么就有可能进行更精确的遗传修饰，包括去除或替换特定基因，并确保将人类基因插入基因组中的特定位点。通过核移植生产转基因动物具有直接的实际优势，与原核注射相比，它使用不到一半的实验动物来产生创始动物。通过指定后代的性别并产生少量相同的克隆，有可能产生足够大的群体以在一年半内生产用于进行临床试验的药物。

3. 创建用于生产营养保健品的转基因家畜

基因打靶和转基因技术可用于改善牛乳的营养品质。与人类，特别是早产儿食用牛乳相关的问题包括乳糖不耐受和对牛乳中存在的某些蛋白质的过敏性。通过用人类蛋白质代替这些蛋白质，可以创造出生产类似于人乳的牛乳的特殊牛群。2012 年，新西兰汉密尔顿的新西兰农业科学院通过遗传修饰乳牛的皮肤细胞以阻止 β-乳珠蛋白（BLG）的合成并将这些细胞的细胞核移植到去核卵中，创造了能够生产不含过敏原 β-乳珠蛋白（BLG）的牛乳的小牛。经过 100 次移植到代孕体尝试，最终诞生了一只名为黛西的小牛。两年后，激素诱导的泌乳证明黛西生产的牛乳不含 BLG，但建立一个牛群仍然需要几年的时间。

4. 细胞疗法的干细胞衍生（治疗性克隆）

已经尝试用来自正常个体的细胞替换受损或患病的细胞来治疗几种疾病，如糖尿病、中风、心脏病和帕金森病。移植的细胞在接受者中引起类似于器官移植的免疫应答，并且同样可能被排斥。设想克隆成体细胞的能力可以给予从患者自身细胞生长健康组织的机会，这种技术被称为治疗性克隆，通过克隆来获得干细胞，而不是创造个体的复制品（生殖性克隆）。虽然干细胞存在于几个器官中，但几乎所有关于这些细胞存在的早期报道都局限于胚胎，被称为胚胎干细胞。通过核移植进行克隆具有将分化的成体细胞转化为胚胎干细胞的潜力。

5. 用于异种移植的转基因动物

为了克服移植器官的短缺，人们正在开发表达人类蛋白质的转基因动物，如猪（例如补体抑制因子），其包被猪组织并且旨在防止移植的心脏或肾脏的立即排斥。一些基因可以从猪中敲除，使得器官在移植到人类患者中时不再引起免疫应答。

6. 了解衰老和癌症的模型

在所有多细胞生物体中，都会发生几轮细胞分裂，首先生成构成生物体的所有组织和器官，之后取代死亡或受损的细胞和组织。众所周知，随着时间的推移，细胞分裂过程变得不那么精确，导致细胞中几种遗传和染色体突变的积累，衰老的形态和生理表现包括几种与年龄有关的疾病的发展和某些癌症发病率的增加，都归因于这种细胞或体细胞突变的积累。如果可以克隆来自患病患者的细胞（通过将患病个体的受影响细胞的细胞核插入摘除细胞核的卵细胞中），则可以跟踪基因表达的变化，并追踪患病细胞从头到尾发生的生化和生理变化。

四、克隆的伦理问题

1. 克隆动物的伦理问题

动物被克隆用于各种各样的用途,大多数是服务于人类,如更好地生产食品、娱乐或治疗疾病,相应的克隆动物的伦理问题却是复杂的。尽管政策制定者经常把这个问题简化为讨论克隆动物生产的食品是否可以安全食用,但伦理问题超出了这种简化主义的思考。

首先需要考虑的就是克隆过程中动物遭受的痛苦和折磨。这包括捐献卵子的母体、代孕母体(因为植入需要手术)所承受的痛苦,克隆体的健康状态,以及克隆体为研究疾病所承受的痛苦。目前,克隆成功率很低(在几乎所有被研究的动物物种中,成功率为1%~2%),克隆过程容易出错,死亡率很高。据报道,克隆动物的身体缺陷也较多,如肌腱挛缩、心脏和肾脏问题、呼吸衰竭、头部和四肢缺陷以及寿命缩短等。这促使动物福利组织反对这项技术。例如,2003年,美国人道协会主张禁止使用克隆动物或其后代的产品,理由是这一过程在伦理上是不可接受的。然而,该技术的支持者认为,该技术在动物性食品生产、动物来源的药物生产以及动物医疗等方面展现出的益处远大于其弊端,而且克隆动物所面临的问题与其他实验动物并无本质区别。其次,克隆动物对其他动物种群的影响也不容忽视。例如,反对克隆宠物的人质疑,在动物收容所有大量宠物等待收养的情况下,是否有必要复制死去的宠物。此外,克隆牲畜产品的食品安全问题、克隆动物与同一生态位中的其他动物杂交可能会产生的扰乱生物多样性问题等均需要相关研究者慎重考虑。

2. 克隆人的伦理问题

关于核移植和克隆技术在人类中的潜在应用,引起了人们对于克隆人伦理和道德问题的关注。

这项技术的批评者相信,科学家正在扮演上帝的角色,指导生命本身的创造。支持这项技术的科学家们则认为,自从植物和动物被驯化以来,人类一直使用选择性育种来指导进化进程,医学的进步也在客观上干预了自然,延长了人类预期寿命。因此,从技术上讲,克隆只是该领域科学发展的延伸,并不是"不自然的"。此外,与同年龄的绵羊相比,多利的端粒减少等衰老迹象让人们担心,克隆动物可能容易患上与年龄相关的疾病,如帕金森病、阿尔茨海默病、糖尿病等。

第五章

生物信息学

第一节 概述

生物信息学（bioinformatics）是生物学与计算机科学以及应用数学等学科相互交叉而形成的一门新兴学科。它通过对生物学实验数据的获取、加工、存储、检索与分析，进而达到揭示数据所蕴含的生物学意义的目的。当前生物信息学可以狭义地定义为：将计算机科学和数学应用于生物大分子信息的获取、加工、存储、分类、检索与分析，以达到理解这些生物大分子信息的生物学意义的交叉学科。

现代分子生物学的发展，特别是人基因组计划的实施，使生物学家所面对的数据不再是实验记录本上或文献上的几行简单数字，而是公共数据库中数以千兆计的记录。基因组信息是生物信息中最基本的表达形式，并且基因组信息量在生物信息量中占有极大的比重，但是，生物信息并不仅限于基因组信息，生物信息学也不等于是基因组信息学。从广义上说，生物信息不仅包括基因组信息，如基因的 DNA 序列、染色体定位，也包括基因产物（蛋白质或 RNA）的结构和功能及各生物种间的进化关系等其他信息资源。

第二节 常用生物信息数据库

生物信息数据库的种类与数量越来越多，按分子生物学研究的层次及实际应用可将这些数据库分为 9 类，即核酸序列数据库、蛋白质序列数据库、结构数据库、基因组数据库、蛋白组数据库、代谢组数据库、疾病数据库、药物与分子设计数据库、分析与记载方式数据库。

一、核酸序列数据库

这类数据库包括联合国际核酸序列数据库、DNA 特定位点数据库、RNA 数据库等几个小类。其中 GenBank、EMBL-Bank、DDBJ 是三个世界著名的核酸序列数据库。

GenBank 核酸序列数据库 1982 年由美国洛斯阿拉莫斯国家实验室创建，1992 年交由美国国家生物技术信息中心（NCBI）管理。《核酸研究》（Nucleic Acids Research）2006 年数据库专刊统计，GenBank 收录了超过 4600 万条核酸序列、超过 510 亿个碱基、超过 205000 个物种，平均每 18 个月碱基总数翻一番、每月增加 3000 个物种。至 2023 年末，GeneBank 收录核酸序列接近 2.5 亿条，碱基数量超过 25000 亿个，收录物种超过 80 万个。GenBank、EMBL-Bank、DDBJ 这三大核酸序列数据库每天都在相互交换、更新数据。

EMBL 核酸序列数据库（EMBL nucleotide sequence database，EMBL-Bank，有时直接简称 EMBL）是欧洲分子生物学实验室于 1980 年创建，于 1994 年移交欧洲生物信息学研究所（EBD）管理的。EMBL-Bank 的数据库结构、序列格式等与 GenBank 有差异，但它们的数据量是相同的。为了适应生物大分子序列数据的积累与利用程度不断增大的形势，EMBI-Bank 在数据库结构、服务形式等方面不断改进。2005 年，EMBL-Bank 增设了全基因组鸟枪法测序（whole genome shotgun，WGS）部分以配合用全基因组鸟枪法完成的基因组序列测定任务。另外，EMBL-Bank 近年来一直在发展用 XML 格式去处理核酸序列资料。

日本 DNA 数据银行（DNA data bank of Japan，DDBJ）是 1986 年日本国立遗传研究所（NIG）创建的，现在交给 2001 年建立的信息生物学与日本 DNA 数据库中心（CIB-DDBJ）管理。日本国内研究人员提交的原始实验结果主要由 DDBJ 收集。

二、蛋白质序列数据库

蛋白质序列数据库中有的收集实验测定序列，有的收集根据 DNA 序列等预测的蛋白质序列，有的这两者都有收集。Swiss-Prot、TrEMBL、PIR 是曾经使用很广泛的蛋白质序列数据库，而今都并入了 UniProt 中。

Swiss-Prot 是个有注释的蛋白质序列数据库，它建于 1986 年，在 1987 年由日内瓦大学医学生物化学系（Department of Medical Biochemistry of University of Geneva）与欧洲分子生物学实验室数据图书馆（EMBL Data Library）共同管理，后来 Swiss-Prot 又由欧洲生物信息学研究所与瑞士生物信息学研究所（SIB）共同管理，而从 2003 年到现在是由联合蛋白质数据库协作组（UniProt Consortium）管理。Swiss-Prot 具有注释可信度高、冗余度小、可与其他数据库链接等优点。据统计，截止到 2023 年末，Swiss-Prot 共收录 570830 条蛋白质序列，TrEMBL 蛋白质序列数据库是 Swiss-Prot 的补充部分，但它的数据与 Swiss-Prot 的数据分开保存管理。

TrEMBL（Translation from EMBL）蛋白质序列数据库是计算机注释的蛋白质序列数据库，它包括 EMBL-Bank 中的为蛋白质编码的核酸序列（Coding Sequence，简称 CDS）的所有翻译产物，并把已包含在 Swiss-Prot 中的序列剔除。TrEMBL 蛋白质序列数据库使蛋白质序列很快地免费共享，但其注释可信度低，数据冗余度大。据统计，截止到 2023 年末，TrEMBL 蛋白质序列数据库共收录了 249751891 条蛋白质序列。

蛋白质信息资源数据库（Protein Information Resource，PIR）是在很多文献都介绍的蛋白质序列数据库，不过目前它大部分服务已停止使用。

三、结构数据库

在已有的结构数据库中可以根据有机分子的类型分为几个大类：著名的剑桥结构数据库、碳水化合物结构数据库、核酸结构数据库、蛋白质结构数据库。其中蛋白质结构是基因组测序完成后的又一个重点探索内容，因此蛋白质结构数据库的数量在不断增加，相关数据库也不断合并成相对完整的大型数据库。PDB 数据库、SCOP 数据库、CATH 数据库是几个较重要的蛋白质结构数据库。

蛋白质结构数据库（protein data bank，PDB）是收录生物大分子晶体结构的数据库，在 1971 年由美国布鲁克海文国家实验室创建并管理。1998 年 10 月，结构生物信息学研究协会（Research Collaboratory for Structural Bioinformatics，RCSB）负责管理 PDB。2003 年 7 月，美国的结构生物信息学研究协作组织、英国的大分子结构数据库（Macromolecular Structure Database）、日本的蛋白质结构数据库（Protein Data Bank Japan，PDBJ）共同创建国际蛋白质结构数据库（Worldwide Protein Data Bank，wwPDB），成为国际范围内的免费公用的蛋白质结构数据库。2006 年，美国威斯康星大学的生物核磁共振数据库（Biological Magnetic Resonance Data Bank，BMRB）也加入 wwPDB。据统计，截止到 2023 年末，wwPDB 共收录 230106 个蛋白质结构记录。

蛋白质结构分类数据库（Structural Classification of Proteins，SCOP）是收录蛋白质结构域的数据库，1995 年由英国医学研究委员会（Medical Research Council，MRC）的分子生物学实验室和蛋白质工程研究中心创建。在 SCOP 数据库中，按照从简单到复杂的顺序对蛋白质进行分类，分类基于四个层次，位于分类层次顶部的是类（Class），之后依次为家族（Family）、超家族（Superfamily）、折叠子（Fold）、蛋白质结构域（protein domain）、单个蛋白质结构记录。SCOP 数据库可以通过其分级结构导航进行浏览，用关键字、PDB 标识码查询，或通过蛋白质序列进行同源搜索。目前 SCOP 数据库共包含 72544 个非冗余结构域，代表 861631 个蛋白质结构。

CATH 数据库是由英国伦敦大学在 1993 年开发和维护的。该数据库的名字 CATH 分别代表数据库中四种结构分类层次的首字母，即蛋白质的种类（Class，C）、蛋白质二级结构的构架（Architecture，A）、蛋白质的拓扑结构（Topology，T）和蛋白质同源超家族（Homologous superfamily，H）。据统计，截止到 2023 年末，CATH 共收录超 50 万个结构域，分为 5 个类，43 个构架，1472 个拓扑结构，6631 个超家族。

四、基因组数据库

基因组数据库是收集某些生物整个基因组序列的数据库，有助于直接对该生物的多个方面的基因活动及相关性质进行研究。基因组数据库很多是二次数据库，即从 EMBL-Bank、GenBank、DDBJ 等一次数据库中选同一物种的尽可能多的核酸信息。同时随着多个国家的基因组计划的实施，越来越多的基因组数据库应运而生，如人类基因与基因组图谱数据库（GDB）、线虫基因组序列数据库（C. elegans Project）、巴斯德研究所的大肠杆菌基因组数据库（Colibri）等。

五、蛋白组数据库

这里所指的蛋白组数据库是在蛋白质研究中除了蛋白质序列数据库与蛋白质结构数据库以外的数据库资源，其中不少数据库收集的是原始研究结果。例如，凝胶电泳是分离及鉴别蛋白质的重要方法，蛋白质在一定条件下的电泳图谱具有多种有用的信息，如二维凝胶电泳注释数据库（SWISS-2DPAGE）能提供有关蛋白质性质与鉴定的数据。

六、代谢组数据库

代谢组数据库主要收集生物化学反应途径及相关生化信息网络。各种酶的催化反应及蛋白质之间的作用是代谢作用的物质基础，代谢途径与生物信号网络提示代谢的动态规律。例如，MACiE 数据库描述酶的反应机理，PUMA2（数据库）收集微生物基因组的代谢结果，BIND 数据库记录生物分子相互作用的网络。

七、疾病数据库

疾病数据库主要收集与疾病相关的生物大分子的信息，尤其是基因方面的情况。OMIM 数据库是一个收集人类基因与基因组中不正常现象的数据库。SNP 联合数据库（SNP Consortium database）是收集单核酸多态性的数据库，根据这些数据可以与临床化验检测结果相对照，从而找出致病基因。OncoMine 是收集用生物芯片研究癌症与基因表达的数据库，其中许多的资料中仍未确定癌症与基因的对应关系。这类数据库是基础医学研究的宝贵资源。

八、药物与分子设计数据库

药物与分子设计数据库的应用性十分强，药物数据库的有效利用将会显著提高疾病的治疗效果。DrugBank 数据库收集药物与药物靶点的信息，它可为提高药物使用效果提供帮助，同时含有相当多药物设计的有效信息。FIMM 数据库中有许多与免疫相关的功能分子的信息。PrimerPCR 数据库是分子生物学研究的常用资料，它在利用 PCR 进行引物设计时提供有价值的参考。

九、分析与记录方式数据库

分析与记录方式数据库是指收集文献、图片、数学分析方法、命名规则的数据库。PubMed 数据库是收录生物医学文献的摘要及引文的数据库，在生物学与医学研究中有广泛的应用，在美国 NCBI 网站可对 PubMed 数据库进行查询。Bioimage 数据库是收集生物学研究的专业图片的数据库，由欧盟委员会资助建成，由牛津大学动物系管理。Bio-Models 数据库收录了已发表的用于研究生物学与医学的数学模型。Genew 数据库专门收集人类基因的命名规则。

第三节 序列比对

序列比对（sequence alignment）也称为对位排列、联配、对齐等，它是生物信息学中的重要内容之一，同时也是研究与理解生物信息学中许多方面的基础。可以将序列比对定义为根据特定的计分规则，两个或多个符号序列按位置比较后排列，尽可能反映序列间的相似性，这一过程称为序列比对。

序列比对的意义：生物信息学形成早期的主要研究内容就是序列比对，而当时序列比对研究的课题主要是生物大分子的进化。核酸序列与蛋白质序列的突变是经实验证明的生物学现象，而现代分子生物学认为正是这种生物大分子序列的不断变化形成了生物进化的分子基础。即在地质年代早期的地球生物中的核酸、蛋白质等序列经过几十亿年的演变后，成为现今极其多样化的生物大分子序列。我们并不知道这些分子序列祖先演化的实际过程，但可以找到现存序列的相似性，根据相似性去推导演化的过程。这正是通过序列比对找出序列之间的相似性。如果多条序列是由共同的祖先序列进化而来，则称它们是同源的。因此，在谈到序列间的同源性时，它们要么同源（即来自同一祖先），要么不同源（并非来自同一祖先），并没有同源性程度的区别，"90%的同源性"或"同源性 90%"这种说法是不正确的。相似性的描述才有程度上的差异，即可以说"两条序列的相似度达到 90%"。序列比对找到的是相似性，可用这种相似性去进行同源性分析。后文所讲到的分子系统发育分析，就是通过序列比对，再进行聚类分析，然后依据所得结果确定被测分子序列的亲缘关系，构建进化树。序列比对的一个用途就是搜索相似序列。当你获得一段 DNA 序列或氨基酸序列后，发现对它一无所知时，可以在核酸序列数据库中搜索关于这一序列的信息，一个有效的方法是采用比对算法在数据库中找到一系列与该序列有相似性的序列，并按相似程度由高到低排列。现在应用的多个序列搜索软件的本质差异基本上是比对算法的差异，随着数据库规模的扩大，对快速搜索的要求越来越高，而优化比对算法是解决问题的方案之一。

在基因组测序中，序列比对同样有重要作用。基因组测序一般要将若干个拷贝的长核酸序列打断成有重叠区域的许多小片段，测序仪对小片段进行测序，然后把已知碱基排列顺序的小片段用比对算法找到有重叠区的另外的片段，把它们连接起来还原成原来的长核酸序列。

序列比对还可以寻找序列中的特定位点。当一个基因的某一位点发生突变时，它与原基因进行比对时就能发现这个位点，这在寻找致病基因时尤为重要。同一物种的不同个体之间会存在某些核苷酸位点的变异，称为单核苷酸多态性（single nucleotide polymorphisms，SNP），这对了解遗传多样性、寻找致病基因以及进行个体化治疗很有意义。同时，通过比对可找出不同序列间一些保守性的区域，它们可能行使重要的功能。此外还经常会通过比对确认氨基酸序列的保守区，以了解该区的特定结构与功能。

在进行蛋白质结构预测、基因预测时，比对也是基本的研究手段之一。蛋白质结构预测中，大部分的成果都是来自序列比对，研究的模式主要是有若干已知结构及氨基酸顺序的序列，把待测的序列与已知结构的序列进行比对，通过相似性去预测待测序列局部或全部的结构。而在蛋白质的分类中，有的方法就是利用比对获得氨基酸序列的相似性，以此相似性为基础进行分类。在基因预测中常要在待测序列中搜寻起始密码子、结束密码子、多聚 A 帽子序列等特定位点以增加预测的准确率。

第四节　基因组学

一、概述

基因组学出现于 20 世纪 80 年代，1986 年美国科学家 Thomas Poderick 提出了基因组学（Genomics）的概念，指对所有基因进行基因组作图（包括遗传图谱、物理图谱）、核苷酸序列分析、基因定位和基因功能分析的一门科学。随着 1990 年人类基因组计划（Human Genome Project，HGP）的实施并取得巨大成就，同时模式生物（modeorganisms）基因组计划也在进行，并先后完成了几个物种的序列分析，研究重心从开始揭示生命的所有遗传信息转移到从分子整体水平对功能的研究上。

根据现代信息学的概念，基因组是所有遗传信息的总和。经典的基因学与基因组学的相同之处是研究基因，不同之处是在策略上，前者是"零敲碎打"，而后者是"整体阐明"。基因组学的目的是对一个生物体所有基因进行集体表征和量化，并研究它们之间的相互关系及对生物体的影响。基因组学与转录组学、蛋白组学和代谢组学一起构成了系统生物学的组学基础。

二、基因组作图

（一）遗传图谱

通过遗传重组所得到的基因在具体染色体上线性排列的图称为遗传连锁图。它是通过计算连锁的遗传标志之间的重组频率，确定它们的相对距离，一般用厘摩（dM），即每次减数分裂的重组频率为1%来表示。遗传图谱被广泛运用于鉴定染色体上包含目的性状的数量性状基因座（QTL）区段。因此，构建高密度的遗传连锁图谱是作物进化过程、遗传育种及功能基因组学等研究中的重要一环，具有极其重要的地位。

以 PCR 技术为基础的第一代分子标记技术，包括扩增片段长度多态性（AFLP）标记、随机扩增多态性（RAPD）标记、简单重复序列（SSR）标记等。AFLP 标记具有重复性高、稳定性好、具共显性等优点，但是缺点也比较突出，如检测困难和周期长、对 DNA 含量和质量要求高、使用成本比较高等。但是，RAPD 标记也存在较易受到模板的质量和浓度、短的引物序列、PCR 的循环次数、基因组 DNA 的复杂性、技术设备等原因的干扰致使重复性差等特点。SSR 标记具有数量丰富、具共显性、重复性好、实验操作便捷等优点，但是所提供的信息量不够。第三代 DNA 遗传标记，单碱基差异的分子标记单核苷酸多态性（SNP），不以片段长度差异作为检测信号，而是直接以核苷酸序列变异为标记，可以实现大规模检测，包含着大量的遗传信息，前景广阔。分子标记开发和基因分型，群体遗传学，高密度遗传图谱构建，相关性状的 QTL 作图，基因组进化和辅助基因组测序组装等研究领域运用此项技术比较广泛。

（二）物理图谱

物理图谱是利用限制酶将染色体切成片段，再根据重叠序列确定片段间连接顺序，以及遗传标志之间物理距离［碱基对（bp）、千碱基（kb）或兆碱基（Mb）］的图谱。

以人类基因组物理图谱为例，它包括两层含义：一是获得分布于整个基因组的30000个序列标志位点（STS，其定义是染色体定位明确且可用 PCR 扩增的单拷贝序列）。将获得的目的基因的 cDNA 克隆，进行测序，确定两端的 cDNA 序列，约 200bp，设计合成引物，并分别利用 cDNA 和基因组 DNA 作模板扩增；比较并纯化特异带；利用 STS 制备放射性探针与基因组进行原位杂交，使每隔 100kb 就有一个标志。二是在此基础上构建覆盖每条染色体的大片段：首先是构建数百碱基对的酵母人工染色体（YAC），对 YAC 进行作图，得到重叠的 YAC 连续克隆系，称为低精度物理作图，然后在几十个碱基对的 DNA 片段水平上，将 YAC 随机切割后装入黏粒的作图，称为高精度物理作图。

(三) 转录图谱

利用表达序列标签（EST）作为标记所构建的分子遗传图谱被称为转录图谱。通过从 cDNA 文库中随机挑取的克隆进行测序所获得的部分 cDNA 的 5′端或 3′端序列称为表达序列标签（EST），一般长 300~500bp。一般来说，mRNA 的 3′端非翻译区（3′-UTR）是代表每个基因的比较特异的序列，利用辐射杂交细胞系技术对 3′-UTR 所代表的 EST 序列进行染色体定位，即可构成由基因组成的 STS 图谱。EST 不仅为基因组遗传图谱的构建提供了大量的分子标记，而且来自不同组织和器官的 EST 也为基因的功能研究提供了有价值的信息。此外，EST 计划还为基因的鉴定提供了候选基因（candidate gene）。其不足之处在于通过随机测序有时难以获得那些低丰度表达的基因和那些在特殊环境条件下（如生物胁迫和非生物胁迫）诱导表达的基因。因此，为了弥补 EST 计划的不足，必须开展基因组测序。通过分析基因组序列能够获得基因组结构的完整信息，如基因在染色体上的排列顺序、基因间的间隔区结构、启动子的结构以及内含子的分布等。

三、高通量测序技术

（一）高通量测序技术发展历程

Frederick Sanger 于 1975 年发明了"双脱氧链终止法"基因测序技术，这是科学史上出现的第一种基因测序技术；另一种基因测序技术是 1977 年 Walter Gilbert 发明的化学降解法。这两种测序技术均作为一代测序的标志性技术而广泛应用，其中双脱氧链终止法因操作更简便稳定而被更广泛应用。一代测序存在通量低、数据产出较低以及成本较高等问题，无法满足当前分子生物学、医学研究以及临床诊断对于高通量、高效率、高产出的测序需求。

二代测序相对于一代测序而言准确率略微降低，但通量和产出增加，可以实现同时对多个样本进行测序，单位时间内的数据产出量相比于一代测序实现了数量级的增长。二代测序技术平台尽管在测序通量、数据产出量以及应用领域上相较于一代测序有显著优势，但仍然存在一定的短板，如测序读长较短导致在测序过程中会产生大量高度碎片化的重复片段，尤其在进行大基因组测序时，测序拼接成为一个较大的挑战；且相较于一代测序而言，二代测序所需的测序时间显著增加，尚不能完全满足临床样本的快速诊断需要。

2008 年英国 ONT 公司首次推出了一款以纳米孔单分子测序为原理的测序仪器；2008 年美国 Helicos Bioscience 公司以单分子测序（single molecule sequencing，SMS）技术为原理的 Heliscope 测序平台发布上市；2009 年美国 Pacific Bioscience 公司推出了单分子实时（single molecule real-time SMRT）测序技术；2014 年英国 ONT 公司推出了 MinION 测序仪。以上述方法为代表的三代测序平台可以直接对给定的 DNA 或

RNA 模板进行测序，实现了真正意义上的实时测序，当核酸模板通过测序仪即可产生信号。相较于前两代测序平台，三代测序平台主要的改善有：①读长变长，可在一个反应内读取成千上万碱基，理论上读长可达无限长；②测序流程简化，测序时间减少，在文库构建以及上机测序等流程上有所精简，减少了样本的测序时间；③避免了 PCR 扩增技术造成的扩增偏好；④可直接测定碱基上的修饰情况。

（二）Sanger 测序法

1975 年，Sanger 在聚合酶作用下利用引物对模板 DNA 链的合成发明"加减法"对 DNA 进行测序，随后引入双脱氧核苷三磷酸（ddNTP），正式形成双脱氧链终止法，该方法又被称为 Sanger 法，后期很多测序技术都是基于该技术衍生的。1977 年，Sanger 报道了噬菌体 ΦX174 的 DNA 序列，这是第一个被测序的基因组，人类首次实现了对生物遗传信息的解码。双脱氧链终止法操作简便，获得了研究者的广泛认可，基于双脱氧链终止原理衍生了很多 DNA 测序技术，如利用荧光标记代替放射性标记、采用自动成像系统检测的荧光自动测序技术。

以 Sanger 法为代表的一代测序技术测序读长长（可达 1000bp），准确率高（可达 99.999%），对生物学研究具有重要意义，至今仍是基因测序的金标准。不可忽视的是，一代测序的通量低、成本高，限制了其大规模的应用。

（三）二代测序技术

1. 罗氏 454 焦磷酸测序平台

罗氏（Roche）公司的 454 焦磷酸测序平台是国际上第一台相对较成熟的二代测序平台，属于循环微阵列法平台，其测序技术基础是边合成边测序（sequencing by synthesis，SBS）技术。该项测序技术的测序原理主要依靠荧光信号的生物发光，将模板进行 PCR 扩增后，与相应的引物杂交，并与三磷酸腺苷双磷酸酶 DNA 聚合酶、ATP 硫酸化酶、荧光素酶、底物荧光素酶和 5-磷酸硫腺苷共同孵育，然后进行相应的酶促反应；在每次实时测序实验中，模板只与一种脱氧核糖核苷三磷酸（dNTP）进行配对反应，在此酶促反应中，DNA 聚合酶以该 dNTP 作为原料合成互补链，会释放出等物质的量的焦磷酸基团。

454 焦磷酸测序技术的主要优势在于测序时间较短，且准确率较高（可达 99%），在单位时间内产生的片段数量多。该测序平台在一次测序工作中可以产生 100 万条序列，序列的平均长度 400bp，数据总量约 500Mbp。454 焦磷酸测序平台已经被应用到多个方面，均取得了较理想的结果。

2. Ion Torrent 测序

Ion Torrent 测序利用布满约 120 万个小孔的高密度半导体芯片为载体，一个小孔为一个测序反应池，在 DNA 聚合酶作用下，核苷酸聚合到 DNA 延伸链上，核苷酸聚合释放出氢离子，引起反应池内 pH 改变，反应池内的场效应晶体管传感器捕获离子信号，离子信号转化为数字信号。该技术的发明人 Jonathan Rothberg 同时也是 454 焦磷酸测序技术的发明人，其文库制备技术与 454 焦磷酸测序类似。与其他测序技术相比，Ion Torrent 测序不需要昂贵的物理成像设备，在芯片制造中利用广泛使用的集成电路制造技术和金属氧化物半导体，实现了高密度高通量阵列的制作，仪器设备成本和体积得以降低。另外，测序速度快，上机测序可在 2~3.5h 完成，目前芯片通量并不高，适合小基因组和外显子测序。

3. Illumina 测序仪

Illumina 测序仪也称为 Solexa 分析仪，通过将单链 DNA 片段连接到称为单分子阵列或流动细胞的固体表面，并对单分子 DNA 模板进行固相桥式扩增，实现无克隆 DNA 扩增。在此过程中，使用适配器将单个 DNA 分子的一端连接到固体表面；分子随后弯曲并杂交成互补适配器（形成"桥"），从而形成互补链合成的模板。在扩增步骤之后，产生具有超过 4000 万个簇的流动细胞，其中每个簇由单个模板分子的大约 1000 个克隆拷贝组成。这些模板使用 DNA 合成测序方法进行大规模平行测序，该方法采用具有可移动荧光片段的可逆终止子和特殊的 DNA 聚合酶，可以将这些终止子合并到生长的寡核苷酸链中。末端用四种不同颜色的荧光标记，以区分给定序列位置的不同碱基，并通过读取每个连续核苷酸添加步骤的颜色来推断每个簇的模板序列。虽然 Illumina 方法比焦磷酸测序更有效地测序同聚延伸，但它产生较短的序列读长，因此不能解析短序列重复。此外，由于使用了修饰的 DNA 聚合酶和可逆终止子，在 Illumina 测序数据中发现了取代错误。通常，Illumina 公司的 1G 基因组分析仪能够产生 35bp 的读数，并且在 2~3d 内每次运行至少产生 1GB 的序列。目前 Illumina 测序仪在遗传疾病分析、肿瘤癌症检测以及功能基因组测序等领域占据主要的测序市场。Illumina Hiseg 系列测序仪具有 PE150 的读长，相较于该系列其他测序仪读长较长，其优势主要在于其测序精准度最高可达 99.9%，而且相较于其他二代测序平台测序成本较低。但该系列也有相应的缺点——序列读长较短。

4. SOLiD 高通量测序平台

SOLiD 测序平台实现了通过杂交连接进行的大规模平行测序。SOLiD 使用的连接化学是基于 polony 测序技术，该技术与 454 焦磷酸测序方法同年发表。SoLiD 技术利用连接酶法，而非其他测序常用的聚合酶，通过 8 碱基单链荧光探针与模板配对，2 个碱基确定一个荧光信号，进行双次测序，准确度高，测序读长 2×50bp，但是后续拼接较复杂。

（四）三代测序技术

1. SMS 测序平台

HeliScope 单分子测序平台，其测序的主要原理是一种基于光学信号的单分子测序技术（single molecule sequencing，SMS），但不同于二代测序的是该方法不依赖于 PCR 扩增技术。其先随机将待测模板进行打断与筛选，在对片段化模板进行末端修复之后在片段 3'-末端连接上 50bp 结合有荧光标记的 poly（A）尾巴，含接头的文库可以通过末端 poly（A）尾巴结合固定在固相基质的 Oligod（T）探针上，类似于 Solexa 测序，该方法也需要将荧光染料标记的 4 种 dNTP 依次加入微反应中，在 DNA 聚合酶的催化反应下，通过碱基互补配对释放出相应的荧光信号，最后依靠增强型电荷耦合元件（intencified charge coupled device，ICCD）相机进行光学信号的收集，在测序上避免了扩增时引入的碱基错配以及扩增偏好性。该测序方法也存在相应的不足，就是对于光学信号收集的设备要求较高，并且在测序过程中由于信号较弱容易产生测序误差，导致准确率降低。因此该平台为提高精准度采取了两次测序（two-pass sequencing），增加了测序成本。另外，该平台初始读长较短，约 32bp，且测序成本较高，测序准确率较低，错误率高达 1%。

2. SMRT 测序技术

SMRT 测序技术是目前三代测序技术中应用最广泛的一项测序技术。SMRT 测序技术相较于其他测序技术而言有较大的优势，该方法同样基于对单个 DNA 分子进行测序，采用 4 种荧光标记的 dNTP 以及零级波导（zero mode waveguide，ZMW）的纳米结构作为测序技术的主要基础。ZMW 这种纳米结构是一种孔状纳米光电结构，光线在通过 ZMW 后会呈现指数级衰减，被衰减的光线最终只能使孔内靠近基质的部分被照亮；ZMW 作为测序的微反应器，会提前在微反应器中结合测序反应所需要的 phi29DNA 聚合酶；在构建文库时，将待测模板与引物结合，混合 4 种荧光标记的 dNTP 一同加入微反应器 ZMW 中；测序反应过程中，待测模板 DNA 以 4 种荧光标记的 dNTP 作为原料进行合成时，所连接的 dNTP 会因反应而在 ZMW 底部短暂停留，荧光收集设备则可以收集到配对 dNTP 的荧光信号，从而实现测序。该平台在读长上实现了较大的突破，其中 PacBioRS Ⅱ 测序平台最长读长能够达到 30kb，平均读长约 85kb，且该平台也具有三代测序平台普遍共有的优势——测序流程更简便，构建文库时间缩短，且不依赖于 PCR 扩增技术。然而与 SMS 技术类似，该测序技术同样依赖于单分子产生的荧光信号进行测序，因此测序的准确率偏低，最高仅可达到 87.5%，尽管通过增加测序次数以及后期数据分析矫正，准确率可以提高，但是相对于 Sanger 测序以及二代测序，准确率仍然较低。

3. 纳米孔 SMS 平台

英国 ONT 公司推出了第一个商用的测序平台 MinION，该测序平台的主要测序原理是基于待测模板通过生物纳米孔时不同碱基产生的不同电位差而实现电信号向碱基信号的转变。Nanopore 测序系统主要由纳米孔、薄膜以及马达蛋白组成，其中马达蛋白是一种 DNA 解旋酶，在构建文库时，马达蛋白与接头会一同连接在待测模板的一端；当将制备好的文库滴加到纳米孔上时，马达蛋白通过解旋作用将双链 DNA 变为单链通过纳米孔；A、T、C、G 4 个碱基通过纳米孔产生不同的电位差，这种电信号会被传导电子元件（application specific integrated circuit，ASIC）以及 MinKNOW 软件接受并进行初级处理，该测序平台的序列读长与 PacBio 测序平台相似，达 10kb，理论上可达无限长。

然而相较于 PacBio，MinION 测序平台的错误率更高，准确率仅有 65%~88%。

前期使用 9.4 版本芯片或者其他版本芯片 Flow cell 进行测序时，测序准确率非常低，仅约 90%；后续平台推出 9.5 版本 Flow cell 芯片并且采用 1D（DNA 正反链测序，相互矫正）建库方式，在一定程度上提升了测序准确率。

4. FRET 测序平台

FRET 测序平台在对样本核酸进行测序时，测序过程中 4 种脱氧核苷酸分子被 4 种不同的荧光受体所标记，随着测序引物延伸，4 种不同的荧光受体会发出特异的荧光，不同的荧光分别代表不同的 4 种脱氧核苷酸分子。该测序平台由 VisiGen Biotechnologies 公司研发并推出，读长较长，平均读长在 1500bp 以上，测序准确率相对其他三代测序平台较高，并且测序时长较短；但该平台因为缺乏具体应用的技术参数，所以并未得到广泛应用。

四、基因注释数据库

目前，研究人员已经掌握了大量的全基因组数据，同时关于基因、基因产物以及生物学通路的数据也越来越多，解释生物学实验的结果，尤其从基因组角度，需要系统的方法。某个物种的基因组包括成千上万的基因甚至更多，它们在分子水平的复杂网络中相互作用。这些分子网络趋于模块化，相近的模块再形成一种组合的单元发挥功能。进一步，这些模块可以按照进化时间组装成层级结构来发挥更高级的功能。描述单一的蛋白质功能已经十分复杂，要是在基因组范围内进行描述就会更加复杂，可能最好的工具就是计算机程序。因此，提供一个结构化的标准生物学模型，便于计算机程序进行分析，成为从整体水平系统研究基因及其产物的一项基本需求。

（一）基因本体数据库

基因本体（gene ontology，GO）数据是 GO 组织（GO consortium）在 2000 年构建的一个结构化的标准生物学模型，旨在建立基因及其产物知识标准词汇体系，涵盖了基因的细胞组分（cellular component）、分子功能（molecular function）、生物学过程（biological process）三个方面，目前已成为应用最广泛的基因注释体系之一。GO 数据库最初收录的基因信息来源于 3 个模式生物数据库：果蝇、酵母和小鼠，随后相继收录了更多数据，其中包括国际上主要的植物、动物和微生物基因组数据库。GO 术语在多个合作数据库中的统一使用，促进了各类数据库对基因描述的一致性。

GO 通过控制注释词汇的层次结构使得研究人员能够从不同层面查询和使用基因注释信息。从整体上来看，GO 注释系统包含三个分支，即生物学过程（biological process）、分子功能（molecular function）和细胞组分（cellular component）。一个基因或蛋白质可从三个层面得到注释，即基因或蛋白质参与的生物学过程，在细胞内的特定组分以及分子功能上所扮演的角色。随着生命科学研究的逐步深入，GO 注释数据库正在不断积累和更新。目前 GO 已经成为生物信息领域一个重要的资源和工具，并正在逐步改变着人们对各种生物学数据的组织和理解方式，它的存在极大地加快了生物数据的整合和利用。

（二）京都基因与基因组百科全书数据库

京都基因与基因组百科全书（Kyoto encyclopedia of genes and genomes，KEGG）是系统分析基因功能、基因组信息的数据库，它整合了基因组学、生物化学以及系统功能组学的信息，有助于研究把基因及表达信息作为一个整体进行研究。

KEGG 提供的整个代谢通路查询十分出色，包括碳水化合物、核苷酸、氨基酸等代谢及有机物的生物降解，不仅提供了所有可能的代谢通路，还对催化各步反应的酶进行了全面的注解，包含其氨基酸序列、到 PDB 数据库的链接等。此外，KEGG 还提供基于 Java 的图形工具访问基因组图谱、比较基因组图谱和操作表达图谱以及其他序列比较、图形比较和通路计算的工具。因此，KEGG 数据库是进行生物体内代谢分析、代谢网络分析等研究的强有力工具之一。

五、基因集功能富集分析

已建立的基因及其产物注释数据库包含了丰富的知识和复杂的结构，促使研究人员开展以注释数据库为知识基础的基因功能研究，以便更好地利用注释系统。

一组基因直接注释的结果是得到大量的功能结点。这些功能具有概念上的交叠现象，导致分析结果冗余，不利于进一步的精细分析，所以研究人员希望对得到的功能结点加以过滤和筛选，以便获得更有意义的功能信息。目前最常用的方法是基于 GO 或 KEGG 的富集分析。人们通过多种方法获得大量的感兴趣基因，如差异表达基因集、共表达基因模块、蛋白质复合物基因簇等，然后寻找这些感兴趣基因集显著富集的 GO 结点或 KEGG 通路，这有助于指导进一步深入细致的实验研究。

（一）富集分析的原理

富集分析的主要基础是，如果在给定的研究中某个生物过程异常，那么协同功能基因应该具有较高的（富集的）潜力，可以通过高通量筛选技术选择为相关组。这样的理论基础可以使大型基因列表的分析从单个基因导向的观点转向相关的基于基因群体的分析。由于分析结论是基于一组相关基因而不是单个基因，因此增加了研究人员识别与所研究的生物现象最相关的正确生物过程的可能性。富集可以通过一些常见的和众所周知的统计方法来定量测量，包括卡方、费雪精确检验、二项分布和超几何分布。

(二)常用富集分析软件

1. 单一富集分析(SEA)

最传统的富集分析策略是取用户预先选择的感兴趣基因(例如,通过 p 值为 0.05 和倍数变化为 1.5 的 t 检验在实验样本和对照样本之间选择的差异表达基因),然后以线性模式逐个迭代测试每个注释项的富集程度。然后,通过浓缩 p 值阈值的单个浓缩注释项以表格格式报告,表格格式按浓缩概率(浓缩 p 值)排序。富集 p 值的计算,即与纯随机机会相比,在给定的生物类列表中出现的基因数量,可以借助一些常见的统计方法来完成,包括卡方、费雪精确检验、二项分布和超几何分布等。

尽管 SEA 的策略和输出格式很简单,但 SEA 确实是一种非常有效的方法来挖掘大型基因列表背后的主要生物学意义,这些基因列表可以从任何类型的高通量基因组研究或生物信息学软件包中生成。大多数早期的工具(如 GoMiner、Onto-Express、DAVID 和 EASE)和许多最近发布的工具(如 GOEAST 和 GFinder)都采用了这种策略,并在许多基因组研究中取得了显著成功。然而,这类工具的共同缺点是,术语的线性输出可能非常大,令人难以承受(从数百到数千)。例如,GO 的相关术语,如凋亡、细胞程序性死亡、诱导凋亡、抗凋亡、调控凋亡等,在一个大的线性输出中分布在不同的位置。此外,预选基因列表的质量会对富集分析产生很大影响,这使得 SEA 分析在使用不同的统计方法或截止阈值时存在一定程度的不稳定性。

2. 基因集富集分析(GSEA)

GSEA 承载了 SEA 的核心精神,但与 SEA 相比,其计算富集 p 值的算法不同。业界对 GSEA 战略给予了极大的关注和期待。GSEA 的独特思想是其"无切断"策略,从微阵列实验中提取所有基因,而不选择显著基因(例如 p 值为 0.05 和折叠变化为 1.5 的基因)。该策略在两个方面有利于富集分析:①减少了典型基因选择步骤中可能影响传统富集分析的任意因素;②利用微阵列实验获得的所有信息,允许变化最小,不能通过选择阈值的基因不同程度地参与富集分析。最大富集分数(MES)是根据注释类别中所有基因成员的等级顺序计算的。此后,可以通过将 MES 与随机洗牌的 MES 分布(Kolmogorov-Smirnov-like 统计量)匹配来获得富集 p 值。

最近的一项研究分别使用 DAVID 方法(基于 SEA/MEA 方法)和 ErmineJ(GSEA 方法)软件运行相同的数据集。正如预期的那样,两种方法的结果高度一致。这种一致性是有意义的,因为 GSEA 中富集计算的主要驱动力是变化很大的基因。此外,这些基因在传统的基因选择程序中最有可能有更好的选择机会,从而导致 SEA 和 GSEA 方法得出的结果非常相似。

3. 模块化富集分析(MEA)

MEA 继承了 SEA 中发现的基本富集计算,并通过考虑术语到术语的关系合并了额外的网络发现算法。当使用异构注释内容时,注释术语是高度冗余的,并且对于同一生物过程的不同方面具有很强的相互关系。在数据挖掘过程中,建立这样的关系离生物学的真实本质更近了一步。Go-ToolBox 开发了相关 GO 术语或基因聚类的功能，在网络环境下提供基因功能注释。然而，这些函数只适用于很小的范围，并且只适用于 GO 项。DAVID 提供了一种新的工具，能够组织和浓缩广泛的异构注释内容，这种组织是通过使用 Kappa 统计来挖掘在多个异构注释内容中发现的复杂的生物共现来完成的。结合传统的富集 p 值计算，新方法使富集分析从以术语或基因为中心发展到以生物模块为中心。这些方法考虑到生物注释内容的冗余性和网络性质，以便集中精力构建更大的生物图像，而不是专注于单个术语或基因。这种数据挖掘逻辑似乎更接近生物学的本质，因为生物过程是以网络方式工作的。

六、基因组学的应用

（一）在临床疾病诊治中的应用

以网络数据库中已有的疾病生物学信息为基础，建立高通量的表达序列标签分析平台寻找肿瘤差异表达基因。用 Linux 操作系统和低价位的电子计算机为基础，建立了高通量的 EST 分析平台。借助 Phrep/Phrap/consed 系列软件及自行编译的 Perl 程序，利用常用的核酸序列数据库，实现了大批量差异基因片段从测序峰图到核酸序列的转换和序列的拼接，及序列比对等系列过程的全自动化分析。应用这个平台，系统地分析了结肠正常黏膜和腺癌的差异表达基因，取得了很好的结果。应用芯片等技术结合基于 EST 的生物信息学预测方法研究了结肠癌中的基因选择剪接，发现 5 种可鉴定的剪接事件影响细胞骨架形成的调节因子，2 种影响细胞外基质蛋白，其他参与了整合素的信号转导通路。推测它们共同形成一种结肠癌特异性改变模式来影响细胞运动性，从而为寻找癌症的病因、选择药物靶点或癌症的诊断提供帮助。

（二）在药物开发中的应用

利用功能基因组学所提供的丰富的数据资源以及开发出来的一些算法软件，可快速实现对靶标的识别。21 世纪是生命科学大发展的时代，以人类基因组计划为序幕的生物信息学研究，是全面认识生命及其过程的重要手段。进入 21 世纪生命科学时代的医学将日益重视有关复杂系统的研究，依赖于整个现代科学发展。应用生物信息学研究方法分析生物数据，筛选与疾病发生、发展相关的基因或基因群，再进行实验验证，是一条高效的研究途径。生物信息学已广泛地渗透到医学的各个研究领域中，在疾病相关基因的发现、疾病临床诊断、疾病的个体化治疗、新的药物分子靶点的发现、创新药物设计以及基因芯片的设计与数据处理等医学应用研究方面将发挥重要作用。

（三）在植物中的应用

定向诱变基因组局部突变技术（Targeting Induced Local Lesions In Genomes, TILL-

ING），是一种全新的反向遗传学研究方法。其基本原理是：诱变实验对象并提取DNA，把多个待测样品的DNA混合在一起进行PCR，通过变性和复性过程得到异源双链。如果样品发生突变那么形成的异源双链中必定含有错配碱基。利用特异性的内切核酸酶识别携带了错配碱基的异源双链，并在错配处切开双链，最后进行电泳检测试验结果。TILLING已经用于多种植物中，如拟南芥、玉米、水稻等。以美国为首的北美实验室借助TILLING技术，联合启动了拟南芥TILLING项目，直接推动了拟南芥功能基因组学项目的建立。该项目在立项的第1年就为拟南芥研究者们提供了超过100个基因上的1000多个突变位点。随着各种生物基因组计划的深入研究，相信TILLING技术将会得到更加广泛的应用。

（四）在动物中的应用

动物基因组学的研究，特别是重要经济性状位点的研究，将会应用于农业动物遗传育种领域，结合转基因、克隆等分子生物学技术手段就能够大幅度地提高养殖业的生产效率。由于分子生物学方法和技术的日趋成熟，分子标记检测手段逐渐完善，已经到了利用分子生物学方法在数量性状研究中有所突破的时代了。

分子育种技术已经开始运用于畜禽的育种实践中，特别是标记辅助选择应用更为广泛。目前，美国、英国、加拿大等发达国家90%的猪种经过至少9种基因诊断盒的改良，而鸡、牛种上分别至少有6种基因诊断盒在进行商业化应用。依赖于基因或DNA标记技术的分子育种公司也已经涌现，这些分子育种技术为世界动物农业带来前所未有的生产效益。

第五节 转录组学

一、概述

Auffray于1996年提出了转录组（transcriptome）这一术语。广义上转录组是指细胞中的转运RNA（transfer RNA，tRNA）、核糖体RNA（ribosome RNA，rRNA）以及非编码RNA（noncoding RNA，ncRNA）等所有转录产物。而狭义上转录组指的是细胞在特定环境下负责蛋白质转录和翻译的所有信使RNA（messenger RNA，mRNA）。转录组学（transcriptomics）主要是研究细胞整体的基因转录情况以及调控规律，进而揭示某特定生物学过程分子机理的一门学科。

随着分子生物技术的快速发展，相继出现了多种可用于转录组学研究的相关技术。微阵列技术是最早用于检测微生物已知序列表达情况的研究方法，但在发现新的基因表达序列方面存在一定限制。后续发展起来的转录组学测序技术特别是RNA测序技术

(RNA sequencing，RNA-seq）具有测序速度快、分辨率高等优点，现已被广泛使用。近年来，三代测序技术、单细胞转录组学技术以及空间转录组学等技术逐渐兴起，但由于成本高、操作难度大等缺点仍需完善。

二、传统的转录组学方法

传统的转录组学研究方法大致包括微阵列和测序技术。前者是利用分离自样品中的RNA与已知序列杂交进行定性定量分析，主要是指微阵列技术（microarray）、基因芯片技术（microassay）。后者则是对提取得到的RNA进行前处理后直接进行测序，测序方法主要包括对序列标签的测序、对序列片段进行测序以及对全长RNA直接进行测序。

（一）基于杂交的微阵列技术

微阵列技术是将成千上万个已知序列的DNA或寡核苷酸富集排列在固体支撑物，如硅片、玻片、尼龙膜等上。用来固定DNA的固体支撑物性质不同，微阵列常被称为印迹（blotting）、膜（membrane）、芯片（chip）或玻片（slide）。微生物提取得到的RNA做荧光或放射性标记处理形成"探针"。将微阵列与探针在一定条件下进行杂交，用相应的设备获取图像信息，最后对结果进行分析比对。早期利用微阵列技术的主要目的是对基因表达序列是否表达或对表达量进行定性、定量分析研究。根据排列在固体支撑物上的DNA序列不同，微阵列技术可大致分为利用已知的cDNA序列或寡核苷酸排列形成的两种。

1. 互补脱氧核糖核苷酸（complementary DNA，cDNA）微阵列

互补脱氧核糖核苷酸微阵列是将探针进行荧光标记后，与固定于固体支撑物上已知序列的cDNA进行杂交。Selinger等开发了一个具有高分辨率的"基因组阵列"并对对数生长期和平台期的大肠杆菌总RNA进行定性鉴定。结果发现，在平台期存在许多已知参与饥饿反应的基因和以前未被识别的生长阶段调控基因被表达，并且参与翻译的基因在对数生长期有较高的表达水平。微阵列技术检测转录组表达技术较为烦琐。目前构建微阵列芯片的操作大多是由委托公司或研究所制得。由于RNA存在不稳定性，为了验证转录因子测序的正确性，大部分转录组分析实验会采用逆转录-聚合酶链反应（reverse transcription-polymerase chain reaction，RT-PCR）技术对基因表达情况进行反向检测。通过利用RT-PCR技术，Kim等通过定量分析证实了在强毒株中存在两个差异表达基因的转录水平明显高于弱毒株。Lockyer等利用cDNA微阵列定量鉴定出耐药和易感蜗牛感染曼氏链球菌后2~24h的98个差异表达基因等，并应用RT-PCR技术分析验证了结果。

2. 寡核苷酸微阵列

寡核苷酸微阵列可以直接在芯片表面固定预先合成或原位合成的寡核苷酸。Chizhikov等设计了人轮状病毒VP7蛋白基因特异性寡核苷酸探针与PCR扩增制备的荧光标记的单链杂交探针，分别与猴肾细胞中培养的轮状病毒株 RNA 杂交，通过检测 20 个编码轮状病毒的分离株，发现寡核苷酸芯片杂交技术优于传统 PCR 技术。但利用此种方法生产高密度微阵列，不但价格昂贵，还需要高度精密的工业设备，在应用方面受到了限制。Wang 等通过进行原位定制寡核苷酸微阵列，设计了 2906 个基因的寡核苷酸探针，总计 6208 个探针，其中 396 个寡核苷酸为对照，结果发现，豆奶生态系统对干酪乳酪杆菌 Zhang（Lacticasei bacillus Zhang）的生长具有复杂的促进作用。最早的转录组研究中通常使用微阵列技术检测微生物基因的表达水平，但由于该技术只能检测已知序列的基因的表达量，且操作烦琐、特异性低，使其在转录组学中的应用受到了限制。

基因芯片技术：基因芯片是基于核酸杂交的一种转录组研究技术，该技术利用红、绿荧光染料分别标记实验样本和对照样本 cDNA，将样本混合后与基因芯片杂交，可显示实验样本和对照样本基因的表达强度。目前，基因芯片主要应用于基因表达检测、寻找新基因和基因突变以及基因文库作图等方面的研究。基因芯片技术比较成熟，能够准确地检测较高表达的基因。但因杂交背景高，受基因拷贝数的限制无法检测出低丰度基因，且数据库数据有限，可能出现注释错误。

（二）基于测序的转录组学技术

随着测序技术的出现，针对转录组学的相关测序技术也随之发展起来。该技术主要是将 RNA 进行前处理后直接进行测序分析，利用这种方法可以快速地获得微生物在特定环境下的基因表达信息。

1. 第一代转录组学测序技术

第一代转录组学测序技术获取基因表达水平的方式是将样品中的 mRNA 反转录合成 cDNA，对 cDNA 两端的序列标签进行测序。该测序技术主要包括早期的基因表达序列分析技术（serial analysis of gene expression，SAGE）、表达序列标签技术（expression sequence tags technology，EST）和大规模平行测序技术（massively parallel signature sequencing，MPSS）等。

（1）基因表达序列分析技术 Velculescu 等于 1995 年建立了 SAGE 技术。每 9 个碱基的序列标签代表一种转录特征序列，并且标签出现的概率能够反映出对应 mRNA 的丰度。SAGE 技术所产生的标签首先要从待测样品总 RNA 中分离纯化得到 mRNA，将 mRNA 反转录合成 cDNA，经过酶切处理后对得到的 cDNA 片段进行扩增、测序即可得到相应转录组信息。SAGE 技术的优点在于可以对未知序列进行测序，从而在鉴定代谢机制等的同时也可以鉴定到新表达基因序列。鉴于 SAGE 技术的不断完善，目前，其已被成功应用于酵母全基因表达谱的鉴定。

（2）大规模平行测序技术 MPSS 技术是由 Brenner 等在 2000 年建立，先将预测到的所有可能表达的已知序列与直径为 $5\mu m$ 的微球相结合并构建文库，在微珠流动池中组装平面模板阵列，分析每个微珠上克隆模板的自由端序列，最后与待测样本进行结合就可得到 16~20 个碱基的特征序列信息。MPSS 技术原理与 SAGE 技术相似但不相同，前者可以得到更长的标签序列，在酵母 cDNA 文库中，单个操作就可得到数十万个标签序列，并且能够检测到低水平的基因表达序列。

（3）表达序列标签技术　与前两种测序技术相比，EST 技术首先要构建某特定微生物的 cDNA 文库，从中选择部分 cDNA 片段进行扩增、测序，最后再与基因表达序列标签（expressed sequence tags，ESTs）数据库进行比对并分析相关基因的表达丰度。EST 技术可以得到 200~800bp 的 cDNA 片段并进行测序。Zhang 等通过对真菌角毛壳（*Chaetomium cupreum*）寄生条件下基因表达的研究，阐明了真菌寄生的分子机制，推动了开发植物真菌病害生物防治的新策略。然而对 ESTs 直接测序存在的缺点在于不能定量检测，并且通量低、成本高，不是转录组学分析的最佳方法。

2. 第二代转录组测序技术

随着测序技术的不断发展和进步，开始出现第二代测序技术——RNA-seq 技术。RNA-seq 技术可以全面、快速地检测特定环境和时间条件下的微生物基因表达信息。Illumina 公司的新一代测序仪采用边合成边测序技术，该测序仪最大的特点在于测序时间短且得到的数据量大，现已被转录组学相关研究工作普遍应用。Guo 等利用 Illumina HiSeq 2500 对酿酒酵母 mRNA 逆转录得到的 cDNA 进行测序，探讨了化学突变体酿酒酵母 BY23-195 菌株高核酸合成的遗传机制。此外，Roe 等对 4 对具有不同易感性的系统发育相关鲍曼不动杆菌分离株的转录组进行二代测序，确定了鲍曼不动杆菌 5 种不同的潜在耐药机制，为诊断治疗感染鲍曼不动杆菌患者和预后提供了基础。RNA-seq 技术测序首先需要在微生物中提取所有的转录产物，将纯化后的 mRNA 片段化后反转录形成 cDNA，对构建的 cDNA 文库进行 PCR 扩增、测序。与微阵列技术和第一代测序技术相比较，RNA-seq 技术在转录组学研究中的应用显得尤为广泛。利用该技术可以对酵母发酵过程中酿酒酵母（*Saccharomyces cerevisiae*）和旧金山乳杆菌（*Lactobacillus sanfranciscense*）在纯培养和混合培养条件下的代谢特征和转录变化进行探讨。根据 Deng 等对牙周关键口腔微生物的转录组特征分析发现，牙周生态位中的核胞体与实验室培养中的核胞体的基因表达情况有所不同。微生物群落的多样性是其适应自然的一个重要特征，所以从实验室数据推断微生物相关功能性质需要谨慎对待。RNA-seq 测序仪高通量的特点是微阵列和第一代测序技术无法达到的。该技术的优点在于不仅准确率高，而且测序成本也远小于传统 Sanger 测序技术。另外，RNA-seq 测序技术还具有对背景干扰分辨率高，对低表达量基因灵敏度高的特点。研究人员对乳酸乳球菌（*Lactococcus lactis*）进行差异 RNA 测序（differential RNA-seq，dRNA-seq），发现了 375 种新型 RNA，包括小 RNA（small regulatory RNAs，sRNAs）、反义 RNA（antisense RNA，asRNA）、新型（小）开放阅读框（open reading frames，ORFs）、转录起始位点（transcription start site，TSS）和操纵子结构等。RNA-seq 技术不仅能够检测出差异基因，还可以检测出相关基因的表达丰度。Sethiya 等比较了光滑念珠菌（*Candida glabrata*）暴露于过氧化氢后不同时间点的转录组，发现在即时反应期间，基因表达会发生局部瞬时变化。但随着微生物逐渐适应氧化环境，转录组又重新表达翻译以此来恢复关键的细胞功能、蛋白质稳态、碳水化合物等的生物合成。

3. 第三代测序技术

二代测序技术测序读数较短（通常为 100~300bp），只能得到序列片段。第三代测序技术是以单分子测序为基础，可以对全长 RNA 进行直接测序，无需将 RNA 进行片段化处理。目前三代测序技术主要包括 Pacific Biosciences（PacBio）测序仪和 Oxford Nanopore Technologies（ONT）纳米孔测序两种方法。两种方法虽然都可以对长 DNA 或 RNA 直接进行测序，但原理不同。PacBio 测序仪是根据 RNA 逆转录得到的核苷酸产生独特荧光信号来识别碱基序列；而 ONT 纳米孔测序是基于生物工程纳米孔的单分子测序，这些纳米孔嵌入在施加电压的电阻膜中。当单链 DNA 或 RNA 片段通过时，膜上的电流发生变化，并使用基于递归神经网络（recursive neural network，RNN）的算法将其转化为特定的核苷酸序列。由于测序是通过将电信号转化为核苷酸序列来介导的，所以纳米孔测序无需合成 cDNA 和 PCR 扩增就可以直接对 RNA 进行测序，并且产生的读长相对较长（>2Mb）。Uemura 等通过运用第三代测序技术发现了氨基酸被单个核糖体串联的过程。PacBio 和 ONT 测序被广泛用于真核生物和病毒 RNA 的测序，而应用于原核生物转录组测序的实验技术流程相对较少。为此，Grünberger 等为细菌模式生物大肠杆菌中的 ONT RNA-seq 测序设计了相关实验和生物信息分析的工作流程，且该流程适用于任何微生物。虽然第三代测序技术存在许多优势，但测序错误率高、价格高昂的问题也一直影响着第三代测序技术在转录组学中的应用。为此，经过 PacBio 公司对技术的不断优化，在 2016 年发布的 Sequel 系统实现了新的突破，该系统提高测序通量的同时减少了测序所需的时间，并且其公司的 Sequel System 6.0 准确率较高且读长最长达 300kb。

三、新型转录组学技术

1. 单细胞转录组学

与传统的群体转录组分析相比，单细胞转录组技术主要是分析特定环境下单细胞的基因表达水平，单细胞转录组测序（single-cell RNA sequencing，scRNA-seq）就是其中技术之一，现已被广泛应用于分析各种生物学过程。早在 1992 年单细胞转录组学工作就已经被报道，但针对单细胞转录组学测序的相关技术直到 2009 年才被首次公开。然而，单细胞转录组技术目前没有广泛应用于微生物领域中主要是因为在对微生物细胞进行裂解时操作难度大，缺少多聚腺苷酸尾保护 mRNA 分子，而且微生物在不同环境和生态位进行的转录表达也有差异。要想利用单细胞转录组技术在细胞水平上获得微生物的生物学机制，继续改进或发展相关技术是很重要的。截至目前已经开发了一种微生物分裂池连接转录组学方法（microbial split-pool ligation transcriptomics，MicroSPLiT），与前期高通量 scRNA-seq 方法相比，克服了细菌特有的低 mRNA 含量、细胞大小的多样性以及细胞壁结构等的挑战。该方法适用于革兰氏阴性和革兰氏阳性细菌，低成本、高通量，在一次实验中仅使用基本的设备就可对数万个细胞进行分析。

单细胞转录组学改变了传统微生物群体系统转录水平的研究，逐渐向单个微生物细胞水平进行动力学和生长发育方面的研究。并且该技术对自然群落的研究也具有潜在的价值，不仅对物种分类多样性，而且对微生物的生长发育情况、细胞生理状态和生态相互作用特征的描述提供了新的见解。通过对技术的继续改进和发展，运用单细胞转录组技术进行微生物领域研究的趋势也会逐渐增加。

2. 空间转录组学

通过上述的单细胞转录组学可以对特定环境下单个微生物细胞的差异表达基因进行研究，但在同一环境中微生物细胞的基因表达水平也会出现显著差异，这就表示微生物的基因表达也可能与所在生态位的不同出现差异。近年来，对于转录组研究逐渐进入了空间转录组（spatial transcriptome）的研究阶段。与之前的转录组学研究相比，进行空间转录组的研究不仅可以获得特定环境下单个微生物细胞的基因表达水平信息，还可以了解在空间位置上微生物细胞之间基因表达的差异水平，为进一步细化在时间和空间两个特定条件下微生物真实基因表达的研究提供了重要的研究手段。Dar 等开发了一种适用于环境中复杂的微生物群落或人体微生物群，名为平行序列荧光原位杂交（parallel sequential fluorescence in situ hybridization，par-seqFISH）的转录组成像方法。他们将这种技术应用于条件致病菌铜绿假单胞菌，分析了浮游和生物膜培养中数十种生理条件下的 60 万个个体；绘制了生物膜相关过程的空间背景，包括运动和亲属排斥机制，并识别广泛和高度空间分辨的代谢异质性。另外，mRNA 标记技术和序列荧光原位杂交（sequential fluorescence in situ hybridization，seqFISH）技术组合可用于在同一样本中以亚微米分辨率分析数百甚至数千个基因。到目前为止，seqFISH 技术已经不仅应用于研究哺乳动物细胞和组织的生理生化系统，也应用于对环境和人体微生物群基因表达方面的分析鉴定。随着细胞通量的增加以及对转录本数量和质量检测技术的不断发展，空间转录组学技术也产生了巨大的进步，对微生物细胞的空间定位信息也逐渐准确。对于微生物基因表达水平的研究已经日渐成熟，研究人员的目光开始逐渐转向表观转录组学方面的研究。

3. 表观转录组学

根据表观转录组学的研究发现，大多数 RNA 动态可逆的化学修饰是在 tRNA、rRNA 和小核 RNA（small nuclear RNA，snRNA）等当中，Kouvela 等研究了在人类受到细菌感染过程中起关键作用的 tRNA 表观转录组的形成。由于 mRNA 占细胞中总 RNA 含量的百分比较低、检测技术受限等原因，mRNA 被检测到的化学修饰较少。然而，随着检测技术的不断进步，mRNA 的化学修饰在最近几年也逐渐被挖掘，并形成了关于表观转录组的研究学科。mRNA 上目前已经被鉴定到的化学修饰主要包括 7-甲基鸟嘌呤（7-methylguanosine，m7G）、N6,2′-O-二甲基腺嘌呤（N6,2′-O-dimethyladenosine，m6Am）、2′-氧-甲基化（2′-O-methylation，Nm）以及内部的 N6-甲基腺嘌呤（N6-methyladenosine，m6A）等。随着表观转录组学的发展进步，针对 RNA 修饰的研究方法逐渐被研究人员开发出来，目前以质谱（mass spectrometry，MS）为基础的方法是检测不同 RNA 修饰的唯一通用方法。Wang 等使用 MS 方法分析了敏捷乳杆菌（*Lactobacillus agilis*）的表观转录组，并确定了阿吉利斯乳杆菌（Ligilactobacillus agilis）的表观转录组是否参与了菌株适应益生元菊粉的生理代谢过程。

第六节　蛋白质组学

一、蛋白质组学概念

1994 年，Wilkins 和 Williams 等首次提出了蛋白质组的概念。蛋白质组（Proteome）源于蛋白质（Protein）与基因组（Genome）两个词的组合，意指"一种基因组所表达的全套蛋白质"，即包括一种细胞乃至一种生物所表达的全部蛋白质。蛋白质组学（Proteomics）从整体的角度分析细胞内动态变化的蛋白质组成成分、表达水平与修饰状态，了解蛋白质之间的相互作用与联系，从而揭示蛋白质功能与细胞生命活动规律，其逐渐成为当前生物学研究的热点和突破最快的领域。

二维凝胶电泳（2DE）是蛋白质组学研究中的一种传统方法，目前仍在广泛应用。如何提高 2DE 的容量、灵敏度、分辨率和检测精度是 2DE 的关键问题。二维荧光差异凝胶电泳（2D DIGE）是一种更有效的蛋白质组学方法，使用窄 pH 梯度凝胶分离和高灵敏度蛋白质染色技术。目前，二维色谱质谱检测技术（2D LC-MS）、二维凝胶电泳液相色谱质谱检测（2DE-LC-MS）、毛细管电泳质谱检测技术等色谱技术在蛋白质组学中的应用越来越多。例如，2D LC-MS 根据蛋白质的分子大小进行一维分离，并通过反相色谱或强阳离子交换色谱进行二维分离，其分离容量大、分辨率高、速度快，优于 2D 凝胶。近年来，2D-LC 及相关技术发展迅速，可能成为未来蛋白质组学的主要研究方法。

质谱（MS）是蛋白质组分析的另一个重要工具。传统上，蛋白质是通过序列分析来鉴定的。由于质谱技术的快速发展，现在可以用少量样品快速有效地实现靶蛋白鉴定（通常几微克就足够了）。此外，MS 还可以分析具有翻译后修饰的蛋白质。根据离子源的不同，质谱仪主要包括基质辅助激光解吸电离飞行时间质谱仪（MALDI-TOF-MS）和电喷雾电离飞行时间质谱仪（ESI-TOF-MS），除此之外，还包括四极杆和离子阱质谱仪。传统的基于 2DE 的分析固有地受到分辨率低、再现性差和严重偏差因素的限制。为了克服这些限制，定量蛋白质组学逐渐发展起来。蛋白质组定量有两种策略：无标记方法和稳定同位素标记方法，包括同位素亲和标签技术（ICAT）、同位素标记相对和绝对定量技术（iTRAQ）、稳定同位素标记技术（SILAC），目前已成为定量蛋白质组学最重要的技术。

二、蛋白质组学分离检测技术

蛋白质组学研究技术平台一般包括以下部分：前期的样本提取与纯化；中期的蛋白质分离和蛋白质分析鉴定；后期的数据处理与分析。生物化学、细胞生物学和分子生物学技术是样本提取纯化的基础，蛋白质分离、分析和鉴定是蛋白质组学技术的核心部分，而后期的数据分析是对其必不可少的辅助。

（一）蛋白质分离技术

1. 样品制备

样品制备是蛋白质能否成功分离的关键，直接关系到最终的研究结果。以往常用的蛋白质一步提取技术在完全溶解细胞中的蛋白质（特别是疏水蛋白质）以及蛋白质的分离效果等方面存在缺陷，现可通过进行样品预分级，即采用各种方法将细胞或组织中的全体蛋白质分成几部分，分别进行蛋白质组研究来解决上述问题。该方法不但提高了分离效果，而且对鉴定蛋白质可提供更多的信息。样品制备过程为：对细胞、组织等样品进行破碎、溶解、失活和还原，断开蛋白质之间的连接键，提取全部蛋白质，除去非蛋白质部分。对溶解性差的蛋白质如膜蛋白等还需要添加破膜剂、兼性离子表面活性剂等以增加蛋白质的溶解度，提高提取率。

2. 蛋白质双向凝胶电泳技术

自1994年蛋白质组学这一概念提出后，分离蛋白质的2DE技术也随之成为生物研究的热点技术，这主要归功于其高分辨率和同时具备微量分析和制备的功能。2DE的原理如下：首先根据蛋白质等电点的不同在pH梯度胶中等电聚集，进行第一次分离，然后转90°按照分子质量大小在SDS-PAGE中进行第二次分离。一般采用垂直电泳或水平电泳，两种方法的试验结果没有明显差别，均适用于分子质量为10~150ku的蛋白质。1982年Bjellqvist等开始采用固相pH梯度胶（immobilixzed pH gradients, IPG）。与传统两性电解质载体在电流作用下形成pH梯度不同，IPG由丙烯酰胺衍生物与聚丙烯酰胺共价聚合而成，固相pH凝胶梯度，消除了传统等电聚焦电泳（IEF）的阴极漂移问题，具有快速、重复性好等优点。

经2DE分离后，通常要对分离后的蛋白质斑点进行检测。凝胶染色中除传统的考马斯亮蓝染色、同位素自显影和银染外，还发展了胶体考马斯亮蓝染色、胶体银染、锌染、负染和荧光染色技术，具有检测灵敏度高，操作简单、安全，对环境污染小，染色背景染质少，与质谱鉴定相匹配等特点。但研究目的不同，方法也应有所选择。若对蛋白质斑点进行定性分析鉴定，用银染、考马斯亮蓝染色；若进行蛋白质定量、半定量分析，就需要选择其他染色法。近年来，随着图像分析系统的发展，荧光染色技术更多地应用于定量蛋白质组研究。扫描染色的电泳图经计算机处理，可得到相应样品的2DE电泳图谱。比较它们的2DE电泳图谱，可获取在相应生理或病理生理条件下发生改变的蛋白质的信息。2DE 后凝胶上的蛋白质可以切割分离纯化，用以进一步的分析鉴定。

3. 色谱分离技术

近年来，色谱技术的发展为蛋白质和多肽或亚基的分离分析提供了新的手段。色谱技术是利用各种物质在固定相和流动相之间不同的分配系数，使其在相对运动着的两相间经反复多次分配，以不同速度移动，从而获得分离的方法。按两相状态来分类，有气相色谱法（gaschromatography，GC）和液相色谱法（liquidchromatography，LC）两种，而其中的 LC 是蛋白质组学非凝胶蛋白分离技术中最常用的方法。单一的液相分离技术常不能满足复杂蛋白质复合物分离的需要，多维液相分离系统则在技术上弥补了单一的液相分离技术的不足。多维液相分离系统是两种或两种以上具有不同分离原理特性的液相分离方法的优化和组合，它有效地提高了系统对样本的分辨率和峰容量。此外，多维液相分离系统还具有快速、高通量、自动化、重复性好等优点。

毛细管电泳（CE）作为一种色谱分离技术，将经典电泳技术与现代微柱分离有机结合，目前已广泛应用于蛋白质的高效分离分析。与经典电泳相比，CE 由于其侧面积/截面积大、散热快，能克服由于焦耳热引起的谱带展宽，且可承受高电压，因此分离效率提高，柱效可达几百万乃至几千万理论塔板数/m 以上。CE 在蛋白质组分析中用于蛋白质肽图的建立与蛋白质鉴定、物化常数分析、蛋白质动力学研究、样品定性定量检测与微量制备等方面。CE 有很多灵敏的检测技术，如紫外检测、荧光检测、化学发光检测等。

（二）蛋白质鉴定技术

1. 质谱技术

生物质谱技术是近年来迅速发展起来的一种鉴定生物大分子的技术。质谱技术在蛋白质组研究中主要用于蛋白质的鉴定，是蛋白质组学研究中的核心技术和重要工具，具有高灵敏度、高准确度、自动化等特点。质谱技术的基本原理是使样品分子离子化后，根据不同离子间的质荷比（m/z）的差异来分离并确定相对分子质量。根据离子化源的不同，质谱主要可以分为基质辅助的激光解吸质谱（MALDI-MS）和电喷雾质谱（ESI-MS）两大类。

MALDI-MS 是将作为离子源的 MALDI 和分析检测的飞行时间质谱连用，主要用于获取蛋白质或肽的质量数据。MALDI-MS 的主要优点在于：操作较为简便；自动化程度高，保证了实验的精确性；灵敏度高，可以检测出 10~18pmol 级的蛋白质。在此基础上改进的基质辅助激光解吸电离飞行时间质谱（MALDI-TOF-MS）可大大提高鉴定的特异性和准确性，现已成为许多实验室选择的蛋白质谱鉴定方法。但该方法对低分子质量蛋白质的鉴定效果不好。表面增强激光解吸离子化飞行时间质谱（SELDI-TOF-MS）是在 MALDI-TOF-MS 基础上进一步改进的质谱技术，其在蛋白质检测和鉴定方面有独到之处。它的主要优势在于：可以直接用未经纯化的样品分析，如血液、尿液、关节腔液等；样品用量少（最少 0.5~5μL），灵敏度高，有利于检测出低丰度、小分子质量的蛋白质；高通量，便于实现自动化，可以同时快速发现多个生物标志物；可测定疏水蛋白质特别是膜蛋白等。

ESI-MS 是在质谱进样端的毛细管柱出口处施加高电压，利用高电场使从毛细管流出的液体雾化成细小的带电液滴，并在干燥或气流等的作用下，使液滴崩解为大量带一个或多个电荷的离子，最终使分析物离子化并以带单电荷或多电荷离子的形式进入质量分析器。ESI 的特点是产生高电荷离子而不是碎片离子，其所形成的多电荷离子可以直接用来准确地和高灵敏度地确定多肽与蛋白质的分子质量。电喷雾电离四极杆飞行时间质谱（ESI-Q-TOF-MS）技术的产生和应用，较单极四极质谱仪或离子阱质谱仪有较宽的质量范围和更高的质量准确度。混合型四极杆飞行时间质谱仪称之为 QqTOF，其质量准确度优于 5×10^{-6}，灵敏度更高。ESI-MS 还可以检测分子质量超过 200ku 的蛋白质，不过当分子质量超过 100ku 时，由于多电荷峰难以分辨而使分析非常复杂。

在应用中，MALDI-MS 常和 2DE 联用，ESI-MS 常和 LC 联用。质谱不宜进行 N 端和 C 端序列鉴定，要完全鉴定某蛋白质尚需结合传统的鉴定技术如氨基酸微测序（Edman 降解法）、氨基酸组成分析以了解 N 端和 C 端序列信息。

2. 同位素编码的亲和标记技术

同位素编码的亲和标记（isoyope-coded affinity tag，ICAT）技术是近几年发展起来的一种用于蛋白质分离分析的新技术。由于 2DE 技术不能对分子质量极高或极低、等电点极酸或极碱和含量低的蛋白质以及膜蛋白质等进行有效分离，而同位素译码的亲和标签技术弥补了 2DE 技术的上述不足，使其在蛋白质组学中的应用越来越广泛。ICAT 技术是利用一种新的化学试剂——同位素亲和标签试剂，预先选择性地标记某一类蛋白质，经分离纯化后，再用质谱鉴定。并根据质谱图上不同 ICAT 试剂标记的一对肽段离子的强度比例，定量分析它的母体蛋白质在原来细胞中的相对丰度。ICAT 技术与目前其他蛋白质组学的研究方法相比，有如下优点：可对膜蛋白进行鉴定和定量；降低了蛋白质混合物的复杂性；可得到不同状态下蛋白表达量的变化比例；可鉴定和定量含有多个半胱氨酸残基的蛋白质；任何促进蛋白质溶解的试剂均可使用；能够直接鉴定和测量低丰度蛋白质。由于采用了一种全新的化学试剂 ICAT 试剂，同时结合了液相色谱和串联质谱，因此使蛋白质组分析更趋简单、准确和快速。目前，ICAT 技术已成为一种重要的定量蛋白质组分析技术。

3. 分子扫描技术

标准的二维凝胶电泳联合质谱蛋白质组分析方法受限制于 2DE 的通量，特别是无法平行地分析大量样品，需要个别地纯化样品，再用 MS 分析。分子扫描技术能对 2DE 的各蛋白质斑点同时消化，然后电转移至聚偏二氟乙烯（PVDF）膜，该膜直接用特种 MS 扫描，得出肽质量指纹图谱。这些数据可以充分地诠释 2DE 图谱。该技术在很大程度上实现了高通量与检测一体化，在同一实验中，完成了高通量的消化、转移、鉴定与成像一系列过程，较大减少了蛋白质样品的丢失。分子扫描技术有如下优点：可进行多个蛋白质交叉斑点的鉴别；可对蛋白质翻译后修饰进行分析；在扫描图上，可自动呈现多色标记的不同的潜在修饰蛋白；蛋白质产物点阵均无需染色，MS 强度起着"染色剂"的作用；该技术可检测到 pmol（10^{-12}）水平。

三、磷酸化蛋白质组学

磷酸化是细胞中蛋白质最重要的翻译后修饰之一。磷酸化蛋白质组学是蛋白质组学的一个分支，通过检测含有磷酸基团的蛋白质研究翻译后修饰过程。蛋白质的磷酸化调节着细胞生命的方方面面，从基因表达、信号传导、代谢到细胞生长、分裂、分化和发育。此外，蛋白质磷酸化的失调可能导致许多人类疾病，最显著的是癌症、糖尿病、心脏病和阿尔茨海默病。

近年来，蛋白质组学的发展和应用为磷酸化蛋白的定性、定量和功能研究提供了技术支持，使大规模系统地研究蛋白质磷酸化成为可能。磷酸化蛋白的鉴定与检测是磷酸化蛋白质组学研究的关键技术。应用于磷酸蛋白质组学的技术包括二相磷酸多肽光谱（2D-PP）、二维凝胶电泳（2DE）、二维高效液相色谱（2D-HPLC）和固定化金属亲和层析（IMAC）。磷酸化蛋白被分离并富集，然后通过 LC/MS 进行结构鉴定或直接分析。

磷酸化蛋白质组学在疾病发病机制研究和药物研究中发挥着重要作用，可用于发现靶点，尤其是磷酸化靶点。此外，磷酸化蛋白质组学可以通过比较患者和健康受试者之间蛋白磷酸化的丰度来筛选潜在的诊断或预后标志物。同时，蛋白质磷酸化是一个高度动态的过程，对药物的使用非常敏感。因此，磷酸化蛋白质组学也可以作为个性化医疗的有力工具。

四、糖蛋白组学

糖蛋白组学是蛋白质组学的一个分支，用于鉴定、编目和表征含有碳水化合物的蛋白质的翻译后修饰。糖基化被认为是一种重要的翻译后修饰，存在于 50%以上的蛋白质中。蛋白质糖基化参与细胞免疫、细胞黏附、调节蛋白质翻译、蛋白质降解等多种生物过程。糖蛋白组学研究的内容包括糖蛋白的鉴定、糖基化位点的解析以及蛋白质结构和功能的分析。目前，糖蛋白组学常用的研究技术包括糖蛋白和糖肽的分离富集、蛋白质糖基化位点的质谱分析、碳水化合物链的实时高通量分析、糖蛋白的结构和功能分析等。

某些糖基化在肿瘤发展过程中可能发生改变，这可能有助于早期诊断癌症和监测疾病进展。此外，研究肿瘤发生过程中蛋白糖基化的改变，可能在分子水平上揭示肿瘤细胞的调控机制。糖蛋白组学目前被广泛研究，用于鉴定癌症和其他疾病，如乳腺癌、肺癌、胃癌、卵巢癌、肝纤维化和阿尔茨海默病的生物标志物。

五、蛋白质组生物信息学

随着蛋白质组学研究的不断发展和深入，大量的蛋白序列、结构、功能以及互作数据不断产生。面对海量蛋白质组数据的获取、处理、存储以及蛋白质组数据信息的挖掘，生物信息学已成为蛋白组学研究中不可或缺的组成部分。

（一）生物信息学在质谱数据处理上的应用

质谱技术已成为蛋白质组学研究的核心技术之一，也是开展蛋白鉴定与分析的主要手段。一台质谱仪可以在几天内产生数百万张的图谱。如此庞大的信息需要利用高效、易学易用的软件工具来进行质谱数据的收集、保存、搜索、鉴定与分析。主要的质谱数据分析工具包括以下几类。

1. 质谱数据处理工具

质谱数据搜索软件有 Mascot、SEQUEST、Lutkefish、Proteome software、Profound、pFind 和 PepSea 等。Mascot 是质谱数据搜索的常用软件，它是英国 Matrix Sciences 公司开发的产品，利用分子序列数据检索的方法，鉴定样本中蛋白质的组成以及翻译后修饰。该软件整合了先进的统计学算法，能快速、准确地得到分析结果。Mascot 可以进行在线检索和本地检索。在线检索免费，检索速度快，操作简单，只需将 peak list 文件导入即可，但文件大小受限制；而本地检索需要购买软件及安装数据库，使用方便、可以进行大规模的数据检索分析和数据库配置，功能更加强大。

SEQUEST 是美国热电公司（Thermo Electron）开发的基于串联质谱（MS/MS）数据的搜索软件。它将串联质谱数据与蛋白质数据库序列相联系，使研究者依据所得质谱数据鉴定蛋白质序列，从费时的工作中解放出来，而且 SEQUEST 软件适合混合蛋白质的质谱鉴定。

pFind 是中国科学院计算技术研究所李德泉、贺思敏等开发，我国有自主知识产权的串联质谱数据搜索软件。相比于 Mascot、SEQUEST，它的改进是在匹配打分过程中，考虑了相关离子的匹配程度，引入了核谱向量点积（kernel spectrum dot product，KSDP）算法，通过对普通打分算法谱向量点积（SDP）的扩展，借助机器学习领域中的核函数技术，利用连续离子匹配信息进行匹配打分，很好地降低了质谱数据搜索的假阳性结果。

2. 定量蛋白质分析工具

质谱技术作为蛋白质组学研究的关键技术，在定量蛋白质组学分析中起着十分重要的作用。非标定量法（Label-free）就是通过液质联用技术对蛋白质酶解肽段进行质谱分析，然后比较质谱分析次数或质谱峰强度，分析不同来源样品蛋白的数量变化，肽段在质谱中被捕获检测的频率与其在混合物中的丰度成正相关，通过适当的数学公式可以将质谱检测技术与蛋白质的量联系起来，从而对蛋白质进行定量。目前基于生物质谱的定量蛋白质组学分析策略主要分为相对定量和绝对定量，相对定量蛋白质组是指对不同生理状态下的细胞、组织或体液蛋白质表达量的相对变化进行比较分析；绝对定量蛋白质组是测定细胞、组织或体液蛋白质组中每种蛋白质的绝对量或浓度。基于质谱数据的定量蛋白质分析软件很多，主要包括 DeCyder MSTM、MaXIC-Q、MSQuant 等。其中，DeCyder MSTM 软件是 GE 公司开发的商业化软件，是运用于蛋白质非标记定量（Label-free）的主要工具；而 MaXIC-Q 是高通量定量蛋白质组学的通用计算平台，可用于大规模稳定同位素标记定量和液相色谱串联质谱数据的高通量、高精度定量分析；MSQuant 是一款常用的定量蛋白质组学/质谱分析工具，主要用于对蛋白质和肽进行定量。

3. 质谱数据的从头（De novo）鉴定工具

蛋白质从头测序（De novo sequencing），又称为全新蛋白测序，这项技术根据肽段与惰性气体相碰撞产生的一系列的有规律的片段离子之间的质量差来推断氨基酸序列。De novo 测序方法不依赖于数据库，能明确解释串联质谱图谱，对鉴定新的蛋白质和提高图谱的利用率具有重要的作用。De novo 蛋白质鉴定软件有很多，包括 MSNovo、Lutefisk、PEAKS、NovoHMM 等。MSNovo 是一款新的多肽 De novo 测序软件，不支持在线模式，但它支持多种类型仪器产出的数据；Lutefisk 是应用于开放资源肽 CID 图谱从头解析的工具；PEAKS 是一个综合性肽图谱分析软件包，不仅可以用于蛋白从头测序，而且可以进行蛋白质鉴定、蛋白序列同源性搜索以及标记和非标记定性、定量分析等；NovoHMM 将隐马尔可夫模型引入蛋白序列解析中，提供了一种比其他从头测序更准确的鉴定方法。

（二）生物信息学在蛋白质翻译后修饰上的应用

蛋白质的翻译后修饰是指对翻译后的蛋白质进行共价加工的过程，通过在一个或多个氨基酸残基加上修饰基团，可以改变蛋白质的理化性质，进而影响蛋白质的空间构象和活性状态、亚细胞定位、折叠及其稳定性以及蛋白质-蛋白质相互作用，是调节蛋白质功能的重要方式。许多至关重要的生命进程不仅由蛋白质的相对丰度控制，更重要的是受到时空特异性和翻译后修饰的调控。对蛋白质翻译后修饰的研究可以帮助了解蛋白质功能及其功能变化，翻译后修饰的预测和分析也日渐成为生物信息学蛋白质序列分析中的重要的研究内容。其主要包括磷酸化、糖基化、甲基化、乙基化（如组蛋白质）、泛素化和羟基化等。

质谱是鉴定蛋白质翻译后修饰的重要方法，其原理是利用蛋白质发生修饰后的质量偏移来实现翻译后修饰位点的鉴定；同时，由于翻译后修饰的蛋白质在样本中含量低且动态范围广，检测前需要对发生修饰的蛋白质或肽段进行富集，然后再进行质谱鉴定。翻译后修饰的生物信息分析通常采用数据库检索和预测工具来进行。常见的蛋白翻译后修饰数据库主要有 Swiss-Prot、PROSITE、Phospho.ELM、dbPTM、O-GlycBase 以及 RESID 等数据库。其中，Swiss-Prot 数据库是世界两大蛋白序列数据库之一，收录了经实验验证的真实存在的蛋白信息资源，包括序列、功能、结构以及翻译后修饰信息；PROSITE 数据库，又称为蛋白质结构分类数据库，它收录了蛋白质家族保守结构域

(Domains)、包含重要生物学意义的位点（sites）、模式（Patterns）、轮廓（Profiles）和翻译后修饰位点等。而 Phospho. ELM 是收录了不同生物体 S/T/Y 磷酸化位点的数据库，主要用于 S/T/Y 磷酸化位点的检索和预测；dbPTM 和 RESID 数据库均为综合性蛋白翻译后修饰数据库，收录了不同物种、各种不同修饰类型的修饰位点及其生物学功能，是翻译后修饰位点鉴定的重要工具；O-GlycBase 是 O-糖基化数据库，是糖基化预测和鉴定的重要数据库。鉴于蛋白翻译后修饰在调节蛋白质功能上的重要作用，大量的翻译后修饰工具也被开发出来，包括预测黏菌蛋白的 O-糖基化位点的 DictyOGlyc 工具、预测哺乳动物蛋白的 O-GalNAc 糖基化位点的 NetOGlyc 工具、预测人类蛋白中的 N-糖基化位点的 NetNGlyc 工具、预测植物甲基化位点的 CyMATE 工具以及预测磷酸化位点的 DI-SPHOS 和 Kinase Phos 工具等。

六、蛋白质组学研究的应用

（一）蛋白质组学在医学中的应用

运用蛋白质组学研究手段，通过比较正常和病理情况下细胞或组织中蛋白质在表达数量、表达位置和修饰状态上的差异，可以发现与病理改变有关的蛋白质和疾病特异性蛋白质。这些蛋白质既可为疾病发病机制提供线索，也可作为疾病诊断的分子标记，还可作为治疗和药物开发的靶标，其中肿瘤是蛋白质组研究应用最为广泛的领域。肿瘤蛋白质组学研究近年已开始启动，如对鼻咽癌、膀胱癌、乳腺癌、肾癌、肺癌、卵巢癌、前列腺癌、肝癌等多种实体肿瘤和血液系统肿瘤，国内外均进行了一定的研究并取得了一些有意义的结果。

（二）蛋白质组学在药物学中的应用

由于各种疾病的发生和药物治疗靶点大多数是在蛋白质（酶、受体及信号转导蛋白）水平，蛋白质组学在寻找有效的药物靶点及新药开发方面有广泛的应用。通过比较正常状态和疾病状态及药物治疗后细胞内蛋白质表达的差异，进行高通量的筛选有可能找到有效的药物靶点。蛋白质组学在药物作用方面的应用加速了一些潜在的药物鉴定及改进过程。例如，应用蛋白质组技术分析降血脂药物洛伐他汀用药后的蛋白质表达变化，表明洛伐他汀影响了与胆固醇代谢相关的一些蛋白质的表达。蛋白质组学的另一应用就是研究药物的毒理作用。Steiner 等通过二维凝胶电泳比较正常肾脏细胞与环孢素 A 处理后肾脏细胞的蛋白质表达丰度变化，来研究环孢素 A 对小鼠肾脏的毒性作用机制。结果发现在环孢素 A 作用后的肾脏蛋白二维凝胶图谱中，一个 28ku 的特异蛋白质（calbindin-D）表达减少。现在已经证明环孢素 A 的毒性与这种参与该粒子结合及运转的蛋白质减少有关。

第六章

抗体药物技术

抗体的生物学特性使得其在疾病的诊断、免疫防治和基础研究中发挥着重要作用。人工制备抗体是大量获得抗体的有效途径。以特异性抗原免疫动物，制备相应的抗血清，是早年人工制备抗体的主要方法。1975 年，Kohler 和 Milstein 建立单克隆抗体技术，使得规模化制备高特异性、均质性抗体成为可能。但鼠源性单克隆抗体在人体反复使用后出现的人抗鼠抗体（human anti-mouse antibody，HAMA）很大程度上限制了鼠源性单克隆抗体的临床应用。近年随着分子生物学的发展，人们已有可能通过基因工程技术制备人—鼠嵌合抗体、人源化抗体或人抗体等基因工程抗体。

第一节　抗体药物概述

抗体作为治疗药物已经有上百年的历史，主要开发了 3 代产品，它们是第一代抗血清、第二代单克隆抗体药物和第三代基因工程抗体药物。

一、抗血清

第一代抗体药物源于动物多价抗血清，主要用于一些细菌感染性疾病的早期被动免疫治疗。虽然具有一定的疗效，但异源性蛋白引起的较强的人体免疫反应限制了这类药物的应用，因而逐渐被抗生素类药物所代替。

1890 年 Behring 和 Kitasato 首次用抗血清，即多抗治疗疾病并获得成功。今天多抗仍被用于预防或治疗感染性疾病，例如乙型肝炎病毒、呼吸道合胞病毒、巨细胞病毒和狂犬病毒引起的感染，还用于破伤风杆菌、肉毒毒素中毒的治疗。

从动物血清提取抗体主要克服了由于人血浆来源有限造成的生产制约。抗胸腺细胞球蛋白是用人的淋巴细胞免疫兔后，从兔血液中提取纯化的高免疫力的多克隆抗体，已成功用于治疗或预防器官移植引起的急性排斥反应。另外，抗狂犬病毒或内毒素的马源性抗体应用也比较广泛。然而，这些动物来源产品均有潜在的危险（过敏反应、超敏反应、潜在的病原体传播风险等)。此外多价抗体特异性不高、易发生交叉反应,也不易大量制备,故这些抗体的临床应用有相当大的局限性。解决多抗特异性不高的理想方法是制备针对单一表位的特异性抗体——单克隆抗体。

二、单克隆抗体药物

单克隆抗体(monoclonal antibody,mAb)是由单一 B 细胞克隆产生的高度均一、仅针对某一特定抗原表位的抗体,通常采用杂交瘤(hybridoma)技术来制备。杂交瘤抗体技术是在细胞 myeloma calls 融合技术的基础上,将具有分泌特异性抗体能力的致敏 B 细胞和具有无限繁殖能力的骨髓瘤细胞(myelomacalls)融合为 B 细胞杂交瘤。用具备这种特性的单个杂交瘤细胞培养成细胞群,可制备针对一种抗原表位的特异性抗体,即单克隆抗体。

单抗最早被用于疾病治疗是在 1982 年,美国斯坦福医学中心 Levy 等利用制备的抗独特型单抗治疗 B 细胞淋巴瘤,治疗后患者病情缓解,瘤体消失,这使得人们对抗体药物产生了极大的期望。1986 年,美国 FDA 批准了世界上第一个单抗治疗性药物——抗 CD3 单抗 OKT3 进入市场,用于缓解器官移植时的抗排斥反应。此时抗体药物的研制和应用达到了顶点。随着使用单抗进行治疗的病例数的增加,鼠单抗用于人体的毒副作用也越来越明显,同时一些抗肿瘤单抗未显示出理想效果,人们的热情开始下降。到 20 世纪 90 年代初,抗内毒素单抗用于治疗脓毒败血症失败使得抗体药物的研究进入低谷。由于大多数单抗均为鼠源性,在人体内反复应用会引起人抗鼠抗体(HAMA)反应,从而降低了疗效,甚至可引起过敏反应。因此,一方面,在给药途径上改进,如使用片段抗体、交联同位素、局部用药等使鼠源性抗体用量减少,也增强了疗效;另一方面,积极发展基因工程抗体和人源抗体。

三、基因工程抗体药物

近年来,随着免疫学和分子生物学技术的发展以及抗体基因结构的阐明,DNA 重组技术开始用于抗体的改造,人们可以根据需要对以往的鼠抗体进行相应的改造以消除抗体应用不利性状或增加新的生物学功能,还可用新的技术重新制备各种形式的重组抗体。抗体药物的研发进入了第三代,即基因工程抗体时代。与第二代单抗相比,基因工程抗体具有如下优点:①通过基因工程技术的改造,可以降低甚至消除人体对抗体的排斥反应;②基因工程抗体的分子质量较小,可以部分降低抗体的鼠源性,更有利于穿透血管壁,进入病灶的核心部位;③根据治疗的需要,制备新型抗体;④可以采用原核细胞、真核细胞和植物等多种表达形式,大量表达抗体分子,大大降低了生产成本。

基因工程抗体(genetically engineered antibodies,gAb),是通过基因工程技术研制的,即通过 PCR 技术获得抗体基因或抗体基因片段,与适当载体重组后引入不同表达系统所产生的抗体。

自从 1984 年第一个基因工程抗体人—鼠嵌合抗体诞生以来，新型基因工程抗体不断出现，如人源化抗体、单价小分子抗体（Fab、单链抗体、单域抗体、超变区多肽等）、多价小分子抗体（双链抗体、三链抗体、微型抗体）、某些特殊类型抗体（双特异抗体、抗原化抗体、细胞内抗体、催化抗体、免疫脂质体）及抗体融合蛋白（免疫毒素、免疫黏连素）等。基因工程抗体既保持了单抗的均一性、特异性强的优点，又能克服其作为鼠源性抗体的不足，是促进单抗广泛人体使用的重要途径。

第二节　单克隆抗体的制备

单克隆抗体的制备过程大体分为抗原的制备、动物的免疫、B 细胞与骨髓瘤细胞融合形成杂交瘤细胞、筛选杂交瘤细胞、筛选能产生某种特异性单抗的杂交瘤细胞、杂交瘤细胞的克隆化、体外大规模培养或动物腹腔培养特异性杂交瘤细胞克隆、单克隆抗体的纯化及鉴定。

一、单克隆抗体技术的基本原理

单克隆抗体技术是基于动物细胞融合技术得以实现的，即骨髓瘤细胞与 B 细胞的融合。骨髓瘤细胞在体外培养能大量无限增殖，但不能分泌特异性抗体；而抗原免疫的 B 细胞能产生特异性抗体，但在体外不能无限增殖。将免疫 B 细胞与骨髓瘤细胞融合后形成的杂交瘤细胞，继承了两个亲代细胞的特性，既具有骨髓瘤细胞能无限制增殖的特性，又具有免疫 B 细胞合成和分泌特异性抗体的能力。

在两类细胞的融合混合物中存在着未融合的单核亲本细胞（脾、瘤细胞）、同型融合多核细胞（如脾—脾、瘤—瘤的融合细胞）、异型融合的双核细胞（脾—瘤融合细胞）和多核杂交瘤细胞等多种细胞，如何从中筛选出异型融合的双核杂交瘤细胞是该技术的关键之一。通常使用 HAT 选择培养基（其中 H 代表次黄嘌呤、A 为氨基蝶呤、T 为胸腺嘧啶核苷）选择培养基对杂交瘤细胞进行筛选。用 HAT 筛选杂交瘤细胞的原理是基于上述细胞的代谢特点。在哺乳动物细胞中，DNA 前体物的生物合成有两种不同的途径，一条由糖、氨基酸合成核苷酸，进而合成 DNA，即从头合成途径（de novo synthesis pathway），这是主要途径。这条途径可被叶酸的拮抗物——氨基蝶呤（aminopterin，A）所阻断。但如果培养基中含核苷酸"前体"次黄嘌呤（hypoxanthine，H）和胸腺嘧啶核苷（thymidine，T），即便有 A 存在，细胞通过另一途径（补救合成途径、替代途径或应急途径，salvage synthesis pathway）也可合成核苷酸。但后一途径需次黄嘌呤鸟嘌呤磷酸核糖转移酶（HPGRT）或胸腺嘧啶核苷激酶（TK）存在。而实验所用骨髓瘤细胞株是 *HGPRT* 基因与 *TK* 基因双缺陷型细胞，所以，骨髓瘤细胞不能在 HAT

培养液中生长。

经在 HAT 培养基中进行选择性培养，未融合的脾细胞因不能在体外长期存活而死亡；未融合的骨髓瘤细胞合成 DNA 的主要途径被培养基中的氨基蝶呤阻断，又因缺乏 HGPRT 和 TK，不能利用培养基中的次黄嘌呤和胸腺嘧啶核苷完成 DNA 的合成过程而死亡。只有融合的杂交瘤细胞由于从脾细胞获得了 HGPRT 和 TK，因此能在 HAT 培养基中存活和增殖。经克隆化，可筛选出能产生特异性单抗的杂交瘤细胞，在体内或体外培养，即可无限制地大量制备单抗。

二、抗原和动物免疫

（一）抗原的制备

要制备特定抗原的单克隆抗体，首先要制备用于免疫的适当抗原，再用抗原进行动物免疫。目前常用下列方法获得抗原。

1. 用基因工程技术制备重组蛋白抗原

由于天然蛋白通常含量很低，而且天然生物材料也非常难得，因此为获得足够数量的蛋白抗原，常采用基因工程的方法制备重组蛋白抗原（recombinant antigen）。但是通过原核表达系统获得的重组蛋白，只能解决连续氨基酸表位和部分抗原构象表位的抗原来源问题，只能满足部分抗原的需要。而真核及哺乳动物细胞重组表达系统则可以解决抗原构象表位的问题，是抗原的最佳来源。但表达量偏低，成本过高，因此没有广泛使用。

2. 提取纯化天然抗原

运用蛋白质等生物大分子分离纯化技术直接从生物标本中分离纯化蛋白质分子用作抗原，即天然抗原（natural antigen），包括天然的蛋白质抗原和颗粒性的细胞抗原（如肿瘤细胞、细菌等）。

就抗体制备而言，天然抗原最好。由于抗原分子在生物样品中的含量多寡不一，对于一些含量甚微的低丰度蛋白质其所需的生物样品量和分离纯化成本极高。生物标本特别是人体标本的获得越来越困难，又由于分离成本极高，得率极低，远远满足不了抗体制备对抗原的需要。除极少数的高丰度抗原仍采用此方法获得外，已经很少有实验室继续使用此法。

3. 合成多肽半抗原

随着人类、重要动植物以及模式生物等部分生物全基因序列的解码和蛋白质组学的迅猛发展，科学家已经能很轻易地获得目的蛋白的基因和氨基酸序列。根据抗原蛋白的氨基酸序列，借助抗原表位预测分析软件，也能比较准确地预测和筛选出抗原性较好的多肽片段，经人工固相合成，最终获得抗原表位的多肽片段，即多肽半抗原（polypeptide）。

由于多肽合成技术已十分成熟，特别是多通道多肽自动合成仪等技术的使用，使得多肽的合成效率高、成本低、来源充足，合成多肽半抗原已成为抗体制备中抗原的主要来源。

4. 小分子半抗原

随着对食品安全、药物残留和环境监测与保护的需要，对各种小分子半抗原单抗的制备已逐渐成为抗体制备的一个新亮点。抗生素、食品添加剂、农药、兽药、重金属等大多属于小分子半抗原（hapten），没有免疫原性，必须与载体交联成人工合成抗原（完全抗原）才能获得免疫原性。

5. 肽半抗原及小分子半抗原与载体耦联

抗原分子都具有抗原性和免疫原性两种特性。多肽和小分子化合物等通常只具有抗原性而不具有免疫原性，必须运用蛋白质修饰或生物标记技术与载体蛋白分子匙孔血蓝蛋白（keyhole limpet hemocyanin，KLH）或牛血清白蛋白（bovine serum albumin，BSA）耦联，才能获得免疫原性，成为完全抗原用于动物的免疫。常用的交联方法有碳二亚胺法、戊二醛法、活性酯法、混合酸酐法、重氮化法、同型或异型双功能交联剂法等数十种，交联剂已达数百种之多。

获得抗原之后，要选择适当的动物进行免疫，以便在动物体内获得产生针对特异抗原的单克隆抗体。

合成抗原（完全抗原）才能获得免疫原性。

（二）动物及免疫

免疫接种是单抗制备过程中的重要环节之一，其目的在于使 B 细胞在特异抗原刺激下分化、增殖、分泌特异性抗体。制备单抗时应根据所使用的骨髓瘤细胞的种属来源及动物品系选用免疫动物。

1. 动物的选择

免疫动物品系和骨髓瘤细胞在种系发生上距离越远，产生的杂交瘤就会越不稳定，所以一般采用与骨髓瘤供体同一品系的动物进行免疫。常用的骨髓瘤品系来自 Balb/c 小鼠和 Lou 大鼠，免疫动物也采用相应的品系。

2. 免疫方法

免疫方法有体内、体外和脾内免疫法。体内免疫法适用于免疫原性强、抗原量较多的情况。体外免疫法则用于不能采用体内免疫法的情况，如制备人单抗，或者抗原的免疫原性极弱且能引起免疫抑制。体外免疫法的优点很多，如所需抗原量少（一般只需几个微克）、免疫期较短（仅 4~5d）、干扰因素少，已成功制备出针对多种抗原的单抗，但融合后产生的杂交瘤细胞株不够稳定。脾内免疫法可提高小鼠对抗原的免疫反应性，且节省时间，一般免疫 3d 后即可取脾进行融合。脾内免疫法是在麻醉条件下直接将 0.1~0.2mL 抗原注入脾脏进行免疫。目前最常使用的是体内免疫法。

3. 乳化

对免疫原性弱的可溶性抗原而言，为了增强其免疫原性或改变免疫反应的类型、节约抗原等，常采用加佐剂的方法以刺激机体产生较强的免疫应答，常用佐剂为弗氏佐剂。在初次免疫时，可溶性抗原一般需要与一定量的弗氏完全佐剂混合，经过乳化后才能用于免疫接种。所谓乳化（emusifiaion）就是用佐剂将抗原包裹使之形成油包水乳剂（watrin-oilemulsion）。在加强免疫时，通常用不完全弗氏佐剂，也有不用佐剂而取得良好免疫效果的实例。抗原的乳化有多种方法，常用的有注射器法（少量时，特别是弗氏佐剂与抗原乳化时，常采用注射器乳化。用两个注射器，一个吸入抗原液，一个吸入佐剂，两注射器头以胶管连接，注意一定扎紧，然后来回抽吸）、乳钵研磨法和机械搅拌法。抗原的乳化程度对免疫效果有较大的影响，常用的检测方法是将形成的油包水乳浊液，放一滴在水面上呈小滴状不易马上扩散就算合格，如出现平展扩散即为未乳化好。商品化的弗氏完全佐剂在使用前需振摇，使沉淀的分枝杆菌充分混匀。

4. 免疫途径（体内免疫法）

体内免疫采用皮下注射、腹腔或静脉注射，也可采用足垫、皮内、滴鼻或点眼等。抗原量少，则一般多采用加佐剂，淋巴结内或淋巴结周围、足掌、皮内、皮下多点注射；如抗原量多，则可采用皮下、肌肉和静脉注射。融合前最后一次加强免疫（通常不加佐剂）多采用腹腔或静脉注射，目前尤其推崇后者，因为可使抗原对脾细胞作用更迅速而充分。

5. 免疫程序

在设计免疫程序时，应考虑到抗原的性质和纯度、抗原量、免疫途径免疫次数与间隔时间、佐剂的应用及动物对该抗原的应答能力等。没有一个免疫程序适用于各种抗原。为达到最高的融合率需要获得尽可能多的浆母细胞，这在最后一次加强免疫后第 3~4 天取脾进行融合较为适宜。在初次免疫应答时取脾细胞与骨髓瘤细胞融合，获得的杂交瘤主要分泌 IgM 抗体，再次免疫应答时获得的杂交瘤主要分泌 IgG 抗体。

三、细胞融合和杂交瘤细胞的选择

细胞融合（cell fusion）是 2 个或 2 个以上的细胞合并成一个细胞的过程。除自然情况外，2 个离体的培养细胞也可用人工的方法进行融合使之产生一个新的杂种细胞。在单抗制备中是将免疫动物的脾细胞与不分泌抗体的骨髓瘤细胞融合，生成能不断分泌特异性抗体并能在体内外不断分裂增殖的杂交瘤细胞。细胞融合是单抗制备中最重要的技术环节之一。融合成功的关键是实验前的准备是否充分，除了洁净无菌的环境以及熟练的无菌操作技术，细胞融合前还应准备好三种细胞：分泌抗体的免疫脾细胞、能在体外培养基中无限生长的骨髓瘤细胞和起辅助作用的细胞——饲养细胞。

（一）细胞的准备

1. 免疫脾细胞

免疫脾细胞指的是处于免疫状态脾脏中的 B 淋巴母细胞。一般取最后一次加强免疫 3d 以后的脾脏，制备成细胞悬液，由于此时 B 淋巴母细胞比例较大，融合的成功率较高。根据经验，一般免疫后脾脏体积约是正常鼠脾脏体积的 2 倍。

2. 骨髓瘤细胞

一般在准备融合前的两周就应开始复苏骨髓瘤细胞。一般的培养基，如 RPMI1640、DMEM 培养基，均适合骨髓瘤细胞的生长。小牛血清的浓度一般在 10%~20%，细胞的最大密度不得超过 10 个/mL，一般扩大培养以 110 稀释传代，每 3~5d 传代一次。细胞的倍增时间为 16~20h。如果骨髓瘤细胞发生回复突变，变成 $HGPRT^+$ 或 TK^+ 细胞，就能够在 HAT 中生长。因此，为确保该细胞对 HAT 的敏感性，每 3~6 个月应用 8-氮杂鸟嘌呤（8-AG）筛选一次，以便杀死突变的细胞。

保证骨髓瘤细胞处于对数生长期，良好的形态，活细胞计数高于 95%，也是细胞融合的关键。

用于融合的骨髓瘤细胞应具备融合率高、自身不分泌抗体、所产生的杂交瘤细胞分泌抗体的能力强且长期稳定等特点。

3. 饲养细胞

在细胞培养过程中，单个或少数分散的细胞不易生长繁殖，若加入其他活细胞则可以促进这些细胞生长繁殖，所加入的细胞称饲养细胞（feder cells），在制备单克隆抗体过程中，多个环节需要加饲养细胞，如在杂交瘤细胞筛选、克隆化和扩管培养过程中，加入饲养细胞是十分必要的。饲养细胞除能满足杂交瘤细胞对细胞密度的依赖性外，还能释放某些生长刺激因子。常用的饲养细胞有小鼠腹腔巨噬细胞、脾细胞和胸腺细胞，也有人用小鼠成纤维细胞系 3T3 经放射线照射后作为饲养细胞，使用比较方便，照射后可放入液氮罐长期保存，用时复苏。因小鼠腹腔巨噬细胞还能清除死亡细胞，故常用。通常在细胞融合前 2~3d 制备小鼠腹腔巨噬细胞。

（二）免疫脾细胞和骨髓瘤细胞的融合

取适量免疫脾细胞与骨髓瘤细胞进行混合，在聚乙二醇（PEG）作用下诱导它们融合，时间控制在 2min 以内，然后用培养液将 PEG 融合液缓慢稀释。一般来说，PEG 的相对分子质量和浓度越大，其促融率越高，但其黏度和对细胞的毒性也越大。常用 PEG 的浓度是 40%~50%，分子质量是 4ku。

细胞融合的操作方法很多，常用的有转动法和离心法。融合时脾细胞和骨髓瘤细度的比例为（1:1）~（10:1），一般（3:1）~（5:1）最为常用。

（三）HAT 选择杂交瘤细胞

未融合的免疫脾细胞在培养 6~10d 后会自行死亡，异型融合的多核细胞由于其膜分裂不正常，在培养过程中也会死亡。但融合的骨髓瘤细胞因其生长快而不利于杂交瘤细胞生长。因此，融合后的混合物必须立即移入选择性培养基中进行选择培养。常用的选择培养基是 HAT 培养基。未融合的骨髓瘤细胞在 HAT 培养基中不可避免地死亡，融合的杂交瘤细胞由于脾是 HGPRT$^+$-TK$^+$ 细胞，可以通过次黄嘌呤（H）或胸腺嘧啶（T）合成 DNA，克服 A 的阻断，因此杂交瘤细胞大量繁殖而被筛选出来。

加入 HAT 后的次日即可观察到骨髓瘤细胞开始死亡，融合后 3~4d 镜下观察可见分裂增殖的细胞和克隆形成。经 HAT 选择培养基培养 7~10d，未融合的骨髓瘤细胞相继死去，而杂交瘤细胞逐渐长成细胞集落。停用 HAT 选择培养液后不能直接使用普通培养液，必须添加含 H 和 T 的培养基培养 2~4 周。当细胞集落面积超过培养孔的 1/10 以上时，即可用敏感的免疫学方法检测出阳性孔（有特异性抗体合成的细胞孔）。

四、筛选阳性克隆及克隆化

经过上述免疫学方法筛选出的阳性孔内，仅有部分杂交瘤细胞是分泌预定特异性抗体的细胞。由于分泌抗体的杂交瘤细胞比不分泌抗体的杂交瘤细胞生长慢，长期混合培养的结果是分泌抗体的细胞被不分泌抗体的细胞淘汰。因此，应该尽快筛选阳性克隆。筛选阳性克隆即筛选能分泌预定特异性单抗的杂交瘤细胞，具体方法是用免疫动物时使用的抗原分别检测上述所有杂交瘤细胞孔中分泌的抗体。

（一）筛选阳性克隆

对于经过 HAT 选择最后存活的杂交瘤细胞需要进行筛选，以确定其是否具有分泌预定特异性单抗的能力。筛选方法应微量、快速、特异、敏感、简便并能一次检测大批标本孔，常用的方法有酶联免疫吸附试验（enzyme-linked immunosorbent assay，ELISA），用于可溶性抗原（蛋白质）细胞和病毒等抗体的检测；放射免疫测定（radioimmunoassay，RIA），用于可溶性抗原、细胞抗体的检测；荧光激活细胞分选仪（fluorescence-activated cell sorting，FACS），用于针对细胞表面抗原的抗体检测；免疫荧光分析法（indirect immunofulorescence assay，IFA），用于细胞和病毒抗体的检测。

（二）杂交瘤细胞的克隆化

杂交瘤细胞克隆化是指将阳性孔中分泌抗体的单个细胞分离出来。经过上述特异性抗体检测筛选到的杂交瘤细胞孔分泌特异性抗体，但是不能保证一个孔内只有一个细胞克隆，可能会有数个甚至更多的克隆，可能包括抗体分泌细胞和抗体非分泌细胞，所需要的抗体（预定特异性抗体）分泌细胞和其他无关抗体分泌细胞。将这些细胞彼此分开，就需要克隆化。克隆化的原则是，对于检测抗体阳性的杂交瘤应尽早进行克隆化，否则分泌抗体的细胞会被非分泌抗体的细胞所抑制，因为非分泌抗体的细胞生长速度比分泌抗体的细胞生长速度快，两者竞争的结果会使分泌抗体的细胞丢失。即使克隆化过的杂交瘤细胞也需要定期再克隆，防止杂交瘤细胞的突变或染色体丢失，从而丧失产生抗体的能力。

融合后的杂交瘤细胞一般要经过三次克隆化才能达到 100% 的阳性克隆。常用方法是有限稀释法和软琼脂法。

1. 有限稀释法

把杂交瘤细胞悬液稀释后，加入 96 孔细胞培养板中，理论上每孔 1 个细胞，第一次克隆化时用 HT 培养液，以后的克隆化可以用不含 HT 的 RPMI 1640 培养液。克隆化时也要加入饲养细胞。

2. 软琼脂法

在培养液中加入 0.5%左右的琼脂糖凝胶，细胞分裂后形成小球样团块，由于培养基是半固体的，可用毛细管将小球细胞团吸出，团块经打碎后移入 96 孔板继续培养。

（三）杂交瘤细胞的冻存

及时冻存原始孔的杂交瘤细胞、每次克隆化得到的亚克隆细胞是十分重要的。因为在没有建立一个稳定分泌抗体的细胞系的时候，细胞的培养过程中随时可能发生细胞的污染、分泌抗体能力的丧失等。如果没有原始细胞的冻存，则因为上述的意外而前功尽弃。

杂交瘤细胞的冻存方法同其他细胞系的一样，原则上每支安瓿含细胞数应在 $1×10^6$ 以上，但对原始孔的杂交瘤细胞可以因培养环境不同而改变，在 24 孔培养板中培养，当长满孔底时，1 孔就可以冻 1 支安瓿。

细胞冻存液：50%小牛血清，40%不完全培养液和 10%DMSO。冻存液最好预冷，操作动作轻柔、迅速。冻存时从室温可立即降到 0℃，再降温时一般按每分钟降温 2~3℃，降至-80℃可放入液氮中；或细胞管降至 0℃后放入-80℃低温冰箱，次日转入液氮中，也可以用细胞冻存装置进行冻存。冻存细胞要定期复苏，检查细胞的活性和分泌抗体的稳定性。在液氮中细胞可保存数年或更长时间。

五、单克隆抗体的鉴定和检测

通常分别对单克隆抗体及杂交瘤细胞进行鉴定。

（一）单克隆抗体的鉴定

1. 抗体特异性的鉴定

除用抗原进行抗体的检测外，还应该用与其抗原成分相关的其他抗原进行交叉实验进行抗体特异性（antibody specificity）的鉴定，方法可选用酶联免疫吸附试验法和免疫荧光分析法（IFA）法。例如：①制备抗黑色素瘤细胞的单抗，除用黑色素瘤细胞反应外，还应用其他脏器的肿瘤细胞和正常细胞进行交叉反应，以便挑选黑色素瘤特异性或相关抗原的单抗；②制备抗重组细胞因子的单抗，应首先考虑是否与表达菌株的蛋白有交叉反应，其次是与其他细胞因子间有无交叉反应。

2. 单抗的抗体类与亚类的鉴定

由于不同类和亚类的抗体在生物学功能上可有较大差异,诸如激活补体系统、调理作用、ADCC 作用等,因此要对单抗进行类和亚类的鉴定。目前,常用的方法是 ELISA 法。

3. 单抗中和活性的鉴定

用动物的或细胞的保护实验来确定单抗的中和活性,即生物学活性。例如,如果确定抗病毒单抗的中和活性,则可用抗体和病毒同时接种于易感的动物或敏感的细胞,来观察动物或细胞是否得到抗体的保护。

4. 单抗识别抗原表位的鉴定

用竞争结合实验、测相加指数的方法,测定单抗所识别的抗原位点,来确定单抗识别的表位是否相同。

5. 单抗亲和力的鉴定

抗体的亲和力是指抗体和抗原结合的牢固程度。抗体亲和力的测定对抗体的筛选、确定抗体的用途、验证抗体的均一性等具有重要意义。如体内应用或做检测试剂用,应选择相对高亲和力的单抗,而亲和层析用亲和力相对弱一些的单抗。亲和力的高低是由抗原分子的大小、抗体分子的结合位点与抗原表位之间立体构型的合适度决定的。只有当抗原与抗体结合部位结构完全吻合时,抗体的亲和力最大。这种结合力以抗原抗体反应平衡时抗原与抗体浓度的乘积与抗原抗体复合物浓度之比表示。亲和力常以亲和常数 K 表示,K 的单位是 L/mol,通常 K 的范围在 $10^8 \sim 10^{10}$ L/mol,也有的高达 10^{14} L/mol。如亲和力太低,会严重影响测定的敏感性。一般用 ELISA 或 RIA 竞争结合实验来确定单抗与相应抗原结合的亲和力。

6. 抗体效价测定

效价(titer,也称滴度)以小鼠腹腔积液或细胞培养液的稀释度表示,稀释度越高,则抗体效价也越高。在 ELISA 中,腹腔积液效价可达 100 万以上。如 ELISA 效价低于 10 万,用于诊断测定将不会达到很高的敏感度,应重新制备。

(二)杂交瘤细胞的鉴定(染色体分析)

正常小鼠脾细胞的染色体数是 40,全部为端着丝粒;小鼠骨髓瘤细胞染色体:SP2/0 细胞为 62~68,NS-1 为 54~64。大多数为非整倍性的,有中部和近中部着丝点。杂交瘤细胞的染色体数目接近两亲本细胞染色体数目的总和,在结构上多数为端着丝粒染色体外,还应出现少数标志染色体。染色体数目多且较集中的杂交瘤细胞能分泌高效价的抗体。

第三节 基因工程抗体

单抗制备技术有许多不可比拟的优点,也暴露出许多问题,其中最主要的问题就是难以大量获得人杂交瘤抗体，致使用于临床治疗的单抗绝大多数都来源于小鼠和大鼠。由于人和鼠之间遗传背景的差异，在人体内使用鼠单抗会被作为外源性蛋白抗原而产生人抗鼠抗体，因此鼠单抗会被迅速清除。如由静脉注入人血液中的小鼠单抗，HAMA 会妨碍小鼠单抗与抗原或靶细胞的结合，从而降低单抗的治疗效应，更为重要的是人抗鼠抗体可在人体内与小鼠单抗结合，产生类似血清病的超敏反应，因而限制了鼠单抗在临床上的反复使用。最好的解决办法是应用人源性单抗。但人-人杂交瘤技术尚未出现重大突破，存在着建株困难、抗体产量太低、稳定性和亲和力差以及本身还分泌一些杂蛋白等问题。因此，在 20 世纪 80 年代诞生了基因工程抗体。基因工程抗体是利用 DNA 重组技术和蛋白质工程技术，在基因水平对淋巴细胞产生的抗体进行切割、拼接、修饰或人工合成后导入受体细胞（非淋巴细胞）表达而产生的抗体，又称重组抗体。基因工程抗体保留了天然抗体的特异性和主要生物学活性，去除或减少了无关结构和鼠源性单抗的不足，并可赋予抗体分子以新的生物学活性，具有广阔的前景。

基因工程抗体技术的基本原理与基因工程技术完全相同。以单链抗体为例，首先从杂交瘤细胞、免疫脾细胞或外周血淋巴细胞中提纯 mRNA，逆转录为 cDNA，再经 PCR 分别扩增抗体的重链和轻链可变区编码基因，经适当方式将两者连接形成单链抗体可变区基因片段（single-chain variable fragments，ScFv，简称单链抗体），在一定的表达系统中得以表达。另外，重链和轻链可变区基因还能在同一宿主的两个载体中分别表达，然后在胞浆内组装成单链抗体可变区片段，或二价抗体片段。

基因工程抗体包括抗体及抗体片段、抗体耦联物（抗体与同位素、化疗药物、毒素及其他生物活性分子的耦联物）和抗体融合蛋白等。

一、抗原结合片段（Fab）与可变区片段（Fv）

Fab 抗体片段由重链 V 区及 CH1 功能区与整个轻链以二硫键形式连接而成，主要发挥抗体的抗原结合功能。美国 FDA 于 1994 年批准上市的用于治疗冠状血管成形术并发症的阿昔单抗（abciximab）属于嵌合 Fab 抗体药物（即抗体中可变区结构为鼠源的，而恒定区结构为人源的）。该抗体的靶标是糖蛋白Ⅱb/Ⅲa 受体（glycoprotein Ⅱb/Ⅲa receptor）。

Fv 抗体片段是由一个重链可变区（VH）和一个轻链可变区（VL）组成的。VH 和 VL 通过非共价键结合组成，是抗体中具有完整抗原结合活性的最小功能片段，分子质量只有完整抗体的 1/6。Fv 抗体片段分子小、免疫原性弱、对实体瘤的穿透性强，所以可作为靶向载体与药物、同位素、毒素等相结合，用于肿瘤的诊断和治疗。

二硫键稳定的 Fv（disulide-stabilized Fv，dsFv）也是由一个 VH 和一个 VL 组成的。它是在 VH 和 VL 的适当位置各引入一个半胱氨酸，形成 dsFv。由于链内二硫键远离互补决定区（CDRs），不会干扰抗体与抗原的结合。实验发现 VH442-VL100 或 VH1052-VL43 是构建鼠源和人源 dsFv 的通用位点，构建的 dsFv 稳定且不影响抗原结合活性。

二、单链抗体

因完整抗体分子质量较大,在体内的穿透力差,不易进入组织中发挥作用,而用基因工程手段构建更小的具有结合抗原能力的抗体片段,可避免这一限制。单链抗体是利用 DNA 重组技术将抗体一条 VH 和一条 VL 基因通过一短肽链(linker)连接后表达出来的抗体片段。ScFv 具有自身的一系列特点:①只含有抗体的 V 区,却能保持较完整的抗原结合位点;②缺乏抗体可结晶片段(Fc 段),不与非靶细胞(Fc 受体阳性细胞)结合,有利于作为药物的导向载体,临床应用于定位成像检查时,能使图像更清晰;③免疫原性低;④分子质量小,容易穿透血管壁、组织及实体瘤;⑤体内血循环半衰期短,易从血循环中排除;⑥在其基因的 3′端连接适当的目的分子,如酶、毒素、药物等可构建成双功能抗体;⑦能直接与肿瘤细胞、病毒表面上的抗原结合;⑧由于分子质量小,在大肠杆菌中的表达优于完整抗体;⑨因只能与抗原结合,不能激活补体介导细胞免疫及 ADCC;⑩由于是单价抗体,仅有一个抗原结合位点,其亲和力和稳定性较单抗低。

目前,ScFv 的制备常采用基因工程技术,主要步骤包括 ScFv 的基因构建和重组 ScFv 的表达。下面对 ScEFv 的制备过程及重组 ScFv 的应用作简要介绍。

(一)单链抗体(ScFv)的基因构建

单链抗体与 Fv 抗体片段不同,它是通过连接肽将 VH 和 VL 连接而成的分子。鼠源抗体的 VH 和 VL 基因分别由 4 个相对恒定的 FR 和 3 个高度可变的抗原 CDR 共同构成抗原结合位点,它决定了每种抗体的特异性。制备 ScFv 的关键是得到可变区基因,引物的设计非常重要,因此可以根据 FR-1 和 FR-4 的碱基组成和顺序分别合成用于扩增 VH 和 VL 基因的 PCR 引物。用 PCR 技术从杂交瘤细胞的基因组 DNA 或其 RNA 逆转录后的 cDNA 中扩增出 VH 和 VL 基因,用编码寡核苷酸接头(linker)将两者连接成 ScFv 基因。目前有两种拼接方法,一种是将接头设计在表达载体上,两端各有限制内切酶供 VH 和 VL 的插入;另一种拼接方法是通过将接头的编码序列分别设计在扩增 VH 和 VL 引物中,用 PCR 直接合成 ScFv 基因,此方法被称为重叠延伸拼接法。这种方法简单易行,而且不必因第一种拼接法中设计内切酶位点而引入不必要的氨基酸残基。目前常用的接头为(Gly4Ser)3。接头必须使重、轻链可变区自由折叠,使抗原结合位点处于适当的构型。

(二)重组 ScFv 的表达

1. 在大肠杆菌中表达

目前重组 ScFv 大多在大肠杆菌中表达,与真核表达系统相比,大肠杆菌不能对表达产物进行糖基化修饰,但目前尚无证据表明糖基化与抗原结合能力有直接关系。尽管完整抗体已在大肠杆菌中获得表达，但活性抗体产量低。相反，微生物系统适合抗体片段的产生，特别是 Fab、Fv 和 ScFv。

重组 ScFv 在大肠杆菌中的表达主要有三种形式：①直接在细胞质中表达；②与其他菌体蛋白融合，表达融合蛋白；③分泌表达具有功能的 ScFv。近来重组 ScFv 的表达主要采用分泌表达方式。重组 ScFv 基因与引导分泌的信号肽 *Mel*、*OmpA*、*PelB*、*PheA* 等基因相连接，使表达产物分泌至大肠杆菌外周或培养液中，获得有活性的可溶性表达产物。分泌型表达系统的优点在于：直接产生功能性产物，细菌蛋白酶对产物降解大大降低。

2. 在噬菌体内表达

一种含有信号肽序列的噬菌体展示系统能用于克隆 ScFv，并在大肠杆菌中使 *ScFv* 基因与噬菌体外壳蛋白基因 *gp*Ⅲ融合，以融合蛋白的形式表达于丝状噬菌体表面。通过噬菌体展示技术产生亲和力和特异性更强的 ScFv。

（三）重组 ScFv 的应用

1. 用于构建和生产免疫毒素

抗体与毒素的耦联物被称为免疫毒素（immunotoxin）。抗体可将毒素定位于靶细胞，对靶细胞进行特异性杀伤。常用的毒素为绿脓杆菌外毒素、蓖麻毒素及白喉毒素。完整抗体免疫毒素存在不稳定性和免疫原性及毒素 B 链的细胞非特异性结合，限制其临床应用。ScFV 免疫毒素是通过 *ScFv* 基因 C 末端与毒素基因 A 链连接，直接在大肠杆菌中表达的重组免疫毒素。较完整抗体免疫毒素具有操作更简单、廉价、免疫原性低和易于透入肿瘤组织内部等优势，可达到更佳疗效。

2. 用于肿瘤的影像分析和治疗

如果将针对肿瘤相关抗原或肿瘤特异性抗原的同位素标记抗体注入体内，则可通过放射性浓集情况对肿瘤进行定位，所产生的内照射效应还可以起到放射性免疫治疗的作用。传统抗体由于分子质量大，对肿瘤的穿透性差，仅有极少部分能到达肿瘤部位（0.001%~0.01%），从而导致本底升高，并影响影像分析与治疗的效果。ScFv 分子质量较小，可以更快、更多地进入肿瘤内部，使肿瘤定位图像清晰，还可避免非特异性损伤。同时，去除 Fc 介导的受体结合，本底低，图像清晰，用于肿瘤的影像研究明显优于完整的抗体。

三、双链抗体

ScFv 是单价的，抗原结合效率较低。而双链 ScFv 与抗原结合比单价 ScFv 更敏感、亲和力更高，这种双价抗体在结构和功能上更接近亲本天然抗体。如将特异性不同的两个小分子抗体连接在一起，则可得到双特异性抗体，又称双功能抗体，其两个抗原结合部位具有不同的特异性。

双特异性抗体（bispecific antibody，bsAb）是含有两个不同配体结合位点的抗体分子。它有两个不同的抗原结合部位（两个臂），可分别结合两种不同的抗原表位。其中一个臂可与靶细胞表面抗原结合，另一个则可与效应物（如药物、效应细胞等）结合，从而将效应物直接导向靶组织细胞。

（一）双特异性抗体的制备

天然状态下不存在 bsAb，只能通过特殊方法进行制备。以往 bsAb 的制备方法有化学交联法、杂合 F(ab′)2 分子法和鼠杂交瘤法等，现已很少使用。随着基因工程抗体技术研究的深入，尤其是单链抗体的出现，为基因工程 bsAb 的研制奠定了基础。基因工程 bsAb 多采用抗体分子片段，如 Fab、Fv 或 ScFv，经基因操作修饰或体外组装为 bsAb，或直接表达分泌型的 bsAb。

以双特异单链抗体制备为例，说明 bsAb 的制备方法。该制备方法的核心是将两条 ScFv 以一定方式连接起来，并使其各自保留与特异性抗原结合的能力。按双特异单链抗体分子连接方式的不同，可将其制备途径归为以下 3 类。

1. 非共价键制备双特异抗体（diabody）

用短的氨基酸 linker（3~15 个氨基酸残基）将抗体的重链（VHA）与另一抗体的轻链（VLB）连接起来，构成杂合 ScFv，同样再以 VLA 和 VLB 构建杂合 ScFv，两条杂合 ScFv 在同一表达系统，同时分别表达，由于短的 linker 的限制，同一条肽链内的两个 V 区之间不能匹配，只能与另一条杂合 ScFv 中相应同源 V 区相匹配，重新聚合成具有两个抗原结合位点的二聚体。通过分泌性原核表达体系，可直接获得有功能的双特异单链抗体分子。经计算机模拟分析，两 ScFv 呈两个位点相背的空间结构。另外，减少 linker 长度至 3 个氨基酸残基以下，还可获得三聚体（三链抗体，triabody）或四聚体（四链抗体，tetrabody）等多特异性抗体。该设计方法已成功应用于肿瘤特异性抗原及效应细胞相互作用等多项研究中。然而，该设计中片段之间为非共价键连接，其稳定性较差；短的 linker 将限制其柔韧性，并进而对两 ScFv 间连接造成负面影响。在折叠过程中，非匹配的 VH、VL 片段之间的相互作用也可能对双特异抗体的形成产生不利影响，且体系中会有一些单体及不同聚合体成分的污染。

2. 共价连接制备双特异单链抗体

在首先获得有功能的 ScFv 的基础上，根据特定研究目的，将两种具有不同抗原结合特征的 ScFv 用一段多肽 linker 直接连接起来，在原核或真核表达体系进行表达，经必要的复性或纯化过程，就可获得双特异单链抗体。该方法的关键是要选择有一定的柔韧性且不影响两端 ScFv 复性、结合特征的适当 linker。用专门用于表达双特异单链抗体的载体可直接将两个 ScFv 片段克隆于该载体的两个克隆位点，两位点之间是一个固定的 25 氨基酸残基 linker，经克隆表达，就可生产出各种双特异单链抗体，使得这一过程得以程式化。由于本设计中，两 ScFv 之间以共价键相连，其稳定性会有所提高，更易于纯化和大量生产，较长片段 linker 的应用也使两抗体间有较大的自由度。

3. 应用亮氨酸拉链、螺旋—转角—螺旋等蛋白质结构域连接两单链抗体制备双特异单链抗体

两个蛋白质分子通过亮氨酸残基间疏水作用形成的拉链式结构形成双体。原癌基因产物 Fos 和 Jun 是典型的带亮氨酸拉链结构的蛋白质分子，如在两个 Fab 的 CH1 末端分别剪接 Jun 和 Fos 亮氨酸拉链结构，而后匹配成双价抗体，两个不同抗体 Fab 段通过此连接可生成双特异性抗体。将小鼠 IgC3 上段铰链区和 Fos 或 Jun 亮氨酸拉链区融合于 ScFv 蛋白，可以建立依赖亮氨酸拉链的二聚化设计方案，可以将从噬菌体抗体筛选出的 ScFv 直接克隆入该系统，获得二聚化双特异单链抗体。

（二）双特异性抗体的应用

目前，人们已在许多领域，尤其是肿瘤的诊断、治疗等方面对 BsAb 的应用进行了尝试：

1. 在免疫检测中的应用

双特异性抗体的一个臂针对靶抗原，另一个臂可针对酶。这样，就可通过抗原抗体反应特异地将酶引入检测系统，而无需通过化学方法将酶与抗体耦联。化学方法往往损及抗体或酶的活性，且不易获得均质制剂。

2. 在肿瘤放射免疫显像中的应用

双特异性抗体一个臂针对肿瘤细胞表面抗原，另一个臂针对半抗原螯合剂，后者可选择与放射性核素相结合。利用二次导向系统，较之常规放射免疫显像增加了清晰度及灵敏度。

3. 介导药物杀伤效应

肿瘤导向治疗的常规方法是将单抗与药物、毒素或放射性核素耦联，这种方法往往导致抗体或/及药物活性丧失。双特异性抗体以抗原抗体反应替代了化学交联，可避免抗体或/及药物活性丧失。例如，抗癌胚抗原及抗长春新碱的双特异抗体，介导长春新碱的杀瘤获得良好效果。

4. 介导细胞杀伤效应

双特异性抗体其一臂针对免疫活性细胞的效应分子，活化该细胞，另一臂针对肿瘤表面的抗原分子，起到细胞杀伤的导向作用。最常用的免疫活性细胞表面的效应分子有 TCR、CD3、CD16、CD2、CD28 等，其中以 T 细胞表达的 CD3 和单核及 NK 表达的 CD16（Fc 受体）的研究为最多。采用抗肿瘤相关抗原及 CD3 和抗肿瘤相关抗原及 CD16 的双特异抗体，在荷瘤动物模型中无论是抑瘤试验还是杀伤试验均获得良好结果。

四、抗体融合蛋白

将抗体片段（例如 V 区或 C 区）连接到与抗体无关的其他蛋白（如毒素、细胞因子、葡萄球菌蛋白 A、碱性磷酸酶、T 细胞受体等）上，就可创造出一些抗体相关分子，称为抗体融合蛋白。可将其分为两大类：一类是将抗体的 FV 与其他生物活性蛋白结合，利用抗体 FV 的特异性识别功能将某些生物活性引导到特定部位；另一类是含 Fc 段的抗体融合蛋白。

1. FV 抗体融合蛋白

导向治疗尤其是肿瘤治疗是其主要应用领域。将抗肿瘤相关抗体与毒素、酶、细胞因子等生物活性分子融合达到特异杀伤肿瘤细胞的目的。迄今导向治疗在体外实验及动物实验中效果较好，人体内的应用较少，尚待进一步评价。目前应用绿脓杆菌外毒素和蓖麻毒素的抗体融合蛋白已进入 II 期临床试验。

一些细胞表面抗原与相应抗体结合后，会迅速被"内化"。因此，将单抗与毒素连接成免疫毒素，通过抗原与抗体的特异性结合，将毒素连同抗原抗体复合物一并"内化"进入细胞，发挥其阻抑蛋白质合成或破坏 DNA 结构等作用，将癌细胞或病变细胞杀死，而很少伤害正常组织。

抗体与酶蛋白的耦联物被称为抗体酶（abenzyme）。抗体酶应用前景广阔，它可在靶标位置将前体药物转化成有效的药物，从而避免对正常组织的损害。

这种方法被称为抗体导向酶的前体药物疗法（antibody directed enzyme produrg therapy，ADEPT）。即将前体药物的专一性活化酶与单抗抗体交联，导向输入靶细胞部位，继而注入前体药物，相应的酶在靶细胞部位将前体药物转化为活化型药物。药物在输送过程中为非活化型，在靶部位转化为活化型，从而可以降低药物毒性并提高抗肿瘤疗效。鉴于前体药物多为小分子物质，可自由通过各种组织屏障及肿瘤微血管，在肿瘤组织有较高的浓度，加之酶的专一性和扩大效应，使杀伤力明显增强。目前用作前体药物的抗癌药有氮芥、依托泊苷、阿霉素、丝裂霉素、氨甲蝶呤等。作为活化前药的导向酶有 β-葡萄糖醛酸苷酸酶、β-内酰胺酶、碱性磷酸酶、青霉素 V 或 G 酰胺酶、羧基肽酶、胞嘧啶脱氨酶和胸腺嘧啶核苷酶等。

2. Fc 抗体融合蛋白

将具有 Fc 段与某些有黏附或结合功能的蛋白质融合而获得的融合蛋白称为 Fc 抗体融合蛋白，又被称为免疫黏附素（immunoadhesin）。Fc 段可赋予免疫黏附素的功能包括：①通过与抗体或蛋白 A 结合用于检测或纯化；②Fc 段介导的抗体效应功能，如 ADCC、激活补体及调理作用等；③延长该蛋白在血液中的半衰期。例如，CD4 是人免疫缺陷病毒（HIV）的受体，能与 HIV 外壳蛋白 *gpl20* 结合。通过重组可溶性 CD4 分子构建 CD4 免疫黏附素可封闭 *gpl20* 及 HIV 与 $CD4^+$ T 细胞的结合，达到防治 AIDS 的目的。将可溶性 CD4 基因与 IgG1 重链 C 区在体外重组所表达的 CD4 免疫黏附素具有可溶性 CD4 和 IgG1 Fc 片段（IgG 有较长的血浆半衰期，可与 Fc 受体结合）的双重功能，可封闭 *gpl20* 与 $CD4^+$ 细胞的结合，阻断 *gpl20* 介导的病理作用，并对 HIV 感染的细胞发挥 ADCC 效应。与抗 *gpl20* 单抗不同，CD4 免疫黏附素对那些表达 CD4 并且已经结合可溶性 *gpl20* 但未感染 HIV 的细胞并无杀伤作用（而抗 *gpl20* 则使这些细胞也受到损伤），可保护某些结合了 *gpl20* 但仍能发挥生物功能的 Th 细胞群体。此外，CD4 免疫黏附素具有天然 IgG 通过胎盘的生物学活性，因此在治疗 AIDS 感染，特别是在防止母胎间 HIV 传递方面具有重要的意义。

五、嵌合抗体

嵌合抗体（chimeric antibody）是利用 DNA 重组技术，将异源单抗的轻、重链可变区基因插入含有人抗体恒定区的表达载体中，转化哺乳动物细胞表达的抗体，表达的抗体分子中轻链、重链的 V 区是异源的，而 C 区是人源的，即整个抗体分子的 60%~70% 是人源的。这样产生的抗体，减少了异源性抗体（如鼠抗体）的免疫原性，保留了亲本抗体（如鼠抗体）特异性结合抗原的能力，同时抗体重链 C 区（人源）所代表的抗体即同种型（包括类和亚类）的差异可影响抗体的体内功能，如产生补体依赖的细胞毒作用（CDC）、ADCC 及免疫调节作用等。在构建嵌合抗体时，可有目的地改变抗体的类型或亚类（如 IgG1 和 IgG3 比其他抗体具有更强的 CDC 和 ADCC 效应，可更有效的杀伤肿瘤细胞），增加体内的治疗效果。例如，大鼠抗 CAMPATH-1 抗原（该抗原表达于人淋巴细胞和单核细胞表面，但其他类型血细胞及造血干细胞均无此抗原表达）单抗具有抗人淋巴细胞和单核细胞特异性，已被用于体外处理骨髓移植物，清除其中免疫细胞，防止骨髓移植后产生移植物抗宿主反应（graft versus host reaction，GVHR）。在构建的含不同类型人 IgG 亚类的大鼠 F（ab'）2，人 IgG1、2、3、4Fc 片段的"嵌合抗体"中，人 IgG1 的 CH 与大鼠抗 CAMPATH-1 的 F（ab'）2 构建的嵌合型抗体激活补体，溶解靶细胞的能力比较强（与大鼠抗 CAMPATH-1 相同），但该嵌合抗体介导的 ADCC 比大鼠抗 CAMPATH-1 天然抗体的作用更强。

构建嵌合抗体的大致过程是，将鼠源单抗的可变区基因克隆出来，连到包含有人抗体恒定区基因及表达所需的其他元件（如启动子、增强子、选择标记等）的表达载体上，在哺乳动物细胞（如骨髓瘤细胞、中国仓鼠卵细胞）中表达。

六、人源化抗体

尽管嵌合抗体的免疫原性已降低很多，但有时它仍可能引发较强的免疫反应。为了进一步降低抗体的鼠源成分，发展出 CDR 移植技术。

CDR 移植即把鼠抗体的 CDR 序列移植到人抗体的可变区内，所得到的抗体称 CDR 移植抗体（CDR grafing antibody）或改型抗体（reshaped antibody），也就是人源化抗体（humanized antibody，hAb）。该抗体既具有鼠源性单抗的特异性又保持了人抗体的功能（C 区的功能）。

人源化抗体的构建可用全基因合成法或基因定点突变法。全合成法是以人抗体基因序列为骨架，以鼠抗体的 CDR 置换人抗体的 CDR，将整个可变区序列的两条链分解成若干片段，并使相邻的片段具有彼此互补的黏性末端。合成所有 DNA 片段，每组片段分别退火，然后逐组连接成完整的可变区基因，插入质粒中，进一步即可用于构建和表达改形抗体。定点突变法是将人的可变区基因克隆，根据鼠抗体的 CDR 序列合成几种突变引物，用定点突变的方法将人的可变区基因的 CDR 序列变为鼠抗体的 CDR 序列，然后表达出改型抗体。

在构建改形抗体时，简单地进行 CDR 替换并不能保证抗体具有好的亲和力，因此在构建时还必须包括对影响抗原结合位点的空间结构的框架序列进行操作。

目前美国 FDA 批准临床应用的 28 种抗体药物多数是人源化抗体。

七、超变区多肽

抗原抗体的结合是通过互补决定区（complementarity determining region，CDR）实现的。因此，CDR 是构成抗原抗体结合的最小结构单位。根据这一特点，可以设计出在抗原识别及亲和力方面发挥重要作用的 CDR 多肽，直接用于诊断或治疗疾病，有望获得理想的疗效。这种只含有一个 CDR 多肽的抗体称为超变区多肽（hypervrible region polypeptides，HRP），也称为最小识别单位（minimal recogition unit，MRU）。MRU 也具有与抗原结合的能力，但亲和力低、稳定性不强，实际应用中有很大的局限性。目前为止，对其进行的研究开发工作较少。

八、特殊抗体

1. 细胞内抗体

细胞内抗体亦称内抗体（intrabody），主要是指细胞内合成并作用于细胞内组分的抗体。一般的抗体在细胞内合成后分泌到细胞外，如果在抗体的 N 端或 C 端加入引导序列，就能使抗体表达定位在亚细胞部位，如细胞质、线粒体、内质网或细胞核部位。目前细胞内抗体的研究主要集中在 ScFv 上，在 ScFv 的 C 端或 N 端插入其他靶向信号，如分泌信号、核定位信号、线粒体定位信号和内质网滞留信号等，从而进行检测、识别、发挥特定功能。由于细胞内抗体具有高亲和力及选择结合特性，因而可通过多种机制调控细胞的生理过程及代谢。细胞内抗体的主要应用为：①分子功能的研究；②下调细胞因子受体的表达；③抑制细胞内癌蛋白的活性；④抑制病毒复制。

细胞内抗体可以提供一种独特的研究细胞内分子功能的新方法，它可以在细胞内抑制病毒复制、抑制细胞因子受体或癌蛋白表达，因此有用于基因治疗的前景。研究较多的是用细胞内抗体抑制 I 型人类免疫缺陷病毒，其中抗 *gpl20* 的 Fab 片段和抗 Tat 的 ScFv 已进入临床试用。

2. 抗原化抗体（antigenized antibody，AbAg）

抗原化抗体是应用基因工程技术，把编码蛋白质抗原表位的核苷酸片段插入重链 CDR3 序列中进行表达，从而产生具有天然抗原表位构象和免疫原性的新型抗体。

3. 单域抗体（single domain anibody，sdAb）

单域抗体又称纳米抗体（nanobody）或重链抗体（heavy chain antibody，heAb），是从骆驼科动物和鲨鱼的血清中分离出的一种抗体，其体积约为传统抗体的1/10。与传统抗体不同的是，单域抗体仅由重链构成，其抗原结合区仅是一个通过铰链区与Fc区连接的单结构域，而且这个抗原结合区自抗体上分离后仍具有结合抗原的功能，这就为抗体的分子构建提供了一个新方法。单域抗体基于这一系列的优点，在免疫实验、诊断与治疗中将有重要应用。

第四节　噬菌体抗体库技术

抗体库技术的主导思想是将某种动物的所有抗体可变区基因克隆在质粒或噬菌体表达载体中表达，利用不同的抗原筛选出携带特异抗体基因的克隆，从而获得相应的特异性抗体。

将蛋白分子或肽段基因克隆到丝状噬菌体的基因组DNA中，并使噬菌体表面表达该异源性分子，这种方法称为噬菌体展示（phage display）。将抗体分子片段基因与噬菌体外壳蛋白基因融合，使抗体分子片段表达到噬菌体颗粒表面，就形成了噬菌体抗体。用体外基因克隆技术将B细胞全套可变区基因克隆出来，插入噬菌体表达载体，转化工程细菌进行表达，在噬菌体表面形成噬菌体抗体的群体，即为噬菌体抗体库（surface display antibody library）。噬菌体抗体库经特定抗原或细胞筛选后，便可获得特异性抗体。

一、噬菌体抗体库技术的基本原理和程序

噬菌体抗体库技术的原理，就是用PCR技术从人免疫细胞中扩增出整套的 V_H 和 V_L 基因，克隆到噬菌体载体上并以融合蛋白的形式表达在其外壳表面。这样一来噬菌体DNA中有抗体基因的存在，同时在其表面又有抗体分子的表达，就可以方便地利用抗原—抗体特异性结合而筛选出所需要的抗体，并进行克隆扩增。如果使抗体基因以分泌的方式表达，则可获得可溶性的抗体片段。在建库过程中如果将 V_H 和 V_L 随机组合，则可建成组合抗体文库；如果抗体mRNA来源于未经免疫的正常人，则可以在不需要细胞融合的情况下建立起人天然抗体库。

构建噬菌体抗体库通常包括以下几个过程：①从外周血或脾、淋巴结等组织中分离B细胞，提取mRNA并反转录为cDNA；②应用抗体轻链和重链引物，根据建库的需要通过PCR技术扩增不同的抗体基因片段；③构建噬菌体载体；④用表达载体转化细菌，构建全套抗体库。通过多轮的抗原亲和吸附（结合）—洗脱扩增，最终筛选出抗原特异的抗体克隆。其中，噬菌体抗体库的筛选是关键环节和步骤。

噬菌体抗体库的筛选包括两个主要步骤：淘筛和鉴定。淘筛（panning）是将噬菌体抗体库与选择用的抗原共同孵育，通过几轮洗脱，收集结合的噬菌体。将获得的噬菌体感染细菌并扩增，再进行下一轮的筛选。经几轮淘筛后，便可富集到与抗原特异性结合的噬菌体感染的多克隆菌株。鉴定过程是从上述噬菌体感染的多克隆菌株中挑选出单克隆菌株。将淘筛出的噬菌体经感染细菌、铺板、挑选，即可得到高特异性单克隆菌株。

二、噬菌体抗体库技术的筛选方法

1. 固相或液相纯化抗原的筛选

用纯化或重组的抗原从噬菌体抗体库中筛选展示特异性抗体的噬菌体的传统方法主要有：①将纯抗原包被在固相介质，如酶标板、免疫试管或亲和层析柱上，然后加入待筛选的噬菌体，洗去非亲和性或低亲和性的噬菌体，回收高亲和性的噬菌体；②将抗原与生物素基团相连，再将其结合在包被有链亲和素（streptavidin）的磁珠上对噬菌体进行筛选。生物素化的抗原与链亲和素结合后，再通过磁场的作用将结合抗原的噬菌体与未结合抗原的噬菌体分开。

2. 全细胞筛选

目前特异性噬菌体抗体多数是由固相纯化抗原筛选得到的。对于无法提纯或抗原性质不确定的抗原（如癌细胞表面受体），采用传统的筛选方法可使抗原失活，如某些膜蛋白。因此，需建立新的筛选系统或对传统的筛选技术进行改进。最近，有人直接用肿瘤细胞从单链噬菌体抗体库中筛选出肿瘤特异性抗体。

3. 用组织切片进行筛选

为更接近临床应用，筛选到真正与人肿瘤组织特异结合的噬菌体，可以用冰冻组织切片来进行筛选。但该方法回收和富集的噬菌体较少，原因可能是所含抗原的量有限。

本节介绍的噬菌体抗体库技术可以构建巨大的抗体库，然后大量制造潜在的有效抗体治疗药。噬菌体经遗传工程将特异的抗体融入噬菌体包膜蛋白中，被展示的抗体基因就包含在噬菌体内。每个噬菌体含有一种不同的抗体，这些抗体包被的噬菌体在数量上可以达到上亿个，其数量与人免疫系统相当。淘筛过程中能识别靶分子（抗原）的抗体及噬菌体与抗原紧密结合而留下，而其他抗体则随液体流走。然后用这种与抗原结合的噬菌体 DNA 转染细菌，产生更多可选抗体用于候选药物（抗体）的开发研究。

第五节　转基因动物表达抗体

全球有 6 种治疗性全人源单克隆抗体获得了美国 FDA 的批准，1 种获得欧盟批准。美国 FDA 批准的第一种人单抗为阿达木单抗（2002 年），第二种为帕尼单抗（2006 年），另 4 种于 2009 年批准。这些全人单抗几乎完全由转基因小鼠产生（美国 FDA 批准的 6 种全人单抗中的 5 种，其中 1 种由转基因小鼠 XenoMouse 技术生产，4 种由转基因鼠 UltiMab 平台制备）。

一、分泌完全人源抗体转基因鼠的建立

产生高特异性抗人抗原的全人抗体在疾病的治疗尤其在肿瘤治疗中具有广阔的应用前景，因而全人抗体的制备一直是生物工程研究领域的热点。由于人体不能被随意免疫，因此一些学者采用人鼠型杂交瘤单抗技术，这是由人淋巴细胞与鼠骨髓瘤细胞融合分泌人型免疫球蛋白（Ig），但该杂交瘤最终会丢失人的染色体，后又发展为人型杂交瘤，由人致敏淋巴细胞与人骨髓瘤细胞融合。但该方法还存在融合技术困难、人型骨髓瘤细胞不够理想、致敏后分泌特异抗体的 B 细胞较难获得、人型抗体效价低和大量获得困难等一系列问题。噬菌体展示技术虽然令人鼓舞，但该技术是从原始的人 Ig 基因库中产生的，抗体片段没有经过天然的抗体成熟过程，故亲和力低，而且需要相当复杂的抗体基因工程技术和多轮筛选才能获得。另外，该技术产生的抗体片段还需与抗体的缺失部分连接以产生一个完整的抗体。1994 年，美国 Cell Genesys 公司和 Genpharm 公司通过用人免疫球蛋白基因替代鼠的同类基因，使鼠能在接受人抗原免疫后分泌人抗体，转基因小鼠作为生产全人抗体的载体获得成功。他们将人抗体基因转入小鼠体内，产生能分泌人抗体的转基因小鼠。其前提是人的抗体基因片段在小鼠体内进行重排并表达，并且这些片段能与小鼠细胞的信号机制相互作用，即在抗原刺激后，这些片段可被选择、表达并活化 B 细胞分泌人抗体。随后研究人员利用基因打靶技术将编码人抗体轻、重链的基因片段（大约 18Mbp 的 DNA）全部转到自身抗体基因位点已被灭活的小鼠基因组中，再经过繁育筛选，建立了稳定的转基因小鼠品系。这样得到的转基因小鼠对特异的抗原能产生高亲和力的人抗体。到目前为止建立各种转基因鼠的方法大致有以下 3 种。

1. 微基因重组子技术

该技术是把人 Ig 基因组中间断存在的基因片段连在一起，分别组建成轻、重链微基因，随后将这些构建的微基因质粒注入小鼠胚胎原核（pronucleus）中，从而获得了含有人重链和轻链的转基因鼠。用这些转基因鼠与内源性重链和 κ 链缺失的小鼠杂交，经一系列选育，最终获得双转移基因（人 H、κ 链）/双链缺失（小鼠 H、κ 链基因）的纯合小鼠。以特异性人抗原免疫小鼠后，取其脾细胞或淋巴结淋巴细胞与鼠骨髓瘤细胞融合从而获得分泌特异人抗体的杂交瘤细胞。

2. 微细胞杂交胚胎干细胞技术

微细胞杂交胚胎干细胞技术（microcell hybride ES）是由微细胞介导的细胞杂交技术演化而来。先把 G418 抗性基因转入人纤维细胞（该抗性基因的启动子在胚胎干细胞内是处于活化状态）获得抗 G418 的人纤维细胞，再把抗 G418 的人纤维细胞与小鼠的 A9 细胞融合，筛选出抗 G418 的融合细胞，再通过 PCR 或 FISH 方法筛选出含人源 2 号

(κ链)、14号（H链）或22号（λ链）染色体的小鼠A9细胞，先后用秋水仙素和细胞松弛素B（cytochalasin）处理后高速离心（10000r/min）1h，分离出含2号、14号或22号染色体的微胞，把微胞注入小鼠胚胎干细胞后再注入8个细胞的囊胚，最后移入假孕母鼠，获得含有人2号、14号或22号染色体的小鼠。利用该技术可把人的所有Ig基因转入小鼠。但到目前为止，该鼠的抗体产量低，该技术还有待进一步改进。

3. 酵母人工染色体

酵母人工染色体（yeast artificial chromosome，YAC）主要是将未重排的人类Ig胚系基因首先构建成酵母人工染色体，并把其转入小鼠即可获得分泌人抗体的转基因鼠。转基因鼠的具体制备方法主要有两种：①基因微注射法；②改良的细胞融合法，去掉含有YAC的酵母细胞壁，使其球状原生质与鼠胚干细胞融合，然后把整合有目的基因的干细胞导入小鼠囊胚，再通过转基因鼠间杂交可筛选出分泌全人源抗体的小鼠。也有学者利用细菌人工染色体技术（BAC）建立转基因小鼠。

YAC技术明显优于微基因重组，抗体亲和力显著提高，但由于大量Ig相邻基因片段的同源重组过程复杂，以及包含所有的Ig恒定区基因的YAC克隆困难，到目前还不可能把所有人的Ig基因转入小鼠，故产生的抗体类型有限，仅产生IgM和IgG2。因此还需进一步通过DNA重组技术改变抗体类型来达到应用的目的。

二、小鼠产生完全人源抗体的机制

人和鼠产生抗体的多样性都要经过两个步骤。首先在没有外来抗原刺激的情况下，B细胞在免疫系统发育早期，通过随机重、轻链可变区基因重组首次表达多样性的免疫球蛋白库——原始的全部基因组成的免疫球蛋白。但此时抗体的多样性有限，且仅产生低亲和力的抗体。随后在外来抗原刺激下，对应的B淋巴细胞与抗原和T细胞相互作用发育成熟。在此成熟过程中抗体分子经过两种特征性结构改变：①在抗原的刺激下，发生体细胞超变，即轻、重链可变区基因在与抗原结合的相应区域发生随机突变，再次发生抗体多样性，并在抗原的选择下产生与抗原特异结合的高亲和力抗体；②抗原的持续刺激使B细胞由最初产生IgM类型转为产生IgG类型，即抗体的类别转化，这也是产生抗体的选择性。

实验表明，人类基因似乎与鼠的基因重组及表达机制完全兼容，但常规的小鼠优先选择表达内源鼠Ig，故需利用基因打靶技术阻断鼠抗体表达以产生人抗体。转基因鼠技术利用鼠天然产生抗体多样性及选择机制，使其作用于人的Ig基因位点，而不是被灭活的鼠Ig基因位点，从而发生基因重排和超变，并且不受鼠Ig基因位点的竞争性抑制。运用常规免疫策略免疫这类转基因鼠即可得到高亲和力高特异性完全人抗体。可见小鼠就像人抗体加工厂，将人Ig基因位点转入后经过特定的Ag刺激即可对应产生高特异性、高亲和力的完全人单抗。转移少量人Ig基因位点（80kb重链DNA片段，43kb κ链DNA片段）也可产生完全人抗体，而且可以看到类别转换，即由于μ链与γ链转换区的基因重组而出现从 IgM 向 IgG 的转变，以及重链可变区基因的突变。

数以兆碱基对计的人 Ig 转基因鼠（XenoMouse Ⅱ）于 1997 年被成功建立。该鼠含有 1020kb 的重链和 800kb 轻链的人 *Ig* 基因，包含大多数人重链（66VH/95VH）和 κ 轻链（32Vκ/76Vκ）可变区基因、全部 D 区和 JH 区、人重链（δ、γ、μ）和 κ（Cκ）恒定区及已知与 Ig 有关的多数调控元件，建立了较强的体液免疫功能。在其血循环中成熟的 B 细胞达野生小鼠 B 细胞水平的 60%，比第一代小鼠（XenoMouseⅠ）高出 2~6 倍。免疫后表达鼠源性 λ 链的 B 细胞，由 15% 降至 7%。人的 γ 链增至 2.5mg/mL，同时抗体的类别转换也非常有效。用 IL-28 免疫转基因鼠产生了 4 种不同的抗体。这些抗体基因转录产物的可变区核苷酸发生了突变。这些都充分说明了体细胞超变、抗体多样性在 XenoMouse 中对抗体成熟及选择的作用。另外利用该技术还获得了抗 EGFR、TNF2α、CD4 等完全人抗体。

XenoMouse 是利用酵母人工染色体 YAC，将小鼠的抗体重链基因（*IgH*）和 Igκ 位点用人的相应部分代替产生的基因工程化的小鼠，而小鼠自身的 Ig 位点被失活。把数量众多的人 V 区位点转到 YAC，促进大量 B 细胞群成熟，产生广泛而多样的初级免疫位点。XenoMouse 免疫系统可把人抗原识别为异源性，引发对人抗原较强的体液免疫应答，所得抗体亲和力高并可重复使用。

利用转基因小鼠制备完全人源抗体技术具有其他技术无法比拟的优点。完全人源抗体的亲和力高，又可减少免疫原性和过敏反应，而且无需经过如抗体改建等复杂的基因工程，制备周期短、成本相对低。另外，这类转基因鼠对人体蛋白无免疫耐受性，除人源抗体的基因外，其他系统均为鼠源性的，包括 B、T 细胞等，而人体蛋白相对这类转基因鼠则为外源性蛋白，外源蛋白免疫转基因鼠后很容易产生免疫反应，也就是说这类外源蛋白相对于鼠的免疫原性很强，而对于人则很弱，甚至无免疫原性，故完全有可能利用转基因小鼠产生一系列的完全人源抗体。

为了降低生产成本获得更大的生产能力，研究者发展了动物乳腺反应器技术，将抗体基因转移至山羊或牛的体内，特异地在乳腺中表达，表达的抗体被分泌到动物的乳汁中从而可被收集纯化。如果能更好地解决备群的传代问题，转基因动物生产人源化抗体的技术必将得到广泛的应用，极有可能代替动物细胞培养，成为大规模生产人源化抗体药物的常规技术。

第七章

生物技术与人类健康

第一节 基因工程药物

一、什么是基因工程药物

基因工程技术是现代遗传学理论和生物技术方法的有机结合。在这一技术的支撑下,可在体外将 DNA 序列重新设计、组装和修饰,以达到所需的具有针对某种疾病的序列。而后将所得的外源序列引入细胞内或者生物体内,基于遗传物质的遗传特性实现生物结构和功能的改造,从而使细胞表达出的蛋白或者生物体的相关性状符合人们的要求。利用该技术得到的相关的针对某种疾病的蛋白即为基因工程药物。相较于传统的药物,基因工程药物具有独特的优势,首先,这种方法相较于传统药物生产过程投入成本更低,生产率有了大幅提升。其次,生产过程相较于传统的工业生产更为清洁、耗能低,符合可持续发展的基本要求。现代基因工程所用到的原料都是可循环利用的生物材料,没有不可再生资源的巨大消耗,同时较少或者不产生工业废物和污染物。最后,相较于传统的药物,基因工程药物具有的独特优势是在疾病治疗和诊断方面具有更高的预见性和准确性,而且基因工程药物具有自我繁殖能力,能够长时间维持治疗效果,精准控制用药位置、给药时间以及给药量,有效避免药物对于机体正常细胞的毒害。基因工程药物在基因水平上可针对性地实现疾病的诊断和治疗,为疾病治疗提供新的思路和发展方向。

二、基因工程药物种类

1. 干扰素系列(IFN)

IFN 是一类具有广谱抗病毒活性的蛋白质,仅在同种细胞上发挥作用。IFN 根据其来源、理化及生物学性质的不同,可分为 IFN-α、IFN-β、IFN-γ 三种干扰素。干扰素具有很强的生物活性,主要表现在:①抗病毒作用,目前慢性丙型肝炎的治疗以 IFN-α

为首选；②抗肿瘤作用；③免疫调节作用。

2. 白介素系列

白细胞介素是非常重要的细胞因子家族，现在得到承认的成员已达 15 个。它们在免疫细胞的成熟、活化、增殖和免疫调节等一系列过程中均发挥重要作用，此外它们还参与机体的多种生理及病理反应。

3. 集落刺激因子类药物（CSF）

一些细胞因子可刺激不同的造血干细胞在半固培养基中形成细胞集落，这些因子被命名为集落刺激因子。CSF 根据其作用对象，进一步分为粒细胞-CSF，巨噬细胞-CSF，粒细胞和巨噬细胞-CSF 及多集落刺激因子。

4. 其他基因工程药物

其他基因工程药物有：促红细胞生长素（Epo）、人生长激素（GH）、人表皮生长因子、重组链激酶、肿瘤坏死因子。

三、基因工程药物的生产步骤

（1）提取目的基因　有两条途径：一是从供体细胞的 DNA 中直接分离；二是人工合成。

（2）目的基因与载体结合　质粒是最常用的载体，所以这一步也称为重组质粒。

（3）将目的基因导入受体细胞　目的基因导入受体细胞后就可以随着受体细胞的繁殖而复制，由于细菌的繁殖速度非常快，在很短的时间内就能获得大量的目的基因。

（4）目的基因的检测和表达　在完成上述步骤后在全部受体细胞中真正能够摄入重组 DNA 分子的受体细胞是很少的。因此，必须对受体细胞进行检测。重组的 DNA 分子进入后，受体细胞必须表现出特定的性状才能说明目的基因完成了表达过程。

四、研制和利用存在的问题

基因工程技术本身还有许多不确定性，如我们在将一种生物的目标基因和另一种生物的基因进行组合改造时，并不清楚这个设计是否会依照我们预期的方向发展进行。这一方面还需要我们对不同物种的基因密码进行更加深度的解析，而且操作上也会有许多的不确定性，如果将重组的基因片段植入染色体的沉默区则不会进行相应的表达。我们只有充分了解基因的组成和构造才能够进行合理的设计和改造。另一方面，现阶段的基因工程技术仅仅只针对单基因进行设计，而生物体内不仅只有这一种基因存在形式。真实情况更为复杂，而且生物体所表现出的性状通常不是由单基因控制，是多种基因调控的结果。还有就是安全上的问题，一些外源性基因可能携带的病毒基因是不确定的，这也就导致一些转基因药物的安全性受到质疑。最后，由于人们对基因相关知识认识不足，可能会导致社会对某些基因缺陷的人产生歧视，甚至不公平事件的发生。

基因工程药物与其他已经存在的事物一样具有两面性，我们应该不断地重新认识这一技术，充分利用它的优势，同时认识到它的不足之处。相信随着基因工程技术和生物技术的不断进步，基因药物的研制也会不断革新，为人们的生命健康带来更多的保障。

第二节 疫苗

一、疫苗的起源

现代疫苗的科学研究可以追溯到 18 世纪，当时英国医生爱德华·詹纳（Edward Jenner）发现先前感染过牛痘（一种可以从牛传染给人的人畜共患疾病）的挤奶女工后来并没有感染天花。他还指出，当他给人们接种牛痘时，他们并没有出现典型的天花病变。他推断，给人们接种牛痘脓疱中含有的物质可以保护他们免受天花感染。最终，在 1840 年，天花在英国绝种，接种疫苗成为预防天花的标准方法，爱德华·詹纳成功研制并使用了世界上第一种疫苗。

现代疫苗的定义：疫苗是针对疾病的致病原或其相关的蛋白（多肽、肽）、多糖或核酸，以一种或多种成分，直接或通过载体经免疫接种进入机体后，能诱导产生特异的体液和（或）细胞免疫，从而使机体获得预防该病的免疫力。

原理：将病原微生物（如细菌、立克次氏体、病毒等）及其代谢产物，经过人工减毒、灭活或利用转基因等方法制成的用于预防传染病的自动免疫制剂。疫苗保留了病原菌刺激动物体免疫系统的特性，当动物体接触到这种不具伤害力的病原菌后，免疫系统便会产生一定的保护物质，如免疫激素、活性生理物质、特殊抗体等；当动物再次接触到这种病原菌时，动物体的免疫系统便会依循其原有的记忆，制造更多的保护物质来阻止病原菌的伤害。

二、常用疫苗分类及优缺点

（一）减毒活疫苗

减毒活疫苗是一类病毒在保持免疫原性的同时，经历改变其结构和降低其毒力的过程的疫苗。这种类型的疫苗在注射到人体内时不会引起疾病，但病原体会继续生长和增殖，诱导免疫反应，留下免疫记忆，从而提供长期保护。

减毒活疫苗的优点：

（1）诱导免疫反应，增强机体的抵抗力　减毒活疫苗一般会诱导细胞免疫和体液免疫两种免疫反应，从而保护机体，有的还会诱导黏膜免疫。

（2）作用时间长，作用效果强　减毒活疫苗是活的病原体，减毒的微生物可以在机体内诱导较强、长时间的免疫反应，而不致病。

（3）接种一次就有效　减毒活疫苗可以通过再增殖继续在体内发挥免疫效应，因此，只需要接种一次，就能发挥作用，达到满意的效果。

（4）价格低廉，制作简单　减毒活疫苗的生产过程中不需要浓缩纯化的工艺，而且减毒时不需要添加辅助的配剂，大大减少了成本。

（5）作用范围广　减毒活疫苗不仅在机体内的免疫范围广至全身，在群体范围内也有很好的免疫效果，群体免疫屏障也很强。

减毒活疫苗的缺点：

（1）残余毒力的隐患　对于某些免疫功能缺陷者或免疫力低下者等，减毒活疫苗的残余毒力不强，但也足以诱发一些严重疾病。

（2）环境污染，交叉污染　减毒活疫苗是活的微生物制剂，可能会造成环境污染或交叉感染等。

（二）灭活疫苗

灭活疫苗是一种先培养致病病毒，然后用物理或化学方法杀死病毒，同时保留其免疫原性的疫苗。灭活疫苗可以由整个灭活的病原病毒或病原微生物的裂解片段组成。

灭活疫苗的优点：

（1）制作简单　灭活病毒通过物理手段或化学手段杀灭病原体的方式制得，工艺较为成熟。

（2）易于保存运输　灭活病毒性质较为稳定，在运输和保存方面相对容易。

（3）便于联合制作　灭活病毒仅保留免疫活性，并且性质稳定，因此较易制成联苗或多价苗。

（4）安全性高　由于病毒活性已被杀灭，因此较为安全，且不易造成污染。

灭活疫苗的缺点：

（1）存在抗原损害可能性　在制作过程中，可能会出现病毒抗原的损害，降低疫苗免疫活性。

（2）维持时间短　维持免疫的时间相对较短，可随时间免疫能力逐渐下落，因此需要多次注射，或者隔一段时间进行加强注射，才能达到预期的免疫效果。

（3）接种时间长　通常灭活病毒需要接种2~3针作为1个免疫程序，而且一般接种的剂量较大。

（三）亚单位疫苗

亚单位疫苗是通过化学分解或控制蛋白质水解提取病毒的特定蛋白质结构，然后筛选免疫活性片段制成的疫苗。这种类型的疫苗是由存在病原体的主要保护性免疫原的组分制成的，在大分子抗原所携带的多个特异性抗原决定因子中，只有少数抗原位点作用于保护性免疫反应。

几乎所有已知的人或动物疫苗都有候选亚单位疫苗，然而，它们有一个主要的缺点：与减毒疫苗相比，亚单位疫苗的免疫原性大幅降低，在制造过程中需要添加佐剂以提高这些疫苗的功效。疫苗，无论是灭活疫苗、减毒疫苗，还是由整个生物体组成的疫苗，在接种后都不是简单地暴露单一类型的抗原。全机体疫苗含有多种抗原以及其他免疫刺激分子。相反，亚单位疫苗通常不具有免疫刺激作用。这可能是由于交联 B 细胞受体的能力降低以及刺激 APC 的能力降低。安全有效的亚单位疫苗生产方法日益成为研究关注的焦点。

树突状细胞处理抗原的效率对于随后 T 细胞反应的强度至关重要。与全蛋白疫苗相比，合成长肽疫苗（synthetic long peptide，SLP）可能具有更具前景的临床结果。Rosalia 及其同事观察到，合成长肽疫苗的疗效背后有未知的机制。他们报道了一项研究，在该研究中，小鼠树突状细胞和人单核细胞衍生的树突状细胞在体外进行处理，以分析合成的长肽。与全蛋白相比，树突状细胞更快、更有效地处理 SLP，导致 $CD4^+T$ 和 $CD8^+T$ 细胞的表达增加。尽管全可溶性蛋白抗原最终主要在内溶酶体中，但在树突细胞内化后，SLP 在内溶酶体外很快被检测到。通过树突细胞而不是 B 或 T 细胞快速处理全蛋白抗原，导致 $CD8^+T$ 细胞活化增强。

亚单位疫苗的优点：安全、高效、可规模化生产。

亚单位疫苗的缺点：免疫原性较低，需与佐剂合用才能产生好的免疫效果。

（四）联合疫苗

到 21 世纪初，提供给婴儿和儿童的疫苗种类大大增加，包括白喉类毒素、全细胞百日咳、三联口服脊髓灰质炎病毒疫苗、麻疹病毒疫苗、腮腺炎疫苗、流感病毒疫苗和结核病疫苗。这些疫苗的推荐注射期是在婴儿出生后的前 2 年，通常需要多次注射。口服脊髓灰质炎疫苗是唯一一种不需要注射的疫苗。由于多次注射的相关问题，疫苗研究人员考虑将多种疫苗组合在同一注射器中，以减少注射次数，称为联合疫苗。

联合疫苗是通过组合两种或多种活的或灭活的生物体或纯化的抗原来配制的，用于预防多种疾病。它不仅仅是现有疫苗的组合，也是一种独立的疫苗，经过严格的安全性、免疫原性和有效性检查，考虑到了每种抗原的物理兼容性、溶解性和稳定性，并解决了抗原竞争、表达抑制和不良反应等问题。

联合疫苗的优点：

（1）优化了接种时间，减少了接种点。

（2）可更早完善免疫系统。联合多种疫苗同时接种，提前提升宝宝在这些方面的免疫力，让宝宝免疫系统更早对病毒做防范。

（3）减少了接种次数，同时减少在接种点多次接触交叉感染的风险。

（4）安全，降低了不良反应。

联合疫苗的缺点：

（1）相比单苗，国家免费接种的联合疫苗较少。

(2) 价格较高。

(五) 核酸疫苗

核酸疫苗，也称为基因疫苗，是含有编码蛋白基因序列的质粒载体，被引入宿主体内，随后宿主细胞表达抗原蛋白，以诱导对抗原蛋白的免疫反应，用于疾病预防和治疗。这些疫苗是通过应用生物化学、分子生物学和免疫学的现有知识开发的，分为DNA疫苗和RNA疫苗。DNA疫苗也被称为裸疫苗，因为它们不需要化学载体。

自20世纪90年代初以来，DNA疫苗已显示出对几种传染病如人类免疫缺陷病毒、结核病、疟疾、流感、埃博拉病毒和严重急性呼吸系统综合征（SARS）诱导免疫的前景。DNA疫苗在大多数动物研究和临床试验中都取得了显著的成功，而且在人体中是安全的，耐受性良好。在体内注射质粒DNA后，编码的抗原在宿主细胞中表达，然后经抗原提呈细胞（如树突状细胞）加工提呈。这很可能发生在引流淋巴结中，从那里触发体液和细胞免疫反应。将抗原引入宿主免疫系统，从而诱导强烈的th1型$CD4^+$ T细胞和细胞毒性$CD8^+$ T细胞反应的能力是DNA疫苗与传统蛋白质或肽疫苗的区别。DNA疫苗也没有感染微生物的减毒疫苗或灭活疫苗所存在的风险。此外，对DNA疫苗的研究表明，即使多次免疫也不会产生抗DNA抗体。例如，Smith的团队通过使用编码SARS-CoV-2 S蛋白的质粒构建了一种合成的基于DNA的候选疫苗。通过测量小鼠和豚鼠的抗原特异性T细胞反应，他们确定这种DNA结构可以用作潜在的COVID-19候选疫苗。

近年来，mRNA疫苗也成为热门的候选疫苗。使用编码后的mRNA作为抗原的主要优点是与病毒感染相似，即所选抗原可以瞬时表达并在细胞质中积累，然后可以有效地加工成多肽并呈递给主要组织相容性复合体（MHC）Ⅰ类通路。细胞质中少量mRNA分子的存在确保了足够数量的抗原被呈递到细胞毒性T细胞，而蛋白质必须依赖低效的交叉途径呈递。Kallen的团队报告了一种RNActive疫苗，它使用了一种经过修饰的mRNA，与未修饰的形式相比，它可以将蛋白质表达增加4~5个数量级。这些mRNA与鱼精蛋白复合物，通过toll样受体（Toll-like receptors，TLRs）激活免疫系统，从而赋予RNActive疫苗自佐剂活性。该疫苗诱导了强大的免疫反应，包括体液和细胞反应、效应反应和记忆反应，同时激活了重要的免疫细胞亚群，如Th1和Th2细胞。RNActive疫苗的初步临床试验表明，它们可以成功地应用于人类。

核酸疫苗的优点：

(1) 免疫保护力增强　接种后蛋白质在宿主细胞内表达，直接与组织相容性复合物MHCⅠ或Ⅱ类分子结合，同时引起细胞和体液免疫，对慢性病毒感染性疾病等依赖细胞免疫清除病原的疾病的预防更加有效。

(2) 制备简单，省时省力　核酸疫苗作为一种重组质粒，易在工程菌内大量扩增，提纯方法简单，且可将编码不同抗原基因的多种重组质粒联合应用，制备多价核酸疫苗，这样可大大减少人力、物力、财力以及多次接种带来的应激反应。

（3）同种异株交叉保护　这是基因疫苗的最大优点之一。在制备基因疫苗时，可通过对基因表达载体所携带的靶基因进行改造，从而选择抗原决定簇。

（4）应用较安全　接种核酸疫苗后，蛋白质抗原在宿主细胞内表达，无因毒力返祖或残留毒力病毒颗粒而引发疫病的危险，也不会引起对机体的不良反应。

（5）产生持久免疫应答　免疫具有持久性，一次接种可获得长期免疫力，无需反复多次加强免疫。

（6）贮存、运输方便　核酸疫苗的质粒DNA稳定性好，便于贮存和运输，无须冷藏。

核酸疫苗的缺点：

（1）质粒DNA可能诱导自身免疫反应。在DNA疫苗的临床试验中，应对接种者进行抗DNA抗体检测。

（2）持续表达外源抗原可能产生一些不良后果。质粒长期过高水平地表达外源抗原，可能导致机体对该抗原的免疫耐受或麻醉。

（3）价格较高，难以普及。

三、预防接种的不良反应与疫苗安全

疫苗预防接种的不良事件（adverse events following immunization，AEFI）分为一般反应、异常反应、疫苗质量事故、接种事故、偶合症和心因性反应。其中，一般反应包括接种本身可能引起的接种部位红肿、疼痛，以及特异性免疫反应可能引起的全身反应（包括发热、乏力等），这些都是一过性的，通常会在接种后几天自行消退；异常反应则是在接种了合格疫苗后出现的药品不良反应，包括轻重不一的过敏反应等，其本质是由疫苗本身的特性引起的，相关各方均无过错，发生率也相对较低。而疫苗质量事故是指接种了质量不合格的疫苗所造成的损害，包括疫苗毒株、纯度、生产工艺、附加物、外源性因子、出厂前检定等不符合国家规定。

在接种后可能引起不良反应的疫苗成分中，除了灭活或减毒的微生物以外，还可能是疫苗中添加的佐剂或稳定剂。免疫佐剂的作用是增强疫苗的免疫活性，种类包括矿物盐、微生物提取物、微粒、油乳剂合成佐剂和细胞因子成分。目前，我国获批上市的佐剂只有铝佐剂，临床上接种疫苗后产生的不良反应包括注射部位的红肿、疼痛、皮下结节、接触性皮炎、过敏反应等。此外，在疫苗制备过程中使用的原材料也可能引起过敏反应，如使用鸡胚细胞培养毒株制成的疫苗则不宜对卵蛋白过敏者接种。

第三节　基因诊断

一、什么是基因诊断

基因诊断是指利用分子生物学方法，从 DNA 或 RNA 水平检测患者体内基因存在和表达状态，分析基因结构变异情况，进而对疾病做出诊断的方法和过程。基因诊断建立在分子生物学理论和技术高速发展的基础之上，被称为继临床诊断、生物化学诊断以及免疫学诊断之后的第 4 代诊断技术。目前认为，一切疾病均可以在基因水平找到答案，通过基因诊断技术对相应基因进行检测，可达到早检测、早预防、早发现、早治疗的目的，这是因为其相对于传统诊断技术具有特异性强、灵敏度高、诊断范围广等优点，并且可以进行直接和早期诊断。基因诊断具有较强的特异性和灵敏性，因此可直接对个体的基因状态进行检测，达到对表型正常的携带者或特定疾病的易感者做出诊断和预测的目的。

二、基因诊断技术

1. 分子杂交技术

分子杂交技术又被称为核酸分子杂交技术，其基本原理是将具有同源性的两条核酸单链在一定条件下（适当的温度和离子强度等）按碱基互补原则退火形成异质双链。根据检测样品不同可分为 DNA 印迹杂交、RNA 印迹杂交、点杂交（Dot 杂交）和原位杂交。DNA 印迹杂交和 RNA 印迹杂交具有高度特异性和灵敏性，常用于特定基因的定量和定性检测、基因突变分析以及疾病诊断等。Dot 杂交用于检测样品中是否存在特异的 DNA 或 RNA，可得到半定量结果。Dot 杂交具有简便、快速、经济等优点，是基因诊断常用方法之一。原位杂交可确定探针的互补序列在胞内的空间位置，因此具有重要的生物学和病理学意义。此外，原位杂交还可显示病原微生物存在的方式和部位。目前，基于分子杂交技术的原理又发展出多种新技术，如荧光原位杂交、多色荧光原位杂交和比较基因组杂交等。分子杂交技术被广泛应用于对遗传病、癌症及感染性疾病的诊断。

2. 聚合酶链反应技术

聚合酶链反应技术（PCR）诞生于 1985 年，是一种模拟天然 DNA 复制过程的体外扩增法。利用 PCR 技术可将任意目的基因在体外进行特异性扩增。随着 PCR 技术的不断成熟和发展，在其基础上衍生出多种类型的 PCR 技术，如热启动 PCR、巢式 PCR、实时荧光定量 PCR 等。PCR 技术与其他技术的结合使其应用性得到更广泛的发展。目前 PCR 技术主要用于基因缺失或点突变所致疾病的检测以及病原微生物的检测。

3. DNA 测序技术

DNA 测序是进行突变分析最重要、最直接的方法，其不受其他筛选方法敏感性和特异性的限制。DNA 测序方法主要包括双脱氧链测序法和化学裂解法，前者更为常用。现在的直接测序法采用四色荧光标记代替放射性同位素标记，避免了放射性伤害，测序自动化程度大为提高，操作更加简便。

4. 基因芯片技术

基因芯片技术是将许多特定的基因片段有规律地排列并固定于支持物上，形成储存有大量信息的 DNA 阵列，然后与待测的标记样品进行杂交，通过检测杂交信号的强弱，获得样品的分子数量和序列信息，进而对基因序列及功能进行大规模、高通量、平行化及集约化的处理和研究。基因芯片技术的出现使对遗传信息进行高效、快速的分析成为可能。基因芯片技术具有快速、简便、高灵敏性和准确性的特点，最重要的是其还可以同时对多种疾病进行检测，便于临床医师了解患者整体的患病情况。

5. 免疫组织化学技术

免疫组织化学技术又称为免疫细胞化学技术，其是利用抗原与抗体特异性结合的特性，将特异性抗体用显色剂标记，根据抗原抗体结合反应和化学呈色反应对组织或细胞中的相应抗原进行定位、定性和定量检测的一项技术。目前常用的免疫组织化学方法有免疫荧光细胞化学技术、免疫酶细胞化学技术和免疫胶体金技术。由于免疫组织化学技术具有快速、简便、定位准确和特异性强等优点，目前广泛应用于病原体检测、肿瘤病理学检测、肾活检、自身抗体检测及传染病的快速诊断。

三、基因诊断临床应用

1. 遗传性疾病

基因诊断是基于分子遗传学发展而来的，因此其在遗传性疾病的诊断及预测方面的表现尤为突出，其对已明确致病基因的遗传病有较好的诊断效果。基因诊断可在疾病发生和发展的不同层面、不同阶段进行诊断。首先可进行临床症状基因诊断，即医师根据就诊患者的病史、临床症状，为明确或排除某一疾病而进行的检查，如珠蛋白生成障碍性贫血的基因诊断、苯丙酮尿的诊断等。症状前基因诊断主要用于遗传病家系或有遗传病倾向的家系中未发病但有高度发病风险人群的诊断，其对早期诊断后可实施预防性干预措施，进而避免出现严重不良后果的疾病有重要意义，如对导致药物性耳聋的相关基因进行检测，早期预防，可避免药物性耳聋的发生。产前基因诊断主要是针对有生育患儿风险的夫妇的胎儿进行的诊断，采用的标本常为绒毛膜标本和羊水标本。这两种标本的采集方式具有一定的创伤性，对母婴的伤害很难避免。近年来，随着科学技术的发展，孕妇外周血中的胎儿有核细胞或游离胎儿 DNA 含量已满足检测要求，因此可采用孕妇外周血进行产前基因诊断，有效避免了对母婴的伤害。

2. 感染性疾病

感染性疾病是病原微生物侵入机体导致的，因此可针对各病原体的特异和保守序列设计引物。对病原体的 DNA 采用 PCR 技术直接检测，针对 RNA 病毒，则可采用实时荧光定量 PCR 技术进行检测。目前已获得部分病原微生物的全部基因序列。因此，将某种病原微生物的特异保守序列集成排列在一块芯片上，可高效、快速、准确地检测出致病病原体，从而对疾病做出诊断。另外，某些特定基因的存在或基因突变可使机体对某些病毒或细菌等病原体的易患性增加。因此，一旦确定易患基因的存在，及早对高危人群采取预防措施或医疗干预可有效降低机体的感染率。基因诊断具有简便、快速、特异及敏感的优点，目前已在病毒、细菌、衣原体、支原体、立克次体及寄生虫感染的早期诊断中得到应用。

3. 癌症

癌症的发展过程极为复杂，临床表现多样，其发生与多种因素有关，并且在发展过程中涉及多个基因的变化，因而癌症属于多基因病。由于癌症的发生和发展主要基于基因的变化，因此基因诊断在癌症中有广阔的应用前景。目前已发现多种与肿瘤发生相关的癌基因和抑癌基因，而且这些基因的突变常发生在临床症状出现之前。因此通过对相关基因的检测可以达到早预防和早诊断的目的。另外，基因诊断可对肿瘤进行分级、分期及判断预后，也可对微小病灶、转移灶及血中残留癌细胞进行识别检测，并对治疗效果进行评价。

4. 血液病

血液病主要包括白血病和血友病。目前研究结果显示，白血病的病因主要是白血病细胞中存在某些特定的融合基因或基因重排，不同的白血病类型的融合基因不同，因而对融合基因或基因重排进行检测，可对白血病进行分型，为白血病的治疗提供有效的分子靶标。血友病 A 为 X 连锁隐形遗传性出血性疾病，是凝血因子Ⅷ基因缺陷引起的，通过基因诊断技术可有效地筛查出基因缺陷的携带者，并为产前诊断提供有效的诊断依据。

第四节　基因治疗

一、基因治疗的概念

基因治疗是通过将 DNA 或 RNA 等遗传物质转移到患者的细胞中来治疗疾病。所转移的遗传物质通过以下三种方式之一起作用：使所转移的基因能够表达，抑制靶基因的表达，或修饰靶基因。经过近半个世纪的紧张工作，基因疗法取得了重大成功，二十多种基因疗法被正式批准临床使用。它们为某些传统治疗方法无法治疗或治疗失败的疾病提供了治疗。

二、基因治疗的策略

1. 体外基因传递与体内基因传递

第一个基因治疗试验需要移植自体细胞，其潜在的遗传缺陷通过体外基因递送得到纠正。患者的细胞被收集、培养、修饰并移植回患者体内。与传统的同种异体移植相比，这种基于细胞的基因治疗不需要组织相容的供体，可以避免移植物抗宿主病（GVHD）。γ-逆转录病毒和慢病毒等逆转录病毒通常被用作载体，将特定缺陷基因的正常拷贝输送到移植细胞的基因组中。体外基因递送已成功应用于治疗腺苷脱氨酶相关的严重联合免疫缺陷、β-地中海贫血和大 B 细胞淋巴瘤。

相比之下，体内基因递送避免了体外细胞基因治疗中细胞收集、培养、修饰和移植的实际障碍。它通过局部传递或全身传递，直接将特定缺陷基因的正常副本传递到靶细胞中。腺相关病毒（AAV）是用于体内基因治疗的主要载体，AAV 载体是非整合载体，这意味着递送的 DNA 不会像逆转录病毒那样整合到靶细胞的基因组中。非整合降低了插入突变的风险，但限制了 AAV 载体在靶细胞中的长期表达。AAV 介导的体内基因递送已成功应用于治疗家族性脂蛋白脂肪酶缺乏症（临床药物：Glybera）、视网膜营养不良症（临床药物：Luxturna）和脊髓性肌萎缩症（临床药物：Zolgensma）。此外，当递送的基因的长期表达不是强制性时，非病毒载体、裸 DNA 寡核苷酸或 siRNA 也用于基因治疗。

2. 基因添加与基因组编辑

在传统的基因治疗中，特定缺陷基因的正常拷贝被输送到靶细胞中，并恢复缺陷基因的功能。对这种"基因添加"策略的改良是利用 RNA 干扰（RNAi），抑制缺陷基因的表达。在 RNAi 基因治疗中，化学合成的小抑制性 RNA（siRNA）以非病毒的方式直接输送到细胞中；或者使用病毒载体将最终产生 siRNA 的短发夹 RNA（shRNA）编码基因递送到靶细胞中。在靶细胞中，siRNA 与缺陷基因的信使 RNA（mRNA）碱基配对并促进其降解，从而抑制缺陷基因产物的产生。2018 年，Onpattro 成为第一个获批的基于 RNAi 的基因疗法，用于治疗遗传性转甲状腺素淀粉样变性（hATTR）。类似的策略是利用反义寡核苷酸来影响目标基因的表达或剪接。基于寡核苷酸的基因疗法已被批准用于治疗巨细胞病毒视网膜炎（临床药物：Vitravene）、家族性高胆固醇血症（临床药物：Kynamro）、脊髓性肌萎缩（临床药物：Spinraza）、Duchenne 肌营养不良（临床药物：Exondys 51）等。

基因组编辑技术的突破为永久移除或修正基因组中的缺陷基因提供了可能。在治疗基因组编辑中，核酸酶编码基因通过 AAV 载体传递到靶细胞。另外，核酸酶也可以借助纳米颗粒或脂质以 mRNA 或蛋白质的形式传递到靶细胞。传递的核酸酶将在缺陷靶基因定位的特定基因组位点引入 DNA 双链断裂。然后，内源性修复机制介入并在 DSB 位点介导非同源末端连接或同源定向修复，导致缺陷基因的破坏或纠正。此外，基因组编辑还可用于将校正基因插入"安全"基因组位点，或靶向外源 DNA，如病毒基因组。目前，基于基因组编辑的基因疗法还没有被批准用于临床，但其中许多目前处于临床试验阶段。

3. 先天疾病与后天疾病

基因疗法诞生后不久，其潜在应用被扩展到获得性疾病。例如，CAR-T 基因治疗成为治疗癌症最有前景的疗法之一。它不是传递特定缺陷基因的正常副本，而是通过病毒载体或基因组编辑将编码嵌合抗原受体（CAR）的基因传递到体外培养的 T 细胞中。在移植回患者体内后，CAR-T 细胞可以识别癌症特异性抗原，并在治疗某些类型的癌症中表现出持久的效果。2017 年，前两种 CAR-T 疗法 Yescarta 和 Kymriah 被批准用于治疗大 B 细胞淋巴瘤和 B 细胞前体急性淋巴细胞白血病。到目前为止，CAR-T 细胞在实体瘤的治疗中表现出有限的效果。然而，最近有报道称，利用抗体或基因组编辑将 CAR-T 与免疫检查点阻断相结合，可以为实体肿瘤提供更有效的治疗。

基因治疗也可以为获得性免疫缺陷综合征提供潜在的治疗方法。CCR5 是人类免疫缺陷病毒 1 型（HIV-1）进入 T 细胞所需的辅助受体，*CCR5* 基因中的纯合 32bp 缺失（CCR5Δ32/Δ32）提供了对 HIV-1 进入的抗性。使用 CCR5Δ32/Δ32 供体的异基因造血干细胞移植（HSCT）成功治愈了两名艾滋病患者。现在，研究人员正试图开发基因疗法，通过基因组编辑使 *CCR5* 基因失活来治疗艾滋病患者。

4. 体细胞基因治疗与种系基因治疗

到目前为止，我们讨论的各种策略都属于体细胞基因治疗，它适用于需要纠正或修饰的体细胞。理论上，由此产生的基因改变在靶体细胞中是有限的，不会传给下一代。这意味着，即使体细胞基因治疗可以治愈某些遗传疾病，也无法阻止缺陷基因从父母传给孩子。

相反，在所谓的种系基因治疗（GGT）中，基因组编辑应用于配子或植入前胚胎。GGT 承诺不仅要防止遗传疾病传播给患者的孩子，还要防止遗传疾病传给所有后代。与体细胞基因治疗相比，GGT 在技术上更具挑战性，需要定期体外受精（IVF）和植入前基因检测（PGT）以及基因组编辑等额外操作。因此，GGT 的电流效率极低。目前，还没有 GGT 被批准用于临床。

三、安全性问题与改进策略

基因治疗的安全性问题从一开始就引起了广泛的关注。在某些情况下，基因疗法可能无法达到效果，甚至导致意想不到的副作用，最值得考虑的是收益风险比和潜在的替代疗法。同时，随着研究领域的快速进展，基因治疗相关的安全性也得到了显著提高。下面我们将简要介绍基因治疗的主要安全问题以及如何改进这些问题。

1. 插入突变

用于基因治疗的逆转录病毒载体可以随机整合到靶细胞的基因组中。如果整合偶然激活或干扰附近基因的表达，则会发生插入突变，这可能导致癌症等疾病。从逆转录病毒载体中去除内源性强增强子元件可以在一定程度上降低插入突变的风险。使用 AAV 载体等非整合载体是另一种不太可能整合到靶细胞基因组中的选择。非病毒载体的使用也大大减少了插入突变。然而，非整合特征限制了治疗基因在长寿命有丝分裂后靶细胞中的长期表达。

另一种可能的解决方案是位点特异性整合，即使用基因组编辑将治疗基因插入"安全"的基因组位点，从而避免插入突变。最近开发的无 DNA 基因组编辑技术可能提供了最好的解决方案。在这种策略中，核酸酶蛋白或信使核糖核酸在纳米颗粒或脂质的帮助下被输送到靶细胞。由于根本不使用 DNA，这种策略不会引起任何插入突变。

2. 宿主免疫反应

许多人携带针对 AAV 衣壳的抗体和记忆 T 细胞，因此由 AAV 载体介导的基因治疗可以在他们体内诱导抗 AAV 宿主免疫反应。这种免疫反应通常不会造成严重或永久的后果，但会导致转导细胞的破坏和治疗效果的下降。研究人员设计了多种策略来克服这一问题。将 AAV 载体局部递送到具有免疫优先权的器官，如眼睛、耳朵和大脑，可以避免这种抗 AAV 免疫反应。如果必须进行全身给药，短暂的免疫抑制可能有助于为 AAV 载体给药创造一个窗口期。同时，重组 AAV 载体可以被修饰以降低细胞和体液免疫。最后，随着具有更高疗效的 AAV 载体的开发，可以在降低免疫反应的治疗中使用更低的载体剂量。

宿主免疫反应也可以由基因治疗中使用的其他成分触发，如核酸酶 Cas9。有证据表明，人类血浆中存在抗 Cas9 抗体和 T 细胞，这可能会降低治疗效果，甚至造成安全问题。除了免疫抑制或靶向免疫特权器官外，掩蔽免疫原性表位或使用非致病菌的 Cas9 同源物也可以减少抗 Cas9 宿主的免疫反应。

3. 编辑的准确性

编辑的准确性是与基因组编辑相关的主要安全问题之一。核酸酶介导的非预期位点的编辑会导致所谓的"脱靶"突变，这可能会产生具有致癌潜力或功能障碍的细胞。为了减少脱靶突变，高保真核酸酶变体最近被开发出来。同时，将 Cas9 核酸酶转化为单链 DNA 切割酶，将催化失活的 Cas9 核酸酶与 FokⅠ核酸酶融合，或截断引导 RNA 也可提高靶向特异性。

另一种不受欢迎的突变，"靶向"突变，也可能导致基因组编辑方面的问题，但经常被忽视。当通过核酸酶引入 DNA 双链断裂时，NHEJ 比 HDR 更频繁发生，HDR 可能在靶基因组基因座中引入大的缺失或复杂的重排。已经采用了提高 HDR 疗效的策略来减少不希望的靶向突变，例如增加修复模板和 DNA 双链断裂位点之间的相似程度。最近开发的碱基编辑技术可以在不诱导 DNA 双链断裂的情况下引入基因校正，从而大大减少不希望的靶点突变。

第五节　干细胞技术

一、干细胞的基本概念

干细胞（stem cell）是指机体中可自我更新，并存在多向分化潜能的细胞类群。人类干细胞研究的目的是通过移植来自患者自身的健康细胞来刺激病变组织的修复，从而治疗患者。干细胞技术是指通过对干细胞进行体外培养、分离、纯化、扩增及定向诱导等过程，在体外繁育出全新的、正常的，甚至更年轻的细胞，然后回输到人体以达到体态年轻化，预防慢性病、延缓器官衰竭等目的。

干细胞在科学家研究疾病时也很有价值。例如，科学家能够从患有运动神经元疾病的患者身上提取皮肤细胞，在试管中将其转化为干细胞，并刺激这些细胞产生神经细胞。之后，他们将拥有具有运动神经元疾病特征的神经细胞，以研究疾病的发展并测试新药。

干细胞治疗分为两个方向：一是动员自体组织干细胞迁移到需要再生的器官上，二是将外援的干细胞库里的干细胞应用到自体器官的修复上。近年来，全球范围内干细胞治疗技术和产业化快速发展，逐渐成为生命科学领域的重要方向之一，受到全球范围的广泛关注，干细胞应用前景正在不断扩大。

二、干细胞的分类

按照发育阶段来源可将哺乳动物干细胞分为胚胎干细胞（embryonic stem cell）和成体干细胞（adult stem cell）两类。按照分化潜能的大小可将其分为全能干细胞（totipotent stem cell）、多潜能干细胞（pluripotent stem cell）、多能干细胞（multipotent stem cell）和单能干细胞（unipotent stem cell）四类。

（一）按发育阶段分类

1. 胚胎干细胞

胚胎干细胞是来源于囊胚内细胞团、具有多潜能性的一类克隆细胞系，可在不分化状态下持续生长，也可被诱导形成任意胚层细胞，继而分化为机体所有类型的细胞。但胚胎干细胞无法分化出胚外组织，因而无法形成完整个体。早期，胚胎干细胞只能从流产的胎儿或体外受精的胚胎中取材，存在诸多伦理争议。2011年，科学家利用流式细胞分选术从小鼠孤雌生殖囊胚中分离并建立了孤雌单倍体胚胎干细胞系，为获取胚胎干细胞提供了新思路。目前已可以通过多种方法获取胚胎干细胞。例如，通过物理或化学方法激活未受精卵母细胞，促使其发育得到孤雌囊胚；给去核卵母细胞注射精子获得孤雄囊胚；以及将体细胞核移植到去核卵母细胞内促使体细胞重编程构建胚胎干细胞系。

胚胎干细胞较常见的应用是诱导朝向外胚层分化，形成视网膜色素上皮细胞或神经细胞，应用于视网膜黄斑病变及神经系统疾病的治疗。将胚胎干细胞来源的外胚层诱导分化为视网膜色素上皮细胞后，移植入视网膜下腔，可促进黄斑受损区域重建色素上皮细胞层，改善眼部生理。胚胎干细胞来源的外胚层也可诱导分化形成少突胶质细胞、多巴胺神经前体细胞等，为脊髓损伤、帕金森病等神经系统疾病的治疗提供了可能。

2. 成体干细胞

成体干细胞是指存在于表皮、脂肪、肌肉、骨髓等多处组织器官中的未分化细胞。间充质干细胞和造血干细胞等多能性干细胞、神经干细胞和表皮干细胞等单能干细胞皆属于成体干细胞的范畴。正常情况下，成体干细胞多以休眠形式存在，相关组织受损后可被激活，实现对损伤组织功能的代偿或修复。成体干细胞可分化形成的细胞类型较为有限，多分化为原有组织中的特定细胞。也有部分成体干细胞具有横向分化能力。例如，脐带间充质干细胞就具有多谱系分化潜能，既可向内胚层方向分化形成胰岛细胞，也能向中胚层方向分化形成成骨细胞，还能向外胚层方向分化为神经细胞。由于取材方便、应用不涉及伦理问题、免疫原性低等优点，成体干细胞的应用范围较广，在皮肤损伤、脑卒中、神经退行性疾病、心肌梗死等疾病的治疗中均显示出了良好的应用前景。

（二）按分化潜能分类

1. 全能干细胞

全能干细胞是指具备发育成完整个体的潜能或特性的一类细胞。目前普遍认为，细胞期前胚胎中的所有细胞均属于全能干细胞，除具备三胚层分化能力外，还能分化为胚外组织。全能干细胞目前主要应用于动物克隆和转基因动物实验等方面的研究。合适条件下全能干细胞能发育形成完整个体，从而获得大量克隆动物。通过对全能干细胞进行转基因或基因编辑，可改良动物品种和生产药物等。通常全能干细胞只能从细胞前的胚胎中获取，但是最近的一项研究显示，通过向培养基中添加某些化合物，可将人多能干细胞诱导成为细胞期胚胎样细胞，获得了人类体外培养细胞中的"最年轻细胞"。这可以看作一种人诱导全能干细胞，如果能进一步证实，将是人类干细胞研究史上的里程碑式成果，为再生医学研究带来巨大突破。

2. 多潜能干细胞与多能干细胞

多潜能干细胞和多能干细胞都具有多向分化潜能。多潜能干细胞可分化为三胚层的任意细胞，但多能干细胞一般限于分化形成同胚层细胞。多潜能干细胞主要是胚胎时期囊胚内细胞团来源的干细胞和生殖嵴来源的干细胞，获取上存在较大伦理争议。现也可通过人工诱导的方式获得多潜能干细胞。多能干细胞主要包括间充质干细胞（mesenchymal stem cell）和造血干细胞（hematopoieticstem cell）。

（1）诱导多潜能干细胞　　2006 年，日本科学家山中伸弥将 *Oct3/4*、*Sox2*、*Klf4* 和 *c-Myc* 4 个基因通过病毒载体转入小鼠成纤维细胞中，诱导得到了囊胚期干细胞，即 iPSC（induced pluripotent stem cell，诱导性多潜能干细胞）。iPSC 经体细胞重编程逆转而来，具有多向分化潜能，对于干细胞的研究意义重大，既避免了从胚胎中获取多潜能干细胞的伦理问题，也从根源上解决了异体移植的免疫排斥问题，山中伸弥也因此获得了 2012 年的诺贝尔生理学或医学奖。2013 年，北京大学邓宏魁团队利用七种小分子化合物组合成功诱导中胚层来源的小鼠成纤维细胞转化成了多潜能干细胞。利用小分子化合物进行诱导具有操作简单、安全性更强、作用可逆及便于精准调控等优势。2016 年，该团队再次利用上述小分子组合，诱导外胚层来源的小鼠神经干细胞和内胚层来源的小肠上皮细胞重编程为多潜能干细胞，证实了利用小分子化合物诱导小鼠多潜能干细胞的通用性。与小鼠体细胞相比，人表观基因组稳定性高，诱导重编程的难度极大，历经多年的尝试后，该团队于 2022 年又成功诱导人成纤维细胞、脂肪间充质基质细胞转化为多潜能干细胞。iPSC 技术极大地推动了干细胞研究在基础应用和临床治疗领域的发展。目前，iPSC 已广泛应用于视网膜病变、肿瘤等疾病的治疗研究，在新药研发、药物安全性评估领域也发挥着重要作用。

（2）间充质干细胞　　间充质大部分起源自中胚层，是分散于各胚层上皮之下的组织，由间充质细胞和细胞间基质组成，以后发育为成体的各种结缔组织。成体疏松结缔组织中存在的分化潜能与胚胎间充质细胞类似的细胞，称间充质干细胞。目前研究较多的有骨髓间充质干细胞、脐带间充质干细胞和脂肪间充质干细胞。

骨髓间充质干细胞是动物骨髓基质中具有较高分化潜能的一类干细胞。骨髓间充质干细胞能继续分化为成骨细胞、脂肪细胞、神经细胞和胰岛前体细胞等。骨髓间充质干细胞免疫原性较低，异体移植时发生免疫排斥的风险小，是干细胞治疗的理想材料，但获取率较低。目前临床上常利用骨髓间充质干细胞进行骨缺损、糖尿病等疾病的治疗研究。

脐带间充质干细胞来源于脐带血或脐带血管周围组织，生物学特性与骨髓间充质干细胞相类似，但其增殖能力更强，免疫原性更低。除可被诱导分化为受损组织细胞外，脐带间充质干细胞还可旁分泌多种细胞因子、调节炎症反应、促进邻近受损组织修复，目前已用于移植物抗宿主病、糖尿病、神经功能异常、循环系统疾病的临床治疗研究。

2001 年，Zuk 等首次从脂肪内血管周围分离获得脂肪间充质干细胞。脂肪间充质干细胞来源广泛、取材方便、获取率高、免疫原性低且遗传稳定性高，这些优势使其迅速成了再生医学研究的热点。目前关于脂肪间充质干细胞的研究已涉及皮肤组织再生、骨组织修复、肝损伤修复、免疫紊乱调节、脑神经元再生等多个领域。

（3）造血干细胞　　造血干细胞是指具有分化成各种血细胞能力的成体干细胞，主要存在于动物骨髓、外周血、脐带血中，分化潜能高，是目前研究最为深入的一种多能干细胞。自 1957 年美国科学家首次进行临床骨髓移植以来，关于造血干细胞的应用研究日新月异，迄今接受造血干细胞移植的患者已超 100 万人。造血干细胞可重建患者的造血功能和免疫功能，临床上已广泛应用于治疗多发性骨髓瘤、急性白血病等恶性血液系统疾病及自身免疫病。

3. 单能干细胞

多能干细胞进一步分化后可以得到单能干细胞。单能干细胞分化潜能低，只能分化为一种细胞或是功能上密切相关、共同完成某一生理过程的几种细胞。目前，研究较为深入的单能干细胞主要有神经干细胞（neural stem cell）和小肠干细胞（intestinal stem cell）。

（1）神经干细胞　神经干细胞主要存在于中枢神经系统中，具备分化为神经元与神经胶质细胞的潜能。神经系统功能受损时，神经干细胞可在脑内迁移、代偿性分化为缺损的神经细胞，并产生神经营养因子，重建脑部微环境，在一定程度上修复神经通路。神经干细胞移植为治疗阿尔茨海默病、帕金森病等神经系统疾病带来了新的希望。

（2）小肠干细胞　小肠干细胞是存在于小肠上皮隐窝中的一类干细胞，能够分化形成小肠上皮细胞、杯状细胞（一种黏液分泌细胞，呈杯状）、潘氏细胞（一种能够分泌抗菌因子的细胞，可协助小肠组织抵御肠道微生物入侵）和肠内分泌细胞。小肠上皮更新频率极快，大约每5天就会更新一次。小肠干细胞不断进行自我更新及持续分化，保证了小肠上皮的完整性。小肠干细胞功能异常与肠炎、放射性肠损伤、结直肠癌等多种肠道疾病的发生发展密切相关，深入研究小肠干细胞的调控将有助于阐释疾病发生的机制。此外，利用小肠干细胞进行3D培养得到与肠道结构、功能相似的类器官，可用于构建疾病模型并进行药物筛选。

三、干细胞技术的应用

1. 造血干细胞移植

造血干细胞是典型的组织特异性干细胞，这些干细胞为研究组织特异性干细胞提供了一个准确的范例模型系统。它们在再生医学中极具潜力。

多能造血干细胞（HSC）移植是目前最流行的干细胞治疗方法。靶细胞通常来源于骨髓、外周血或脐带血。该程序可以是自体的（当使用患者自己的细胞时）、同种异体的（当干细胞来自供体时）或同基因的（来自同卵双胞胎）。造血干细胞负责血液中所有功能性造血谱系的产生，包括红细胞、白细胞和血小板。造血干细胞移植解决了由造血系统功能不正常引起的问题，其中包括白血病和贫血等疾病。然而，当考虑到HSC的传统来源时，存在一些重要的局限性。首先，可移植细胞的数量有限，而且还没有找到有效的收集方法。其次，寻找合适的抗原匹配供体进行移植也存在问题，病毒污染或任何免疫反应也会导致传统HSC移植效率降低。造血移植应保留给患有危及生命疾病的患者，因为它具有多因素的特点，可能是一种危险的手术。在此过程中，使用iPSC至关重要。使用患者自身的非特异性体细胞作为干细胞提供了最大的免疫相容性，并显著提高了手术的成功率。

2. 干细胞与组织库

诱导性多功能干细胞理论上具有无限的繁殖和分化能力，对现在和未来的科学研究都具有吸引力。它们可以储存在组织库中，成为用于医学检查的人体组织的重要来源。在实验室中保存常规分化组织细胞的问题是，它们的繁殖特性随着时间的推移而减弱，这在 iPSCs 中没有发生。

众所周知，脐带富含间充质干细胞。由于它在出生后立即进行低温保存，它的干细胞可以成功地存储并用于治疗，以预防特定患者未来的危及生命的疾病。

在脱落乳牙中发现的人脱落乳牙干细胞（SHED）与其他干细胞相比，能够发育成更多类型的身体组织。其收集、分离和储存技术简单且无创；供体匹配的自体移植不会引起免疫反应和细胞排斥反应；对孩子和父母来说都简单无痛；不到脐带血储存成本的 1/3；不像胚胎干细胞那样受到伦理问题的困扰；与脐带血干细胞相反，SHED 细胞能够再生成固体组织，如结缔组织、神经组织、牙组织或骨组织；SHED 可以用于捐赠者的近亲。

3. 生育疾病

2011 年，Katsuhiko Hayashi 等研究人员在小鼠实验中证明，可以从 iPSCs 中形成精子。他们成功地使不育小鼠产下了健康且可育的幼崽。此外，他们也利用 iPSCs 在雌性小鼠体内形成了功能齐全的卵子。

有失去精原干细胞（SSC）风险的青年人，主要是癌症患者，是可以从睾丸组织冷冻保存和自体移植中受益的主要目标群体。

相关研究提供的重要证据表明，人羊膜上皮细胞（hAEC）移植可通过抑制小鼠卵巢损伤组织的细胞凋亡和减轻炎症，有效改善卵巢功能，是女性癌症幸存者卵巢功能早衰或功能不全的一种很有前景的治疗策略。

4. 神经退行性疾病的治疗

干细胞疗法不仅可以延缓帕金森病（PD）、阿尔茨海默病、亨廷顿病等无法治愈的神经退行性疾病的进展，而且最重要的是可以消除问题的根源。在神经科学领域，神经干细胞（neural stem cells，NSCs）的发现推翻了之前认为成人中枢神经系统不能发生神经再生的观点。神经干细胞能够改善 AD 临床前啮齿类动物模型的认知功能。Awe 等从皮肤穿刺活检中提取了相关的人体诱导多能干细胞，开发了一种基于神经干细胞的治疗 AD 的方法。帕金森病的神经元退行性病变是局灶性的，而多巴胺能神经元（dopaminergic neuron）可以有效地从人胚胎干细胞中产生。PD 是基于 iPSC 的细胞治疗的理想疾病。然而，这种疗法仍处于实验阶段。来自流产胎儿的脑组织被用于治疗帕金森综合征患者。尽管结果并不一致，但它们都表明纯干细胞疗法是一种重要的、可实现的疗法。

参考文献

[1] 常俊丽，杨广笑，何光源．蛋白质组学分离检测技术研究进展［J］．武汉植物学研究，2006，(3)：261-266.

[2] 陈福民．前景诱人的基因工程药物［J］．化工管理，2014，(10)：91-92.

[3] 陈国旺，郭立宏，海龙，等．转录组学概述及其在羊养殖方面的应用研究进展［J］．现代畜牧兽医，2023，(3)：92-96.

[4] 杜祎凡．基因工程药物的研制生产研究［J］．当代化工研究，2020，(21)：145-146.

[5] 方伟杰，黄永焯，潘洪辉，等．生物药在生产过程中的稳定性问题及解决方案［J］．国际药学研究杂志，2017，44（11）：1012-1018.

[6] 高晗，钟蓓．转基因技术和转基因动物的发展与应用［J］．现代畜牧科技，2020，(6)：1-4+18.

[7] 郭建辉，吴世华，余学明，等．抗血清疗法的应用现状［J］．中国动物检疫，2011，28（1）：79-81.

[8] 郭睿，刘全忠．蛋白质相互作用研究技术的新进展［J］．天津医科大学学报，2015，21（6）：542-544.

[9] 郭奕斌，梁宇静，郭东炜．单基因遗传病基因诊断技术研究进展［J］．分子诊断与治疗杂志，2016，8（1）：46-53.

[10] 胡绍军．蛋白质组学数据库信息资源开发与利用［J］．图书馆学研究，2006，(7)：77-82，69.

[11] 蒋卉，胡志强．单克隆抗体药物的技术发展和应用进展［J］．山东化工，2020，49（6）：77-78.

[12] 李静，伍玉琳，马翠翠，等．抗体偶联药物的研究进展［J］．华西药学杂志，2023，38（5）：586-592.

[13] 李姗姗，焦娟．基因诊断技术及其临床应用［J］．医学综述，2015，21（17）：3198-3200.

[14] 李向真，刘子朋，李娟，等．KEGG数据库的进展及其在生物信息学中的应用［J］．药物生物技术，2012，19（6）：535-539.

[15] 刘永巍，田红刚，李春光，等．花粉管通道法转化外源DNA的转基因技术［J］．北方水稻，2014，44（1）：74-77，80.

[16] 马骏骏，王旭初，聂小军．生物信息学在蛋白质组学研究中的应用进展［J］．生

物信息学, 2021, 19 (2): 85-91.

[17] 马磊, 杨昭庆, 王佑春. 全球疫苗研发现状和展望 [J]. 中国药科大学学报, 2024, 55 (1): 115-126.

[18] 牟大超, 周轶, 白秀峰. 单克隆抗体技术进展及上市药物分析 [J]. 药物生物技术, 2022, 29 (1): 87-94.

[19] 邱均专, 尚玉栓, 赵民, 等. 抗体和抗体偶联药物的机遇和挑战 [J]. 药学进展, 2024, 48 (1): 1-5.

[20] 沈竹, 曹勤红. 酵母双杂交及其衍生技术应用研究进展 [J]. 农业生物技术学报, 2022, 30 (12): 2425-2433.

[21] 陶阿丽, 曹殿洁, 华芳, 等. 植物组织培养技术研究进展 [J]. 长江大学学报 (自科版), 2018, 15 (18): 31-35.

[22] 王军, 付爱根, 徐敏, 等. 基因枪法在遗传转化中的研究进展 [J]. 基因组学与应用生物学, 2018, 37 (1): 459-468.

[23] 武瑞君, 桑晓冬, 李治非, 等. 抗体技术的研发现状与展望 [J]. 中国药理学与毒理学杂志, 2021, 35 (5): 374-381.

[24] 辛英豪, 王丽丽, 李明洋, 等. 抗体介导偶联药物开发中的几个关键点 [J]. 中国食品药品监管, 2023, (12): 92-111.

[25] 熊江霞, 朱华庆, 王雪, 等. 限制性内切酶酶切及限制性内切酶酶切图谱分析 [J]. 安徽医科大学学报, 2003 (2): 157-159.

[26] 许艺红, 庄云婷, 肖义军. 一些重要干细胞的概念及其应用 [J]. 生物学教学, 2023, 48 (1): 5-8.

[27] 杨文博, 彭丹, 曹思邈, 等. 微生物合成黄酮类化合物研究进展 [J]. 生命科学, 2022, 34 (2): 220-227.

[28] 张成才, 王升, 王月枫, 等. 药用植物组织培养技术在中药资源可持续发展中的应用研究 [J]. 中国中药杂志, 2023, 48 (5): 1186-1193.

[29] 赵佳琪, 马春平, 张东红, 等. 核酸疫苗免疫机制研究新进展 [J]. 吉林医药学院学报, 2017, 38 (5): 378-380.

[30] 赵娟, 谢世静, 赵兴华, 等. 中药指纹图谱质控方法研究进展 [J]. 云南中医中药杂志, 2020, 41 (1): 82-86.

[31] 朱迅. 干细胞技术: 全球医疗的下一个重大突破口 [J]. 药学进展, 2019, 43 (6): 401-403.

[32] 邹嵘, 马嘉楠, 张凤. 根癌农杆菌介导的菌根真菌遗传转化研究进展 [J]. 菌物研究, 2021, 19 (3): 197-206.

[33] Alamri A M, Kang K, Groeneveld S, et al. Primary cancer cell culture: mammary-optimized vs conditional reprogramming [J]. Endocrine-related Cancer, 2016, 23 (7): 535-554.

[34] Ali M, Ishqi H M, Husain Q. Enzyme engineering: Reshaping the biocatalytic functions

[J]. Biotechnology and Bioengineering, 2020, 117 (6), 1877-1894.

[35] Anguela M X, High A K. Entering the Modern Era of Gene Therapy [J]. Annual Review of Medicine, 2019, 70 (1): 273-288.

[36] Ashwini M, Murugan S B, Balamurugan S, et al. Advances in Molecular Cloning [J]. Molekuliarnaia biologiia (Mosk), 2016, 50 (1): 3-9.

[37] Baghban R, Farajnia S, Rajabibazl M, et al. Yeast Expression Systems: Overview and Recent Advances [J]. Molecular biotechnology, 2019, 61 (5), 365-384.

[38] Banks A C, Kong E S, Washburn P M. Affinity purification of protein complexes for analysis by multidimensional protein identification technology [J]. Protein Expression and Purification, 2012, 86 (2): 105-119.

[39] Banks C J, Andersen J L. Mechanisms of SOD1 regulation by post-translational modifications [J]. Redox biology, 2019, 26, 101270.

[40] Barampuram S, Zhang Z J. Recent advances in plant transformation [J]. Methods in molecular biology, 2011, 701: 1-35.

[41] Barnett. Transcription Activator Like Effector Nucleases (TALENs): A New, Important, and Versatile Gene Editing Technique with a Growing Literature [J]. Science Technology Libraries, 2018, 37 (1): 100-112.

[42] Bart O W, Matthew L W. CRISPR/CAS9 Technologies, Journal of Bone and Mineral Research [J]. 2017, 32 (5): 883-888.

[43] Bhagavan N V. Nucleic Acid Structure and Properties of DNA [J]. Medical Biochemistry, 2002: 521-543.

[44] Bhushan K, Pratap D, Sharma P K. Transcription activator-like effector nucleases (TALENs): An efficient tool for plant genome editing [J]. Engineering in life sciences, 2016, 16: 330-337.

[45] Brüggemann M, Osborn M J, Ma B, et al. Strategies to Obtain Diverse and Specific Human Monoclonal Antibodies From Transgenic Animals [J]. Transplantation, 2017, 101 (8): 1770-1776.

[46] Bustin S A. Improving the quality of quantitative polymerase chain reaction experiments: 15 years of MIQE [J]. Mol Aspects Med, 2024, 96: 101249.

[47] Calos M P, Galas D, Miller J H. Genetic studies of the lac repressor. VIII. DNA sequence change resulting from an intragenic duplication [J]. Journal of molecular biology, 1978, 126 (4), 865-869.

[48] Caspeta L, Flores N, Pérez N O, et al. The effect of heating rate on Escherichia coli metabolism, physiological stress, transcriptional response, and production of temperature-induced recombinant protein: a scale-down study [J]. Biotechnology and Bioengineering, 2009, 102 (2), 468-482.

[49] Cassidy A, Jones J. Developments in in situ hybridisation [J]. Methods. 2014, 70

(1): 39-45.

[50] Chaudhary V K, Shrivastava N, Verma V, et al. Rapid restriction enzyme-free cloning of PCR products: a high-throughput method applicable for library construction [J]. PLoS One, 2014, 9 (10): e111538.

[51] Chen X, An R, Huang J, et al. Phage antibody library technology in tumor therapy: a review [J]. Sheng Wu Gong Cheng Xue Bao, 2023, 39 (9): 3644-3669.

[52] Chira S, Gulei D, Hajitou A, et al. CRISPR/Cas9: Transcending the Reality of Genome Editing [J]. Molecular Therapy - Nucleic Acids, 2017, (7): 211-222.

[53] Cohen S N, Chang A C, Boyer H W. Construction of biologically functional bacterial plasmids in vitro [J]. Proceedings of the National Academy of Sciences of the United States of America, 1973, 70 (11): 3240-3244.

[54] Collins H J, Young M E. Genetic engineering of host organisms for pharmaceutical synthesis [J]. Current Opinion in Biotechnology, 2018 (53): 191-200.

[55] Curran B P, Bugeja V. Basic investigations in Saccharomyces cerevisiae [J]. Methods in molecular biology (Clifton, N. J.), 2014, 1163: 1-14.

[56] Dan P, Pengfeng X. A real-time decoding sequencing technology—new possibility for high throughput sequencing [J]. RSC Advances, 2017, 7 (64): 40141-40151.

[57] Darzynkiewicz Z, Bedner E, Smolewski P. Flow cytometry in the analysis of cell cycle and apoptosis [J]. Seminars in hematology, 2001, 38 (2), 179-193.

[58] De Sena Murteira Pinheiro P, Franco L S, Montagnoli T L, et al. Molecular hybridization: a powerful tool for multitarget drug discovery [J]. Expert opinion on drug discovery, 2024, 19 (4): 451-470.

[59] DI Felice F, Micheli G, Camilloni G. Restriction enzymes and their use in molecular biology: An overview [J]. J Biosci, 2019, 44 (2): 38.

[60] Engler C, Kandzia R, Marillonnet S. A one pot, one step, precision cloning method with high throughput capability [J]. PLoS One, 2008, 3 (11): e3647.

[61] Gao Y, Huang X, Zhu Y, et al. A brief review of monoclonal antibody technology and its representative applications in immunoassays [J]. Immunoassay Immunochem, 2018, 39 (4): 351-364.

[62] Gibson D G, Young L, Chuang R Y, et al. Enzymatic assembly of DNA molecules up to several hundred kilobases [J]. Nat Methods, 2009, 6 (5): 343-345.

[63] Givan A L. Flow cytometry: an introduction [J]. Methods in molecular biology (Clifton, N. J.), 2011, 699: 1-29.

[64] Guimarães N M, Azevedo N F, Almeida C. FISH Variants [J]. Methods in molecular biology, 2021, 2246: 17-33.

[65] Hafeez U, Parakh S, Gan H K, et al. Antibody-Drug Conjugates for Cancer Therapy [J]. Molecules, 2020, 25 (20): 4764.

[66] Hernández J M, Podbilewicz B. The hallmarks of cell-cell fusion [J]. Development, 2017, 144 (24): 4481-4495.

[67] Hongyi L, Yang Y, Weiqi H, et al. Applications of genome editing technology in the targeted therapy of human diseases: mechanisms, advances and prospects [J]. Signal transduction and targeted therapy, 2020, 5 (1): 1.

[68] Hu T, Chitnis N, Monos D, et al. Next-generation sequencing technologies: An overview [J]. Hum Immunol, 2021, 82 (11): 801-811.

[69] Huang S, Yan Y, Su F, et al. Research progress in gene editing technology [J]. Frontiers in bioscience (Landmark Ed), 2021, 26 (10): 916-927.

[70] Ikeuchi M, Ogawa Y, Iwase A, et al. Plant regeneration: cellular origins and molecular mechanisms [J]. Development, 2016, 143 (9): 1442-1451.

[71] Ito E, Iha K, Yoshimura T, et al. Early diagnosis with ultrasensitive ELISA [J]. Advances in clinical chemistry, 2021, 101, 121-133.

[72] Jamar G, Pisani L P, Medeiros A, et al. Effect of Fat Intake on the Inflammatory Process and Cardiometabolic Risk in Obesity After Interdisciplinary Therapy [J]. Hormone and metabolic research = Hormon- und Stoffwechselforschung = Hormones et metabolisme, 2016, 48 (2), 106-111.

[73] Katja L, Christine K. Next generation sequencing and the future of genetic diagnosis [J]. Neurotherapeutics: the journal of the American Society for Experimental NeuroTherapeutics, 2014, 11 (4): 699-707.

[74] Keeler A M, Elmallan M K, Flotte T R. Gene Therapy 2017: Progress and Future Directions [J]. Clinical and translational science, 2017, 10 (4): 242-248.

[75] Kessler C, Neumaier P S, Wolf W. Recognition sequences of restriction endonucleases and methylases—a review [J]. Gene, 1985, 33 (1): 1-102.

[76] Kumar K V. Existing and emerging detection technologies for DNA (Deoxyribonucleic Acid) finger printing, sequencing, bio- and analytical chips: a multidisciplinary development unifying molecular biology, chemical and electronics engineering [J]. Biotechnology advances, 2007, 25 (1): 85-98.

[77] Kumar M, Sirohi U, Yadav M K, et al. In Vitro Culture Technology and Advanced Biotechnology Tools Toward Improvement in Gladiolus (Gladiolus species): Present Scenario and Future Prospects [J]. Molecular biotechnology, 2023, 2.

[78] Kurien B T, Aggarwal R, Scofield R H. Protein Extraction from Gels: A Brief Review [J]. Methods in molecular biology (Clifton, N. J.), 2019, 1855: 479-482.

[79] Ledsgaard L, Ljungars A, Rimbault C, et al. Advances in antibody phage display technology [J]. Drug Discov Today, 2022, 27 (8): 2151-2169.

[80] Li H, Yang Y, Hong W, et al. Applications of genome editing technology in the targeted therapy of human diseases: mechanisms, advances and prospects [J]. Signal Transduct

Target Ther, 2020, 35 (1): 1.

[81] Lim J M, Kim H H. Basic Principles and Clinical Applications of CRISPR-Based Genome Editing [J]. Yonsei Med, 2022, 63 (2): 105-113.

[82] Liu S, Li Z, Yu B, et al. Recent advances in protein separation and purification methods [J]. Advances in colloid and interface science, 2020, 284: 102254.

[83] Loyola-Vargas V M, Ochoa-Alejo N. An Introduction to Plant Tissue Culture: Advances and Perspectives [J]. Methods Mol Biol, 2018, 1815: 3-13.

[84] Mardis E R. DNA sequencing technologies: 2006-2016 [J]. Nature protocols. 2017, 12 (2): 213-218.

[85] McKinnon K M. Flow Cytometry: An Overview [J]. Current protocols in immunology, 2018, 120, 5.1.1-5.1.11.

[86] Meftahi G H, Bahari Z, Zarei M, et al. Applications of western blot technique: From bench to bedside [J]. Biochemistry and molecular biology education: a bimonthly publication of the International Union of Biochemistry and Molecular Biology, 2021, 49 (4): 509-517.

[87] Miao X. Recent advances in the development of new transgenic animal technology [J]. Cellular and molecular life sciences. 2013, 70 (5): 815-828.

[88] Michele L D, Alessandro A, Giulio C, et al. Advances in stem cell research and therapeutic development [J]. Nature cell biology, 2019, 21 (7): 801-811.

[89] Montante S, Brinkman R R. Flow cytometry data analysis: Recent tools and algorithms [J]. International journal of laboratory hematology, 2019, 41 Suppl 1, 56-62.

[90] Morozova O, Marra M A. Applications of next-generation sequencing technologies in functional genomics [J]. Genomics. 2008, 92 (5): 255-64.

[91] Mould D R, Meibohm B. Drug Development of Therapeutic Monoclonal Antibodies. BioDrugs, 2016, 30 (4): 275-293.

[92] Mummert E, Fritzler M J, Sjöwall C, et al. The clinical utility of anti-double-stranded DNA antibodies and the challenges of their determination [J]. J Immunol Methods, 2018, 11-19.

[93] Musunuru K. Genome Editing: The Recent History and Perspective in Cardiovascular Diseases [J]. Journal of the American College of Cardiology. 2017, 70 (22): 2808-2821.

[94] Niemann H, Kues A W. Application of transgenesis in livestock for agriculture and biomedicine [J]. Animal Reproduction Science, 2003, 79 (3-4): 291-317.

[95] Nishant P, Lance M, Martin W. A Review on Quantitative Multiplexed Proteomics [J]. Chembiochem: a European journal of chemical biology, 2019, 20 (10): 1210-1224.

[96] O'Driscoll, L, Carmd D, Mohamad S, et al. The use of reverse transcriptase-polymerase chain reaction (RT-PCR) to investigate specific gene expression in multidrug-resist-

ant cells [J]. Cytotechnology, 1993, 12: 289-314.

[97] Ohtsuka M, Kimura M, Tanaka M, et al. Recombinant DNA technologies for construction of precisely designed transgene constructs [J]. Current pharmaceutical biotechnology, 2009, 10 (2): 244-51.

[98] Othman M, Ariff A B, Rios-Solis L, et al. Extractive Fermentation of Lactic Acid in Lactic Acid Bacteria Cultivation: A Review [J]. Frontiers in microbiology, 2017, 8, 2285.

[99] Paiano A, Margiotta A, De Luca M, et al. Yeast Two-Hybrid Assay to Identify Interacting Proteins [J]. Current protocols in protein science, 2019, 95 (1), e70.

[100] Pareek C S, Smoczynski R, Tretyn A. Sequencing technologies and genome sequencing [J]. Journal of applied genetics, 2011, 52 (4): 413-435.

[101] Peng H W, Gang Z W, Lin S L. Current status and future trends of vaccine development against viral infection and disease [J]. New journal of chemistry, 2021, 45 (17): 7437-7449.

[102] Pires T R, Tristan I L, Paes B M D, et al. Improved cotton transformation protocol mediated by Agrobacterium and biolistic combined-methods [J]. Planta, 2021, 254 (2): 20.

[103] Piwocka O, Musielak M, Ampuła K, et al. Navigating challenges: optimising methods for primary cell culture isolation [J]. Cancer Cell Int, 2024, 24 (1): 28.

[104] Qi G, Ji B, Zhang Y, et al. Microbiome-based screening and co-fermentation of rhizospheric microorganisms for highly ginsenoside Rg3 production [J]. Microbiological Research, 2022, 261, 127054.

[105] Refresh cell culture [J]. Nature Biomedical engineering, 2021, 5 (8): 783-784.

[106] Ren F, Ji N, Zhu Y. Research Progress of α-Glucosidase Inhibitors Produced by Microorganisms and Their Applications [J]. Foods (Basel, Switzerland), 2023, 12 (18): 3344.

[107] Roberts R J, Belfort M, Bestor T, et al. A nomenclature for restriction enzymes, DNA methyltransferases, homing endonucleases and their genes [J]. Nucleic acids research, 2003, 31 (7): 1805-1812.

[108] Roberts R J. How restriction enzymes became the workhorses of molecular biology [J]. Proceedings of the National Academy of Sciences of the United States of America, 2005, 102 (17): 5905-5908.

[109] Rosano G L, Ceccarelli E A. Recombinant protein expression in Escherichia coli: advances and challenges [J]. Frontiers in microbiology, 2014, 5, 172.

[110] Shao Y, Huang H, Qin D, et al. Specific Recognition of a Single-Stranded RNA Sequence by a Synthetic Antibody Fragment [J]. Journal of molecular biology, 2016, 428 (20): 4100-4114.

[111] Shirin H, M D L, P S M. An introduction to stem cell biology [J]. Facial plastic surgery: FPS, 2010, 26 (5): 343-349.

[112] Silver A B, Leonard E K, Gould J R, et al. Engineered antibody fusion proteins for targeted disease therapy [J]. Trends Pharmacol Sci. 2021, 42 (12): 1064-1081.

[113] Singh C, Roy-Chowdhuri S. Quantitative Real-Time PCR: Recent Advances [J]. Methods Mol Biol, 2016, 1392: 161-176.

[114] Smolskaya S, Logashina Y A, Andreev Y A. Escherichia coli Extract-Based Cell-Free Expression System as an Alternative for Difficult-to-Obtain Protein Biosynthesis [J]. International journal of molecular sciences, 2020, 21 (3): 928.

[115] Spurgeon B E J, Naseem K M. Platelet Flow Cytometry: Instrument Setup, Controls, and Panel Performance [J]. Cytometry. Part B, Clinical cytometry, 2020, 98 (1): 19-27.

[116] Stryjewska A, Kiepura K, Librowski T, et al. Biotechnology and genetic engineering in the new drug development. Part I. DNA technology and recombinant proteins [J]. Pharmacological Reports, 2013, 65 (5): 1075-1085.

[117] Subramanian I, Verma S, Kumar S, et al. Multi-omics Data Integration, Interpretation, and Its Application [J]. Bioinformatics and biology insights, 2020, 14: 1177932219899051.

[118] Rauch S, Jasny E, Schmidt KE, et al. New vaccine technologies to combat outbreak situations [J]. Frontiers in immunology, 2018, 9: 1963.

[119] Tang R, Xu Z. Gene therapy: a double-edged sword with great powers [J]. Molecular and cellular biochemistry, 2020, 474 (1-2): 73-81.

[120] Uysal O, Sevimli T, Sevimli M, et al. Cell and Tissue Culture: The Base of Biotechnology Science Direct [J]. Omics Technologies and Bio-Engineering, 2018: 391-429.

[121] Valdez-Cruz N A, Ramírez O T, Trujillo-Roldán M A. Molecular responses of Escherichia coli caused by heat stress and recombinant protein production during temperature induction [J]. Bioengineered bugs, 2011, 2 (2): 105-110.

[122] Victorino da Silva Amatto I, Gonsales da Rosa-Garzon N, Antônio de Oliveira Simões F, et al. Enzyme engineering and its industrial applications [J]. Biotechnology and applied biochemistry, 2020, 69 (2): 389-409.

[123] Wang C, Han B. Twenty years of rice genomics research: From sequencing and functional genomics to quantitative genomics [J]. Mol Plant, 2022, 15 (4): 593-619.

[124] Wang H, La Russa M, Qi L S. CRISPR/Cas9 in Genome Editing and Beyond [J]. Annu Rev Biochem, 2016, 85: 227-264.

[125] Wang Y, Zhao Y, Bollas A, et al. Nanopore sequencing technology, bioinformatics and applications [J]. Nat Biotechnol, 2021, 39 (11): 1348-1365.

[126] Wiita A P, Schrijver I. Clinical application of high throughput molecular screening tech-

niques for pharmacogenomics [J]. Pharmgenomics Pers Med, 2011, 4: 109-121.

[127] Yan S K, Liu R H, Jin H Z, et al. "Omics" in pharmaceutical research: overview, applications, challenges, and future perspectives [J]. Chinese journal of natural medicines, 2015, 13 (1): 3-21.

[128] Zakrzewski W, Dobrzyński M, Szymonowicz M, et al. Stem cells: past, present, and future [J]. Stem Cell Research Therapy, 2019, 10 (1): 1-22.

[129] Zhao L, Wu Q, Song R, et al. Genetic Engineering Antibody: Principles and Application [J]. IOP Conference Series: Materials Science and Engineering, 2019, 612 (2).

[130] Zhao Y, Wang J, Chen J, et al. A Literature Review of Gene Function Prediction by Modeling Gene Ontology [J]. Frontiers in genetics, 2020, 11: 400.

[131] Zhu B, Cai G, Hall E O, et al. In-fusion assembly: seamless engineering of multidomain fusion proteins, modular vectors, and mutations [J]. Biotechniques, 2007, 43 (3): 354-359.